气动与液压传动

◎主　编：郑勇　王稳

外语教学与研究出版社
FOREIGN LANGUAGE TEACHING AND RESEARCH PRESS
北京 BEIJING

图书在版编目（CIP）数据

气动与液压传动 / 郑勇，王稳主编. — 北京：外语教学与研究出版社，2015.3
ISBN 978-7-5135-5764-1

Ⅰ. ①气… Ⅱ. ①郑… ②王… Ⅲ. ①气压传动②液压传动 Ⅳ. ①TH138②TH137

中国版本图书馆 CIP 数据核字（2015）第 065685 号

出 版 人　蔡剑峰
项目策划　吕志敏
责任编辑　吴　飞
装帧设计　锋尚设计
封面设计　高　蕾
版式设计　锋尚设计
出版发行　外语教学与研究出版社
社　　址　北京市西三环北路 19 号（100089）
网　　址　http://www.fltrp.com
印　　刷　北京京华虎彩印刷有限公司
开　　本　787×1092　1/16
印　　张　17
版　　次　2015 年 8 月第 1 版　2015 年 8 月第 1 次印刷
书　　号　ISBN 978-7-5135-5764-1
定　　价　35.00 元

职业教育出版分社：
　地　　址：北京市西三环北路 19 号 外研社大厦 职业教育出版分社（100089）
　咨询电话：010-88819475
　传　　真：010-88819475
　网　　址：http://vep.fltrp.com
　电子信箱：vep@fltrp.com
　购书电话：010-88819928/9929/9930（邮购部）
　购书传真：010-88819428（邮购部）

购书咨询：（010）88819929　电子邮箱：club@fltrp.com
外研书店：http://www.fltrpstore.com
凡印刷、装订质量问题，请联系我社印制部
联系电话：（010）61207896　电子邮箱：zhijian@fltrp.com

物料号：257640001

本书编写组

主　编　郑　勇　王　稳
参　编　徐　徐　张　勇　刘艳梨　国　鑫
　　　　　贾启展
主　审　袁秀英

前　言

本书是编者应用多年的教学、科研及生产实践经验，结合中等职业教育加工制造类专业教学改革的要求，参考最新技术资料编写而成。

本书在编写过程中始终以学生为中心，以学生的认知能力为出发点，以培养学生实际应用气动、液压传动知识的能力为主线，针对目前中职学校学生的实际情况，以“必需、够用”为原则，在保证必要的基本知识的前提下淡化了理论知识的系统性和完整性，摒弃了烦琐的公式推导和计算，降低了学习难度。

全书共分11个项目，每个项目包含若干任务，主要介绍液压系统基础知识，液压泵的选用与维护，液压执行元件的选择与安装，液压辅助元件的使用，液压基本回路的设计、分析与仿真，典型液压设备的故障分析与排除，气动基础知识及执行元件，气动单缸控制回路设计，气动双缸控制回路，电控气动控制回路，气动系统分析与维护。每个任务通常包含“任务描述”“任务分析”“所需器材”“必备知识”“任务实施”“任务评价”和“知识拓展”等栏目，并留有一定量的思考与练习题，方便学生课后复习。全书较多地采用图文结合、表文结合的表现形式，精彩展现教材内容，降低学生的学习难度，激发学习兴趣。

本书由苏州健雄职业技术学院郑勇、王稳担任主编；江苏省太仓中等专业学校徐徐，克恩－里伯斯（Kern-Liebers）（太仓）有限公司张勇，江苏省徐州机电工程高等职业学校刘艳梨，天津市机电工艺学院国鑫、贾启展参与编写；天津职业大学机械工程学院袁秀英教授担任主审。在编写的过程中，卡斯马（Cosma）汽车系统（上海）有限公司高级技师夏益先生提供了大量的素材，同时得到了其他兄弟院校以及相关行业、企业的大力支持，在此表示衷心的感谢！

本书可供中职机械加工技术、机械制造技术、机电技术应用等制造类专业学生使用，也可供相关技术人员参考。

由于编者的水平和经验有限，书中难免存在疏漏和不当之处，恳请大家批评指正。

编　者

2015年6月

目　录

项目 1　液压系统基础知识

液压与气压传动，是以有压流体（液压油液或压缩空气）为工作介质进行能量传递和控制的一种传动形式。通过本项目的学习，让我们了解液压传动系统的基础知识，熟悉液压气压传动的工作原理。本项目分为 2 个工作任务，即认识液压系统与认识压力和流量。

任务 1　认识液压系统

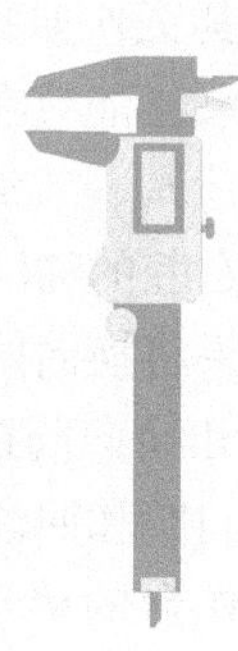

学习目标

一、基本目标

❶ 了解液压与气压传动的研究对象。

❷ 理解液压与气压传动系统的组成。

二、提高目标

❶ 能根据具体工作要求选用液压油。

❷ 理解液压与气压传动技术在工程中的应用。

任务描述

图 1-1 平面磨床

图 1-1 所示为平面磨床，其工作台在工作中利用液压传动系统带动进行往复运动。什么是液压传动系统呢？它是如何工作的呢？

任务分析

平面磨床在工作时水平工作台需做纵向与横向移动，其中纵向移动距离又要能根据被加工工件的长度进行调整，所以采用机械结构不便于调整，而液压系统能方便地完成这一任务。

必备知识

一、液压传动系统的工作原理

液压传动系统由液压泵、液压缸、液压控制阀及连接这些元件的油管、接头等组成。其工作原理如下：液压泵由电动机驱动后，从油箱中吸油。油液经滤油器进入液压泵，油液在泵腔中从入口的低压到泵出口的高压，在图 1-2（a）所示状态下，通过卸荷阀、节流阀、换向阀进入液压缸左腔，推动活塞使工作台向右移动。这时，液压缸右腔的油液经换向阀和回油管排回油箱。

如果将换向阀手柄转换成图 1-2（b）所示状态，则压力管中的油将经过卸荷阀、节流阀和换向阀进入液压缸右腔、推动活塞使工作台向左移动，并使液压缸左腔的油经换向阀和回油管排回油箱。

工作台的移动速度是通过节流阀来调节的。当节流阀开大时，进入液压缸的油量增多，工作台的移动速度增大；当节流阀关小时，进入液压缸的油量减小，工作台的移动速度减小。为了克服移动工作台时所受到的各种阻力，液压缸必须产生一个足够大的推力，这个推力是由液压缸中的油液压力所产生的。需要克服的阻力越大，缸中的油液压力越高；反之压力就越低。这种现象正说明了液压传动的一个基本原理——压力决定于负载。

二、液压传动系统的组成

从机床工作台液压系统的工作过程可以看出，一个完整的、能够正常工作的液压系统，应该由以下五个主要部分组成：

（1）能源装置（动力元件）：它是供给液压系统压力油，把机械能转换成液压能，驱动执行元件运动的装置。其最常见的形式是液压泵。

（2）执行装置（元件）：它是把液压能转换成机械能以驱动工作机构的装置。其形式有作直线运动的液压缸，有作回转运动的液压马达，它们又被称为液压系统的执行元件。

（3）控制调节装置（元件）：它是对系统中的压力、流量或流动方向进行控制或调节的装置，如溢流阀、节流阀、换向阀等。

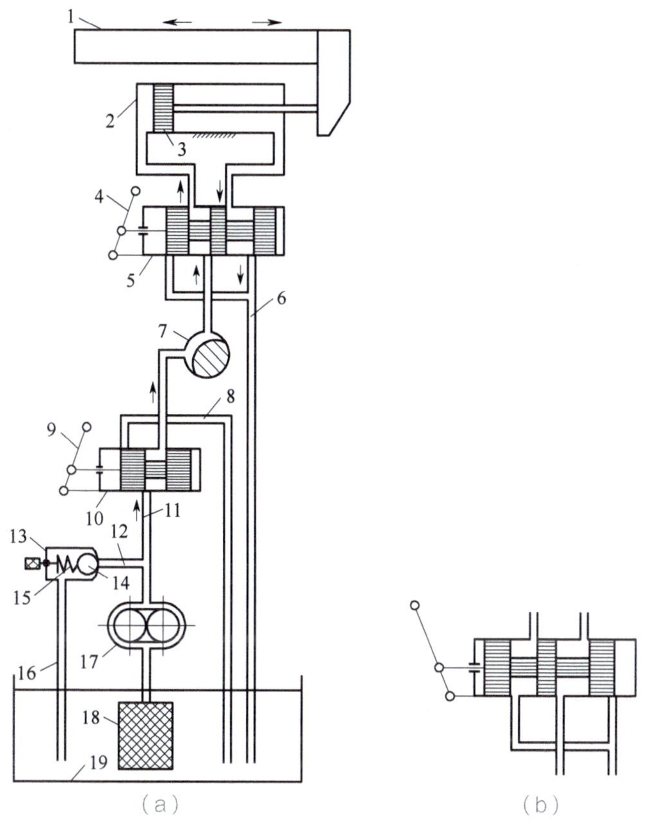

1- 工作台；2- 液压缸；3- 活塞；4- 换向手柄；5- 换向阀；6，8，16- 回油管；7- 节流阀；
9- 开停手柄；10- 卸荷阀；11- 压力管；12- 压力支管；13- 溢流阀；14- 钢球；
15- 弹簧；17- 液压泵；18- 滤油器；19- 油箱

图 1-2 平面磨床工作台液压系统工作原理图

（4）辅助装置（元件）：上述三部分之外的其他装置，例如油箱，滤油器，油管等。它们对保证系统正常工作是必不可少的。

（5）工作介质：传递能量的流体，如液压油等。

三、液压传动系统图的图形符号

图 1-2 所示的液压系统是一种半结构式的工作原理图，有直观性强、容易理解等优点。当液压系统发生故障时，根据原理图检查十分方便，但图形比较复杂，绘制比较麻烦。我国已经制定了用规定的图形符号来表示液压原理图中的各元件和连接管路的国家标准，即“流体传动系统及元件图形符号和回路图第 1 部分：用于常规用途和数据处理的图形符号（GB/T 786.1—2009）”。该标准对于这些图形符号有以下几条基本规定：

（1）大多数符号表示具有特定功能的元件或装置，部分符号表示功能或操作方法。

（2）符号一般不代表元件的实际结构。

（3）元件符号应给出所有的接口。

（4）符号应有全部油口、气口 / 连接口标识以及参数或组合装置所需的空间，这些参数包括压力、流量、电气连接等。

其他规定详见国家标准。注意：元件符号内的油液流动方向用箭头表示，线段两端都有箭头的，表示流动方向可逆；符号均以元件的静止位置或中间位置表示，当系统的动作另有说明时，可作例外。

图 1-3 为图 1-2 所示系统按照 GB/T 786.1—2009 绘制的图形符号图。使用这些图形符号可使液压系统图简单明了，且便于绘制。

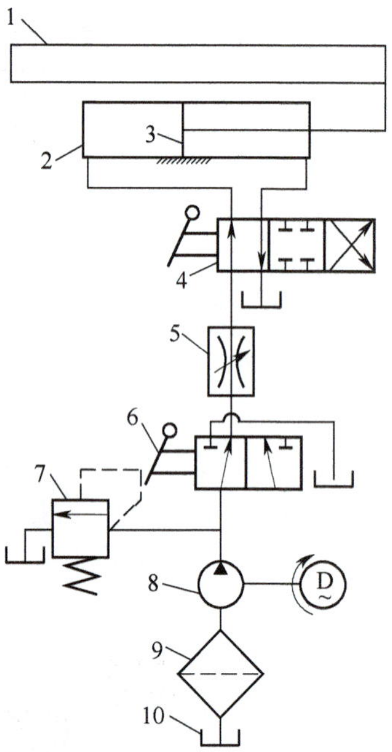

1- 工作台；2- 液压缸；3- 活塞；4- 换向阀；5- 调速阀；6- 换向阀；7- 溢流阀；8- 液压泵；9- 滤油器；10- 油箱

图 1-3 机床工作台液压系统的图形符号图

四、液压传动系统的主要优点

液压传动之所以能得到广泛的应用，是由于它与机械传动、电气传动相比具有以下的主要优点：

（1）由于液压传动是油管连接，所以借助油管的连接可以方便灵活地布置传动机构，这是比机械传动优越的地方。例如，在井下抽取石油的泵可采用液压传动来驱动，以克服长驱动轴效率低的缺点。由于液压缸的推力很大，又加之极易布置，在挖掘机等重型工程机械上，液压传动已基本取代了老式的机械传动，不仅操作方便，而且外形美观大方。

（2）液压传动装置的重量轻、结构紧凑、惯性小。例如，相同功率液压马达的体积为电动机的 12% ~ 13%。液压泵和液压马达单位功率的重量指标，目前是发电机和电动机的十分之一，液压泵和液压马达可小至 0.0025 N/W（牛 / 瓦），发电机和电动机则约为 0.03 N/W。

（3）可在大范围内实现无级调速。借助阀或变量泵、变量马达，可以实现无级调速，调速范围可达 1∶2000，并可在液压装置运行的过程中进行调速。

（4）传递运动均匀平稳，负载变化时速度较稳定。正因为此特点，金属切削机床中的磨床传动现在几乎都采用液压传动。

（5）液压装置易于实现过载保护——借助于设置溢流阀等，同时液压件能自行润滑，因此使用寿命长。

（6）液压传动容易实现自动化——借助于各种控制阀，特别是采用液压控制和电气控制结合使用时，能很容易地实现复杂的自动工作循环，而且可以实现遥控。

（7）液压元件已实现了标准化、系列化和通用化，便于设计、制造和推广使用。

五、液压传动系统的主要缺点

（1）液压系统中的漏油等因素，影响运动的平稳性和正确性，使得液压传动不能保证严格的传动比。

（2）液压传动对油温的变化比较敏感，温度变化时，液体黏性变化，引起运动特性的变化，使得工作的稳定性受到影响，所以它不宜在温度变化很大的环境条件下工作。

（3）为了减少泄漏，以及为了满足某些性能上的要求，液压元件的配合件制造精度要求较高，加工工艺较复杂。

（4）液压传动要求有单独的能源，不像电源那样使用方便。

（5）液压系统发生故障不易检查和排除。

任务实施

步骤一　观察液压系统的组成

参观平面磨床工作台液压系统或者试验室液压试验台，指出系统中各组成部分的名称和作用。

步骤二　分析液压系统能量关系

根据液压千斤顶的工作原理图，分析它的工作原理和使用中的能量转换关系。

1. 工作原理

大油缸 9 和大活塞 8 组成举升液压缸。杠杆手柄 1、小油缸 2、小活塞 3、单向阀 4 和 7 组成手动液压泵。如提起手柄使小活塞向上移动，小活塞下端油腔容积增大，形成局部真空时，单向阀 4 打开，通过吸油管 5 从油箱 12 中吸油；用力压下手柄，小活塞下移，小活塞下腔压力升高，单向阀 4 关闭，单向阀 7 打开，下腔的油液经管道 6 输入大油缸 9 的下腔，迫使大活塞 8 向上移动，顶起重物。再次提起手柄吸油时，单向阀 7 自动关闭，使油液不能倒流，从而保证了重物不会自行下落。不断地往复扳动手柄，就能不断地把油液压入大油缸下腔，使重物逐渐地升起。如果打开截止阀 11，大油缸下腔的油液通过管道 10、截止阀 11 流回油箱，重物就向下移动。

2. 能量转换关系

通过对上面液压千斤顶工作过程的分析，可以初步了解到液压传动的基本工作原理。液压传动是利用有压力的油液作为传递动力的工作介质。压下杠杆时，小油缸 2 输出压力油，是将杠杆机械能转换成油液的机械能；压力油经过管道 6 及单向阀 7，推动大活塞 8 举起重物，是将油液的机械能转换成重物的机械能。大活塞 8 举升的速度取决于单位时间内流入大油缸 9 中油容积的多少。由此可见，液压传动是一个不同能量的转换过程。

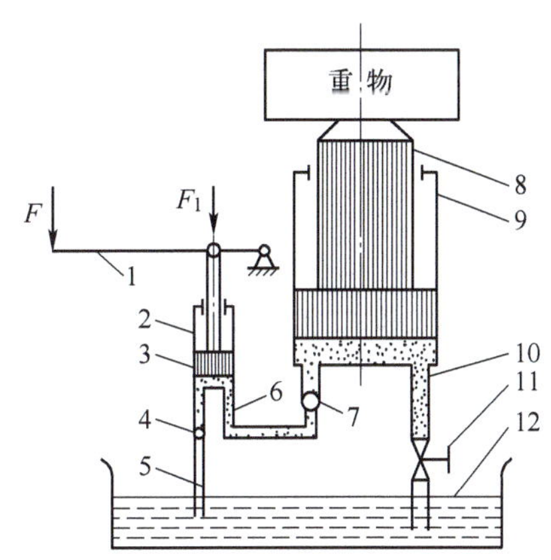

1- 杠杆手柄；2- 小油缸；3- 小活塞；
4，7- 单向阀；5- 吸油管；6，10- 管道；
8- 大活塞；9- 大油缸；11- 截止阀；12- 油箱

图 1-4　液压千斤顶工作原理图

任务评价

请对照表 1-1，对任务的完成情况进行评价。

表 1-1 任务评价表

项目名称			姓名			
任务名称			时间			
一、综合职业能力成绩						
评分项目	评分内容		配分	自评	小组评分	教师评分
任务完成	完成项目任务，功能正常等		60			
操作工艺	方法步骤正确，动作准确等		20			
安全生产	符合操作规程，人员设备安全等		10			
文明生产	遵守纪律，积极合作，工位整洁		10			
总分						
二、训练过程记录						
参考资料选择						
操作工艺流程						
技术规范情况						
安全文明生产						
完成任务时间						
自我检查情况						
三、评语	自我整体评价				学生签名	
	教师整体评价				教师签名	

知识拓展

液压传动系统的主要应用

驱动机械运动的机构以及各种传动和操纵装置有多种形式。根据所用的部件和零件，可分为机械、电气、气动、液压传动装置等。经常还将不同形式装置组合起来运用——四位一体。由于液压传动具有很多优点，使这种新技术发展得很快。液压传动应用于金属切削机床也不过四五十年的历史，航空工业在 1930 年以后才开始采用液压传动，最近二三十年以来液压技术在各种工业中的应用越来越广泛。

在机床上，液压传动常应用在以下装置中：

（1）进给运动传动装置。磨床砂轮架和工作台的进给运动大部分采用液压传动；车床、六角车床、自动车床的刀架或转塔刀架；铣床、刨床、组合机床的工作台等的进给运动也都采用液压传动。这些部件有的要求快速移动，有的要求慢速移动；有的则既要求快速移动，也要求慢速移动。这些运动多半要求有较大的调速范围，要求在工作中无级调速；有的要求持续进给，有的要求间歇进给；有的要求在负载变化下速度恒定；有的要求有良好的换向性能等。所有这些要求都是可以用液压传动来实现的。

（2）往复主体运动传动装置。龙门刨床的工作台、牛头刨床或插床的滑枕，由于要求作高速往复直线运动，并且要求换向冲击小、换向时间短、能耗低，因此都可以采用液压传动。

（3）仿形装置。车床、铣床、刨床上的仿形加工可以采用液压伺服系统来完成。其精度可达 0.01 ~ 0.02 mm。此外，磨床上的成形砂轮修正装置亦可采用这种系统。

（4）辅助装置机床上的夹紧装置、齿轮箱变速操纵装置、丝杆螺母间隙消除装置、垂直移动部件平衡装置、分度装置、工件和刀具装卸装置、工件输送装置等，采用液压传动后，有利于简化机床结构，提高机床自动化程度。

（5）静压支承重型机床、高速机床、高精度机床上的轴承、导轨、丝杠螺母机构等处采用液体静压支承后，可以提高工作平稳性和运动精度。

液压传动在其他机械工业部门的应用情况如表 1–2 所示。

表 1–2 液压传动在各类机械行业中的应用实例

行业名称	应用场所举例
工程机械	挖掘机、装载机、推土机、压路机、铲运机等
起重运输机械	汽车吊、港口龙门吊、叉车、装卸机械、皮带运输机等
矿山机械	凿岩机、开掘机、开采机、破碎机、提升机、液压支架等
建筑机械	打桩机、液压千斤顶、平地机等
农业机械	联合收割机、拖拉机、农具悬挂系统等
冶金机械	电炉炉顶及电极升降机、轧钢机、压力机等
轻工机械	打包机、注塑机、校直机、橡胶硫化机、造纸机等
汽车工业	自卸式汽车、平板车、高空作业车、汽车中的转向器、减振器等
智能机械	折臂式小汽车装卸器、数字式体育锻炼机、模拟驾驶舱、机器人等

思考与练习题

1. 使用液压千斤顶提升重物时，是不是省力又省功？

2. 液压系统中的单向阀与换向阀起什么作用？

3. 观察平面磨床后，请问工作台行程是否可调？调整的实质是应用了液压系统中的什么元件进行的？

任务2 认识压力和流量

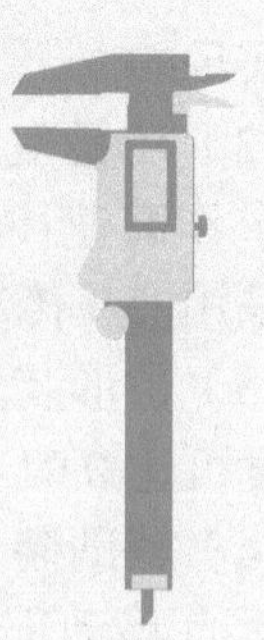

学习目标

一、基本目标

1. 能进行液压系统的结构分析。
2. 能根据工作状况进行压力的计算。
3. 能进行压力和流量的计算。

二、提高目标

1. 熟悉流量与流速的计算单位。
2. 理解压力的表示方法。
3. 能分析液压机构的动作程序。

任务描述

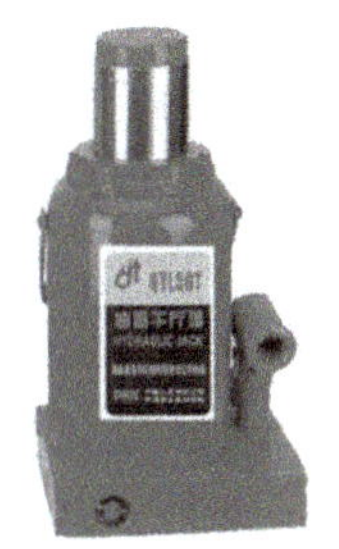

图 1-5 液压千斤顶

液压千斤顶（见图 1-5）是一种采用柱塞或液压缸作为刚性顶举件的千斤顶。它构造简单、重量轻、便于携带，移动方便。其缺点是起重高度有限、起升速度慢。试分析液压系统中的流量与流速的关系，并组建一个简单的液压流量控制回路进行观察实验。

任务分析

如图 1-6 所示，液压千斤顶工作时，只要往复扳动杠杆手柄 5，使手动油泵（小油缸 4）不断向大油缸 9 内压油，由于大油缸内油压的不断增高，就迫使大活塞 8 及大活塞上面的重物一起向上运动。打开截止阀 11，油缸内的高压油便流回储油腔（油箱），于是重物与大活塞也就一起下落。

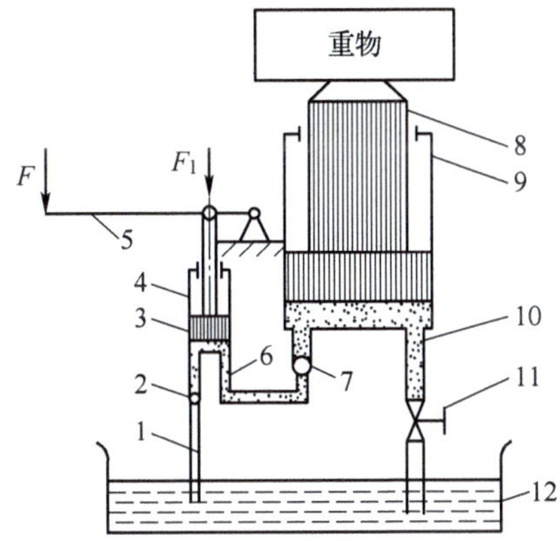

1- 吸油管；2，7- 单向阀；3- 小活塞；4- 小油缸；5- 杠杆手柄；6，10- 管道；8- 大活塞；9- 大油缸；11- 截止阀；12- 油箱

图 1-6 液压千斤顶工作原理图

组建一个简单的液压流量控制回路。

所需器材

完成该项任务时，需要用到的器材如表 1-3 所示。

表 1-3 所需器材

件号	数量	名称	符号
1	1	双作用液压缸	F=0
2	1	压力表	
3	1	二位四通手动换向阀	A B P T

续表

件号	数量	名称	符号
4	1	流量计	
5	1	可调节流阀	100%
6	1	溢流阀	P T
7	1	液压泵	
8	若干	连接油管	

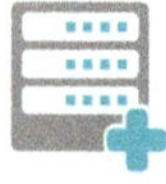

必备知识

一、压力的概念

液压传动中的压力是指当液体相对静止时，液体单位面积上所受的法向力。

$$p=F/A$$

式中：A 为液体有效作用面积，m^2；F 为液体有效作用面积 A 上所受的法向力，N。

压力单位为帕斯卡，简称帕，符号为 Pa，1 Pa = 1 N/m^2。由于此单位很小，工程上使用不便，因此常采用它的倍单位兆帕，符号 MPa。1 MPa=1×10^6 Pa。

二、压力的表示方法

液压系统中的压力就是指压强，液体压力通常有绝对压力、相对压力（表压力）、真空度三种表示方法。

因为在地球表面上，一切物体都受大气压力的作用，而且是自成平衡的，即大多数测压仪表在大气压下并不动作，这时它所表示的压力值为零，因此，它们测出的压力是高于大气压力的那部分压力。也就是说，它是相对于大气压（即以大气压为基准零值时）所测量到的一种压力，因此称它为相对压力或表压力。另一种是以绝对真空为基准零值时所测得的压力，我们称它为绝对压力。当绝对压力低于大气压时，习惯上称为出现真空。因此，某点的绝对压力比大气压小的那部分数值叫做该点的真空度。如某点的绝对压力为 4.052×10^4 Pa（0.4 大气压），则该点的真空度为 6.078×10^4 Pa（0.6 大气压）。绝对压力、相对压力（表压力）和真空度的关系如图 1–7 所示。

由图 1–7 可知，绝对压力总是正值，表压力则可正可负，负的表压力就是真空度，如真空度为 4.052×10^4 Pa（0.4 大气压），其表压力为 -4.052×10^4 Pa（–0.4 大气压）。我们把下端开口，上端具有阀门的玻璃管插入密度为 ρ_g 的液体中，如图 1–8 所示。如果在上端抽出一部分封入的空气，使管内压力低于大气压力，则在外界的大气压力 p_a 的作用下，管内液体将上升至 h_0，这时管内液面压力为 p_0，由流体静力学基本公式可知：$p_a=p_0+\rho_g h_0$。显然，$\rho_g h_0$ 就是管内液面压力 p_0 不足大气压力的部分，因此它就是管内液面上的真空度。由此可见，真空度的大小往往可以用液柱高度 $h_0=(p_a-p_0)/\rho g$ 来表示。

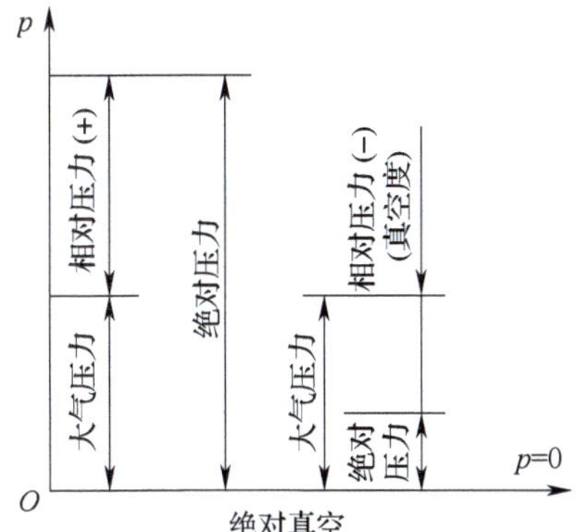

图 1-7 绝对压力、相对压力与真空度的关系

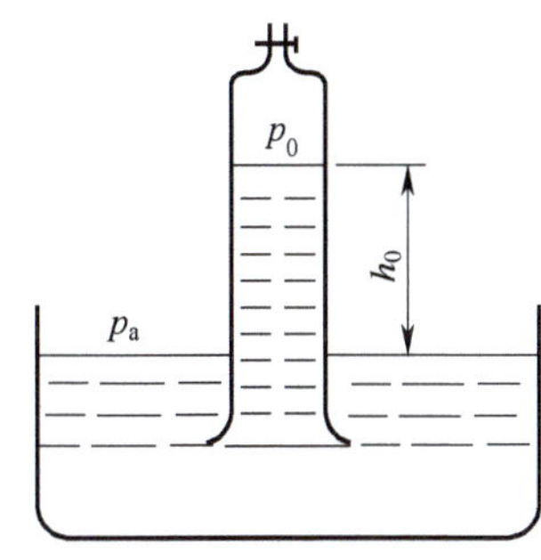

图 1-8 真空

理论上在标准大气压下的最大真空度可达 10.33 米水柱或 760 毫米汞柱。根据上述介绍，归纳如下：

（1）绝对压力＝大气压力＋表压力。

（2）真空度＝大气压力－绝对压力。

三、帕斯卡定理（压力的传递）

密封容器内的静止液体，当边界上的压力 p_0 发生变化时，例如增加 Δp，则容器内任意一点的压力将增加同一数值 Δp_0。也就是说，在密封容器内施加于静止液体任一点的压力将以等值传到液体各点。这就是帕斯卡原理或静压传递原理。

根据帕斯卡原理和静压力的特性，液压传动不仅可以进行力的传递，而且还能将力放大和改变力的方向。图 1-9 所示为应用帕斯卡原理推导压力与负载关系的实例。图中垂直液压缸（负载缸）的截面积为 A_1，水平液压缸截面积为 A_2，两个活塞上的外作用力分别为 F_1、F_2，则缸内压力分别为 $p_1=F_1/A_1$、$p_2=F_2/A_2$。由于两缸充满液体且互相连接，根据帕斯卡原理有 $p_1=p_2$。因此有：

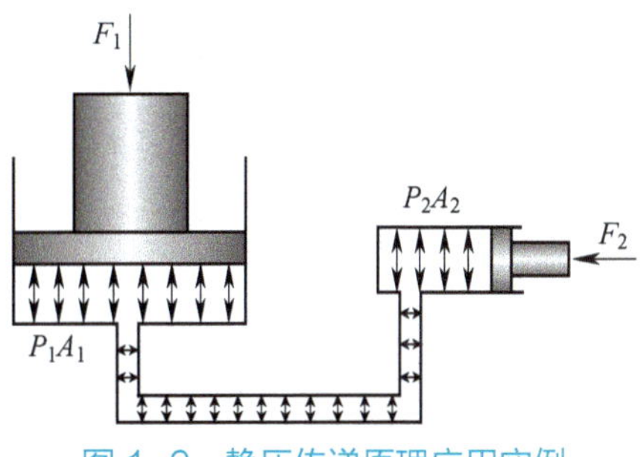

图 1-9 静压传递原理应用实例

$$F_1=F_2A_1/A_2$$

上式表明，只要 A_1/A_2 足够大，用很小的力 F_1 就可产生很大的力 F_2。液压千斤顶和水压机就是按此原理制成的。

如果垂直液压缸的活塞上没有负载，即 $F_1=0$，则当略去活塞重量及其他阻力时，不论怎样推动水平液压缸的活塞也不能在液体中形成压力。这说明液压系统中的压力是由外界负载决定的，这是液压传动的一个基本概念。

四、流量与流速

油液在管道中流动时，与其流动方向垂直的截面称为通流截面。油液在油管或液压缸内的流动的快慢称为流速。由于流动的液体在通流截面上每一点的速度并不完全相同，因此通常说的流速是平均值，单位为 m/s，用 v 表示。

单位时间内流过某通流截面的液体的体积称为流量，用 q_v 表示，流量的单位为 m^3/s。

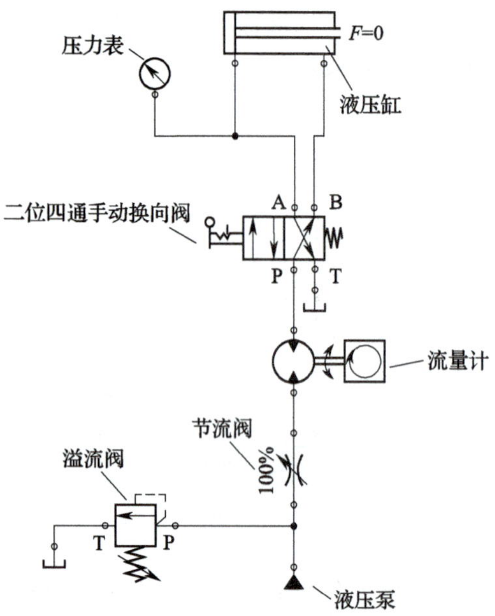

图 1-10 流量控制回路

任务实施

在液压试验台上，连接图 1-10 所示回路，观察压力表和流量计的变化过程。

（1）液压缸从零开始逐渐加载，可以看到压力表的变化，可以看到负载增大，压力增大；负载为零，压力为零。说明压力由负载决定，随着负载的变化而变化。

（2）从零开始逐步打开节流阀，可以看到流量与流速的关系，当 $q_v=0$，$v=0$，这种关系是什么？说明了什么？

任务评价

请对照表 1-4，对任务的完成情况进行评价。

表 1-4 任务评价表

项目名称		姓名			
任务名称		时间			
一、综合职业能力成绩					
评分项目	评分内容	配分	自评	小组评分	教师评分
任务完成	完成项目任务，功能正常等	60			
操作工艺	方法步骤正确，动作准确等	20			
安全生产	符合操作规程，人员设备安全等	10			
文明生产	遵守纪律，积极合作，工位整洁	10			
总分					
二、训练过程记录					
参考资料选择					
操作工艺流程					
技术规范情况					
安全文明生产					
完成任务时间					
自我检查情况					
三、评语	自我整体评价			学生签名	
	教师整体评价			教师签名	

知识拓展

一、液压系统中的压力损失

1. 沿程压力损失

液体在等直径管道中流动时，由于液体内部的摩擦力而产生的能量损失，称为沿程压力损失。

2. 局部压力损失

液体流过弯头、各种控制阀门、小孔缝隙或者管道截面面积突然变化等局部阻碍时，因为流速。流向的改变而产生的碰撞、漩涡等现象而产生的压力损失称为局部压力损失。

二、液压冲击与空穴现象

1. 液压冲击

在液压系统中，若极快地换向或关闭液压回路，会使液流速度急速地改变（变向或停止），由于流动液体的惯性或运动部件的惯性，会使系统内的压力发生突然升高或降低，这种现象称为液压冲击（水力学中称为水锤现象）。液压冲击的液压传动油路分析和阀门突然关闭时的受力分析如图 1-11、图 1-12 所示。

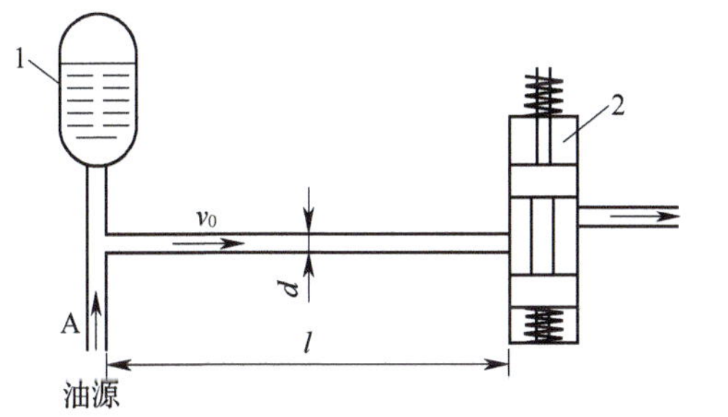

1- 气体蓄能器；2- 电磁换向阀

图 1-11 液压冲击的液压传动油路分析

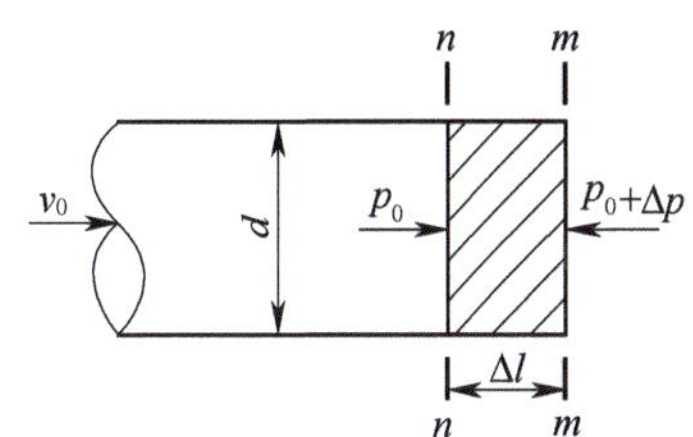

图 1-12 阀门突然关闭时的受力分析

液压冲击的危害是很大的。发生液压冲击时管路中的冲击压力往往急增很多倍，而使按工作压力设计的管道破裂。此外，所产生的液压冲击波会引起液压系统的振动和冲击噪声。因此在液压系统设计时要考虑这些因素，应当尽量减少液压冲击的影响。为此，一般可采用如下措施。

（1）缓慢关闭阀门，削减冲击波的强度；

（2）在阀门前设置蓄能器，以减小冲击波传播的距离；

（3）应将管中流速限制在适当范围内，或采用橡胶软管，也可以减小液压冲击；

（4）在系统中装置安全阀，可起卸载作用。

2. 空穴现象

一般液体中溶解有空气，水中溶解有约 2% 体积的空气，液压油中溶解有 6% ~ 12% 体积的空气。成溶解状态的气体对油液体积弹性模量没有影响，成游离状态的小气泡则对油液体积弹性模量产生显著的影响。空气的溶解度与压力成正比。

当压力降低时，原先压力较高时溶解于油液中的气体成为过饱和状态，于是就要分解出游离状态微小气泡，其速率是较低的，但当压力低于空气分离压 p_g 时，溶解的气体就要以很高速度分解出来，成为游离微小气泡，并聚合长大，使原来充满油液的管道变为混有许多气泡的不连续状态，这种现象称为空穴现象。

空穴现象会引起系统的振动，产生冲击、噪音、气蚀使工作状态恶化，应采取如下预防措施：

（1）限制泵吸油口离油面高度，泵吸油口要有足够的管径，滤油器压力损失要小，自吸能力差的泵用辅助供油。

（2）管路密封要好，防止空气渗入。

（3）节流口压力降要小，一般控制节流口前后压差比 $p_1 : p_2 < 3.5$。

思考与练习题

1. 在液压系统中，流量和速度有什么关系？
2. 在液压系统中，当活塞在运动时，活塞内的压力取决于什么？
3. 根据液压原理解释，为什么人不带装备潜水时存在着下潜深度的限制？

项目 2　液压泵的选用与维护

在液压传动系统中动力元件是把机械能转换成液压能的装置。最常见的动力元件是液压泵。本项目通过对液压泵相关知识的介绍，使大家了解常见的泵的结构与应用，包括 1 个工作任务，即液压泵的选用与检查。

液压泵的选用与检查维护

学习目标

一、基本目标

1. 熟悉液压泵的工作原理及种类。
2. 掌握齿轮泵、叶片泵和柱塞泵的类型及选用。
3. 能够分析泵的工作原理及结构。

二、提高目标

1. 能根据具体工作要求选择相应的液压泵。
2. 理解排量和流量的关系。
3. 能进行液压泵的维护保养。
4. 能利用网络查找液压泵的相关知识。

任务描述

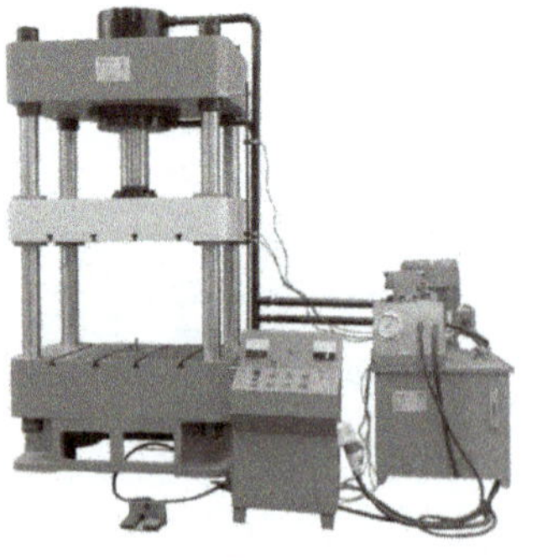

图 2-1 四柱液压压力机

图 2-1 所示为四柱液压压力机。液压压力机又称液压成形压力机，是使各种金属与非金属材料成形加工的设备。它是利用液压系统进行工作的，它的动力元件是液压泵。那么，如何选择液压系统的液压泵呢？

任务分析

液压泵是向液压系统提供压力和流量的主要动力元件，是每个液压系统不可缺少的核心元件，合理选择液压泵对于降低液压系统的能耗、提高系统的效率、降低噪声、改善工作性能和保证系统的可靠性都十分重要。

液压泵选择的原则：根据主机工况、功率大小和系统对工作性能的要求，首先确定液压泵的类型，然后按系统所要求的压力、流量大小确定其规格型号。

必备知识

一、液压泵的工作原理及种类

图 2-2 所示为一单柱塞液压泵的工作原理图。柱塞 2 安装在泵体内，当原动机驱动偏心轮 1 旋转时，柱塞 2 在偏心轮 1 和弹簧 3 的作用下，在泵体中作左、右往复运动。泵体与柱塞之间构成了容积可变的密封腔 6。柱塞 2 向右移动时，工作腔容积变大，密封腔内产生局部真空，油液便在大气压的作用下通过单向阀 4 吸入到泵体内，液压泵实现吸油。此时单向阀 5 关闭，防止系统中的油液回流。柱塞 2 向左移动时，工作腔容积变小，将已吸入的油液通过单向阀 5 压出，液压泵实现压油。这时单向阀 4 关闭，以防止油液回流到油箱。若偏心轮不停地转动，泵就不断地实现吸油和压油。

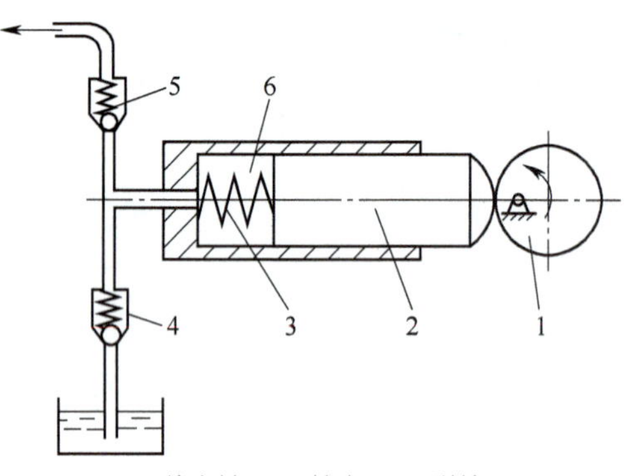

1- 偏心轮；2- 柱塞；3- 弹簧；
4、5- 单向阀；6- 密封腔

图 2-2 单柱塞液压泵的工作原理图

由此可见，液压泵是依靠密封腔的容积变化进行工作的，其排油量的大小取决于密封腔容积的变化，故这种泵又称为容积式泵。构成容积式泵必须具备以下必要条件：

（1）应具有能实现周期性变化的密封容积。密封容积增大时泵实现吸油，减小时泵实现压油。

（2）应有配流装置。它保证密封容积由小变大时密封腔只与吸油管连通；密封容积由大到小时只与压油管连通。图 2-2 中的单向阀 4 和 5 就是配流装置，它随着泵的结构不同而采用不同的形式。

（3）油箱为敞口或压力油箱。这是液压泵能够吸入油液的外部条件。因此，为保证液压泵正常吸油，油箱必须与大气相通，或采用密闭的压力油箱。

液压泵的种类很多，按其输出油液的流量能否调节，可分为定量泵和变量泵两类；按结构形式不同，泵可以分为齿轮泵、叶片泵、柱塞泵和螺杆泵等类型。

二、液压泵的主要性能参数

1. 液压泵的压力

（1）工作压力 p。是指液压泵工作时输出油液的实际压力，其大小取决于外界负载，外负载增大，泵的工作压力也随之升高。

（2）额定压力 p_n。是指液压泵在使用中允许达到的最高工作压力。泵的额定压力大小受泵本身的泄漏和结构强度所制约。当泵的工作压力超过额定压力时，泵就会过载。

表 2-1　液压泵压力分级

压力等级	低压	中压	中高压	高压	超高压
压力 /MPa	≤ 2.5	2.5 ~ 8	8 ~ 16	16 ~ 32	>32

2. 液压泵的排量和流量

（1）排量 V。是指不考虑泄漏情况下泵轴每转所排出的油液体积。排量的常用单位为 mL/r。

（2）流量。是指泵在单位时间内排出油液的体积。

①理论流量 q_t。是指在不考虑泄漏的情况下，单位时间内泵排出油液的体积。液压泵的理论流量等于排量和转速的乘积，即

$$q_t=Vn \tag{2-1}$$

②实际流量 q。是指泵工作时的实际输出流量。由于泵存在泄漏，因此泵的实际流量小于理论流量。

③额定流量 q_n。是指泵在额定压力和额定转速下的输出流量。

3. 液压泵的功率

液压泵输入的是机械能，表现形式为输入转矩 T_i 和转速 n；其输出的是液体压力能，表现形式为输出流量 q 和压力 p。所以液压泵输入功率 P_i 为

$$P_i=2\pi T_i n \tag{2-2}$$

液压泵输出功率 P_o 为

$$P_o=pq \tag{2-3}$$

4. 液压泵的效率

（1）容积效率 η_V。是液压泵实际流量与理论流量的比值，即

$$\eta_V=\frac{q}{q_t}=\frac{q_t-\Delta q}{q_t}=1-\frac{\Delta q}{q_t} \tag{2-4}$$

式中，Δq 为泄漏量，与工作压力有关，工作压力越大泄漏量越大，如图 2-3 所示。因此其容积效率随压力的升高而降低。

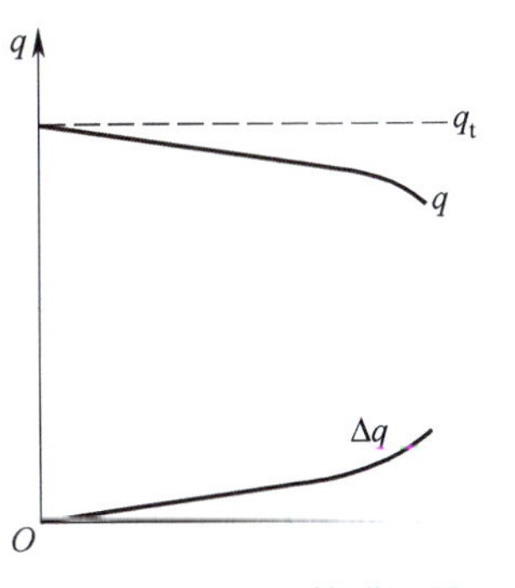

图 2-3　泵的泄漏量、流量与压力的关系

（2）机械效率 η_m。是指驱动液压泵的理论输入转矩与实际输入转矩的比值，即

$$\eta_m=\frac{T_t}{T_i} \quad (2\text{–}5)$$

由于液压泵在工作时存在机械摩擦和液体黏性摩擦，导致实际所需转矩大于理论所需转矩。

（3）总效率 η。是指泵输出功率与输入功率的比值，即

$$\eta=\frac{P_o}{P_i}=\eta_V\eta_m \quad (2\text{–}6)$$

式（2–6）说明，液压泵的总效率等于容积效率和机械效率的乘积。

例 2–1 某液压泵铭牌标示：转速 n=1450 r/min，额定流量 q_n=60 L/min，额定压力 p_n=8 MPa，泵的总效率 η=0.8。试求：

（1）该液压泵应选配的电动机功率。

（2）若液压泵应用于某一特定液压系统，系统要求液压泵工作压力 p=4 MPa，该液压泵应选配的电动机功率。

解：确定液压泵驱动电机功率，应按液压泵的使用场合进行计算。若液压泵使用场合不明确，可按铭牌标示的额定压力 p_n，额定流量 q_n 进行功率计算；若液压泵使用场合、工作压力已经确定，则按液压泵的实际工作压力进行功率计算。

（1）由于液压泵使用场合不明确，可按铭牌标示的额定压力 p_n，额定流量 q_n 进行功率计算。

$$P_i=\frac{P_o}{\eta}=\frac{p_n q_n}{\eta}=\frac{8\times60}{60\times0.8}\text{ kW}=10\text{ kW}$$

（2）液压泵使用场合明确，实际工作压力已确定，故按实际工作压力进行功率计算。

$$P_i=\frac{P_o}{\eta}=\frac{p q_n}{\eta}=\frac{4\times60}{60\times0.8}\text{ kW}=5\text{ kW}$$

三、齿轮泵的工作原理及结构

齿轮泵是一种常用的液压泵。它具有结构简单，尺寸小，制造方便，价格低廉，工作可靠，自吸能力强，对油液污染不敏感等优点。其缺点是流量和压力脉动大，噪声大，排量不可调。

齿轮泵可分为外啮合式和内啮合式两种结构形式，这里重点介绍外啮合齿轮泵工作原理和结构性能。

1. 齿轮泵的结构组成及工作原理

图 2–4 为 CB–B 型齿轮泵的外形图。图 2–5 为外啮合齿轮泵的工作原理图。在泵体内有一对齿数相同的外啮合齿轮，齿轮两端面依靠泵端盖（图中未画出）罩住。泵体、端盖和齿轮之间形成了密封容积，并由两齿轮的啮合线将左右两腔隔开，分成吸油腔和压油腔的两部分。当齿轮按图示方向旋转时，右侧吸油腔内的轮齿逐渐脱开啮合，使右侧密封容积增大而形成局部真空，油箱中的油液在大气压力作用下进入吸油腔，并随旋转的轮齿带入到左侧压油腔。左侧压油腔的轮齿则不断进入啮合，使左侧密封腔容积减小，油液被挤出，通过压油口排出。当齿轮不断旋转时，吸油腔不断吸油，压油腔不断排油。

图 2-4 CB-B 型齿轮泵的外形图

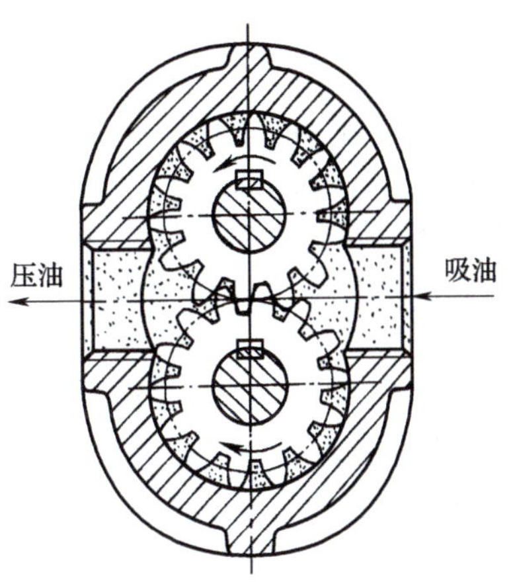

图 2-5 外啮合齿轮泵的工作原理

2. 齿轮泵的结构特点分析

CB-B 型齿轮泵的结构如图 2-6 所示。该泵为三片结构，即前后端盖 6、2 和泵体 5，前后端盖和泵体由两个定位销 11 定位，用 6 个螺钉 7 连接。为了使齿轮能灵活转动，同时又要使泄漏量最小，在齿轮端面和泵端盖之间应留适当的间隙（轴向间隙），另外为避免齿顶和泵体内壁相碰，齿顶与泵体内表面之间也要留一定的间隙（径向间隙）。该泵采用了内部泄油方式，即油液通过泵的轴向间隙润滑滚针轴承，然后经泄油道 9 流回吸油腔。在泵体 5 的前后端面上开有卸荷槽，使泄漏油经由卸荷槽流回吸油腔，同时减轻了泵体与泵盖接合面之间的泄漏油压力，减轻了螺钉承受的拉力。

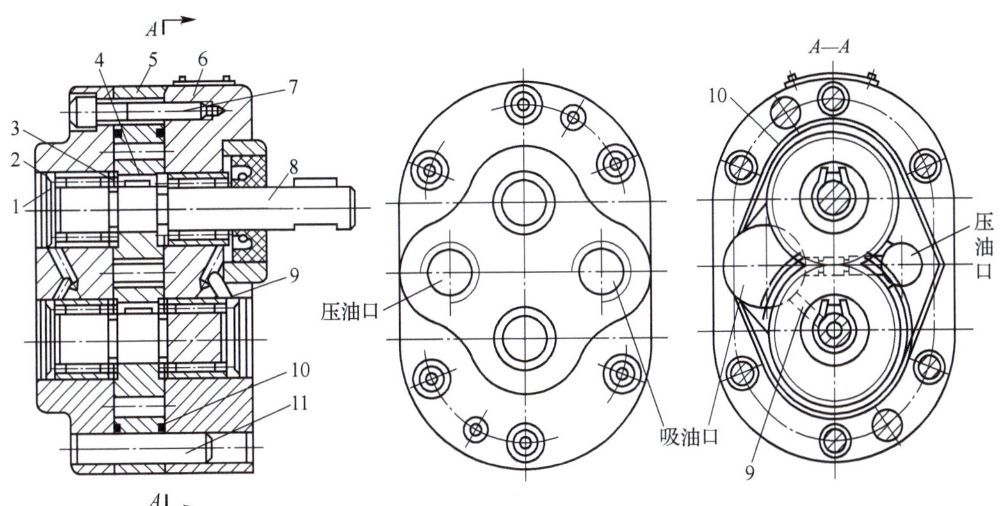

1- 滚针轴承；2- 后端盖；3- 键；4- 主动齿轮；5- 泵体；6- 前端盖；
7- 螺钉；8- 传动轴；9- 泄油道；10- 卸荷槽；11- 定位销

图 2-6 CB-B 型齿轮泵的结构

外啮合齿轮泵主要存在以下缺点：

（1）困油现象。齿轮泵要平稳工作，齿轮啮合的重合度必须大于 1，即前一对轮齿尚未脱离啮合时，后一对轮齿已经进入啮合，因而有时会有两对轮齿同时处于啮合。就在两对轮齿同时啮合的这一小段时间内，留在齿间的油液困在两对轮齿和前后泵盖所形成的一个封闭油腔中，如图 2–7（a）所示，当齿轮继续旋转时，这个封闭的容积逐渐减小，直到两个啮合点 A、B 处于节点两侧的对称位置时，如图 2–7（b）所示，这时封闭容积减至最小。由于油液的可压缩性很小，当封闭空间的容积减小时，被困的油液受挤压，压力急剧上升，油液从零件接合面的缝隙中强行挤出，使齿轮和轴承受到很大的径向力；当齿轮继续旋转，这个封闭容积又逐渐增大到如图 2–7（c）所示的最大位置，容积增大时又会造成局部真空，使油液中溶解的气体分离，产生空穴现象，这些都将使齿轮泵产生强烈的噪声，这就是齿轮泵的困油现象。

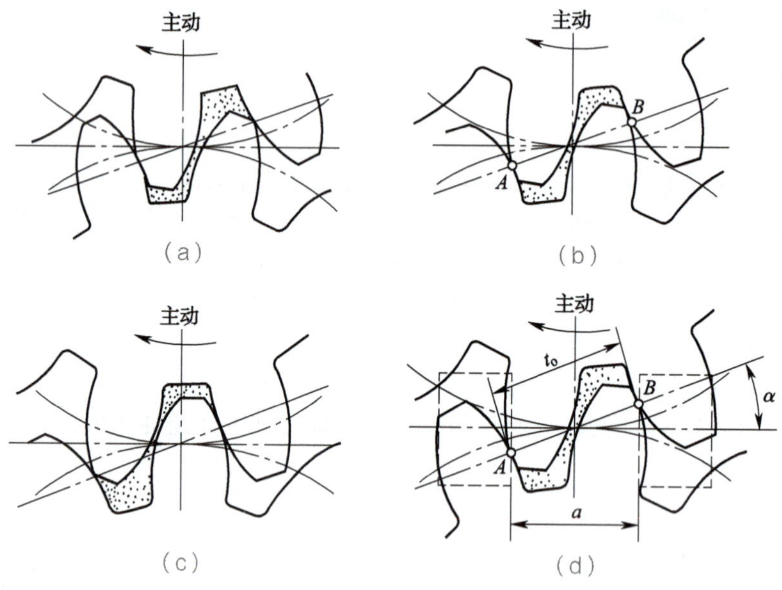

图 2–7　齿轮泵的困油现象

消除困油现象的方法，通常是在齿轮泵两端盖内侧面上铣两个卸荷槽，如图 2–7（d）中虚线所示。当困油容积减小时，通过右边的卸荷槽使困油容积与压油腔连通，以便及时将被困油液排出；而当封闭容积增大时，通过左边的卸荷槽使困油容积与吸油腔连通，以便及时补充油液。

（2）泄漏。齿轮泵存在三条可能产生泄漏的途径：一是通过齿轮两端面和泵端盖之间的轴向间隙；二是通过齿轮齿顶和泵体内表面间的径向间隙；三是通过两齿轮的齿面啮合处的啮合间隙。因轴向间隙泄漏的途径短且面积大，故此处的泄漏量最大（占总泄漏量的 75% ~ 80%）。可见轴向间隙越大，泄漏量也越大，容积效率就越低。但轴向间隙过小，会造成齿轮端面和泵盖间的摩擦加大，从而降低机械效率，因此必须选择合适的轴向间隙。CB 型齿轮泵轴向间隙为 0.01 ~ 0.04 mm，其容积效率和机械效率可达 90% 以上。

（3）径向不平衡力。在齿轮泵中，液体作用在齿轮外缘上的压力是不均匀的（见图 2–8），从低压腔到高压腔，压力沿齿轮旋转方向逐齿递增，因而齿轮和轴及轴承受到径向不平衡力的作用。工作压力越大，径向不平衡力也越大。径向不平衡力很大时能使泵轴变弯，导致齿顶与壳体内表面接触，产生摩擦，同时也加速轴承的磨损，降低泵的使用寿命。

为了减小径向不平衡力的影响，常采取缩小压油口的办法，其目的是为了减少压力油的作用面积。同时适当增大齿顶径向间隙，使齿轮在压力作用下，齿顶不至于和泵体内表面接触，CB型齿轮泵径向间隙量为 0.13 ～ 0.16 mm。

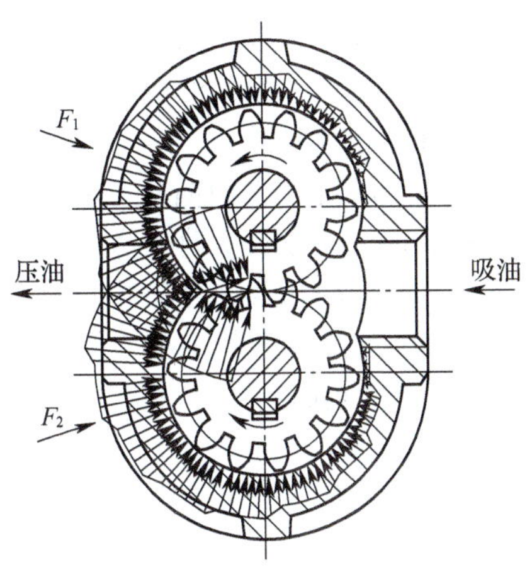

图 2-8 齿轮泵的径向不平衡力

四、叶片泵的工作原理及结构

叶片泵在机床液压系统中应用十分广泛，与其他液压泵比较，具有结构紧凑、体积小、流量均匀、运转平稳，噪声小等优点。但也存在结构较复杂，对油液的污染比较敏感等缺点。

按照工作原理，叶片泵可分为单作用式和双作用式两大类。双作用式流量均匀性好，所受的径向力基本平衡，应用较广。双作用叶片泵常用作定量泵，而单作用叶片泵则用作变量泵。

1. 双作用叶片泵

1）双作用叶片泵的工作原理

图 2-9 所示为双作用叶片泵的外形图。图 2-10 为双作用叶片泵的工作原理图。定子 1 和转子 2 同心安装。定子内表面是由两段长半径圆弧、两段短半径圆弧和四段过渡曲线组成。转子转动时，叶片在离心力和叶片根部油压的作用下，在转子槽内作径向滑动且压紧定子内表面。这样，在定子的内表面、转子的外表面、两侧配流盘和两相邻叶片之间形成若干个密封工作腔。当转子顺时针旋转时，密封工作腔的容积在左上角和右下角处逐渐增大，为吸油区；在右上角和左下角处逐渐减小，为压油区。这种泵的转子每转一周，每个密封工作腔完成吸油和压油各两次，故称为双作用叶片泵。泵的两个吸油区和两个压油区是径向对称的，所以作用在叶片泵转子上的径向液压力相互平衡，所以又称为卸荷式叶片泵。这种泵的排量不可调节，因此是定量泵。

图 2-9 双作用叶片泵外形图

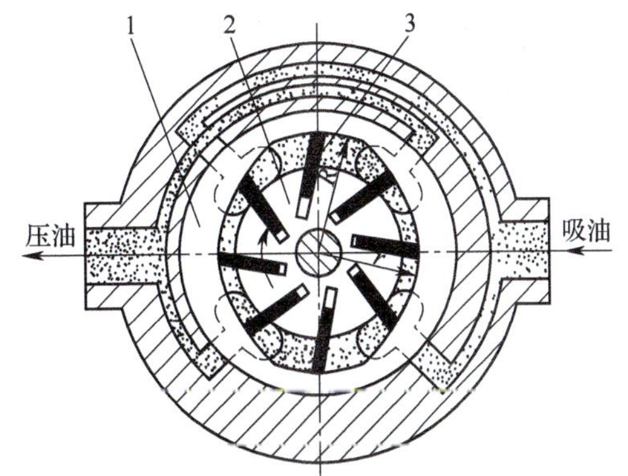

1- 定子；2- 转子；3- 叶片

图 2-10 双作用叶片泵工作原理图

2）双作用叶片泵的结构要点

YB1 型叶片泵的结构特点：

（1）叶片安放角。为了保证叶片能顺利地在叶片槽内滑动，双作用叶片泵转子的叶片常沿旋转方向向前倾斜一个角度 θ（通常为 13°）安装。因此，在使用双作用叶片泵时，应确保驱动电动机的旋转方向为规定方向。

（2）端面间隙的自动补偿。为了提高工作压力，减少端面泄漏，采取的间隙自动补偿措施是将右配流盘的右侧与压油口连通，使配流盘在液压推力作用下压向转子。泵的工作压力越高，配流盘就会更加贴紧转子，因此可实现对转子端面间隙的自动补偿。

（3）定子过渡曲线。定子内表面的曲线由四段圆弧和四段过渡曲线组成。理想的过渡曲线应使叶片在槽中滑动时的径向速度和加速度变化均匀，而且应使过渡曲线与圆弧的连接处圆滑过渡，以减小冲击和噪声。目前双作用叶片泵一般使用综合性能较好的等加速等减速曲线作为过渡曲线。

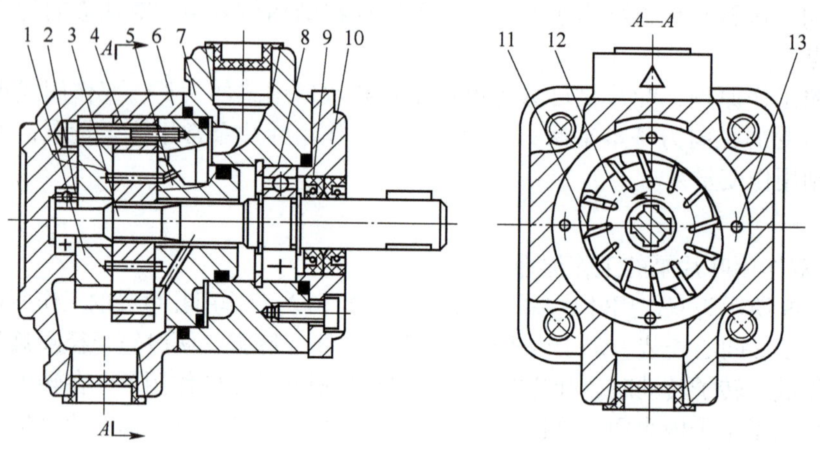

1- 左配油盘；2、8- 深沟球轴承；3- 传动轴；4- 定子；5- 右配油盘；6- 后泵体；7- 前泵体；9- 密封腔；10- 盖板；11- 叶片；12- 转子；13- 长螺钉

图 2-11 YB1 型叶片泵

2. 单作用叶片泵

1）单作用叶片泵的工作原理

图 2-12 所示为单作用叶片泵的外形图。图 2-13 所示为单作用叶片泵的工作原理。它是由转子 2、定子 1、叶片 3、配流盘和泵体等组成。与双作用叶片泵不同，定子 1 内表面是圆柱面，转子 2 和定子中心之间有一定的偏心量 e，两侧的配流盘上开有两个配流窗口，一个为吸油窗口，一个为压油窗口。转子旋转一周，叶片在转子槽内往复运动一次，每相邻两叶片间的密封容积发生一次增大和减小的变化，并完成一次吸油、压油过程，故称为单作用叶片泵。又因其转子、轴和轴承等零部件承受的径向力不平衡，因此这类泵又称为非卸荷式叶片泵。

对于单作用叶片泵，只要改变其偏心量 e 的大小，就可改变泵的排量和流量。偏心量可通过手动或自动的方式来调节。自动调节的变量泵根据其工作特性的不同分为限压式、恒压式及恒流量式三类，其中以限压式应用较多。

图 2-12 单作用叶片泵外形图

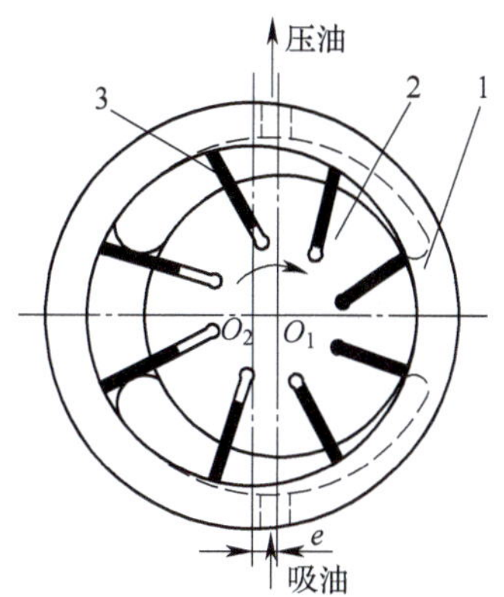

1- 定子；2- 转子；3- 叶片

图 2-13 单作用叶片泵工作原理

五、柱塞泵的工作原理及结构

柱塞泵是利用柱塞在缸体柱塞孔内的往复运动，使密封工作容积发生变化来实现吸油和压油的。由于柱塞与缸体内孔均为圆柱表面，加工方便，可得到较高的配合精度，因此柱塞泵密封性能好，泄漏小，在高压状况下仍有较高的容积效率。柱塞泵具有压力高、结构紧凑、效率高、流量调节方便等优点，故广泛应用于高压、大流量和流量需要调节的场合，如龙门刨床、拉床、液压机、起重设备等的液压系统。

按柱塞排列方向的不同，柱塞泵可分为轴向柱塞泵和径向柱塞泵两大类。

1. 轴向柱塞泵

1）轴向柱塞泵的工作原理

图 2-14 为轴向柱塞泵外形图，斜盘式轴向柱塞泵的工作原理如图 2-15 所示，其柱塞 3 平行于缸体 1 轴线安装，并均匀分布在缸体的圆周上。斜盘 4 和配流盘 2 固定不动，斜盘法线与缸体轴线夹角为斜盘倾角 γ。缸体由传动轴 5 带动旋转，柱塞在底部弹簧的作用下始终紧贴斜盘。当缸体按图示方向旋转时，由于斜盘和弹簧的共同作用，使柱塞产生往复运动，各柱塞与缸体孔间的密封腔容积便发生增大或缩小的变化，通过配流盘上的窗口 a 吸油，通过窗口压 b 油。

显然，改变斜盘的倾角 γ，就可以改变柱塞往复运动的行程，也就改变了泵的排量。若改变斜盘倾角的方向，就能改变吸油和压油的方向，而使其成为双向变量泵。

2）斜盘式轴向柱塞泵的结构要点

图 2-16 为 SCY14-1B 型轴向柱塞泵的结构，它由主体和变量机构两部分组成。

（1）滑履结构。在图 2-15 中，泵在工作时，各柱塞球形头部直接接触斜盘并滑动，柱塞头部与斜盘之间理论上为点接触。泵工作时，柱塞头部接触应力大，极易磨损，故一般轴向柱塞泵都在柱塞头部装一滑履（见图 2-16），改点接触为面接触，并且在相对运动表面间通过小孔引入压力油，实现可靠的润滑，从而大大减小了相对运动零件表面的磨损。

图 2-14 轴向柱塞泵外形图

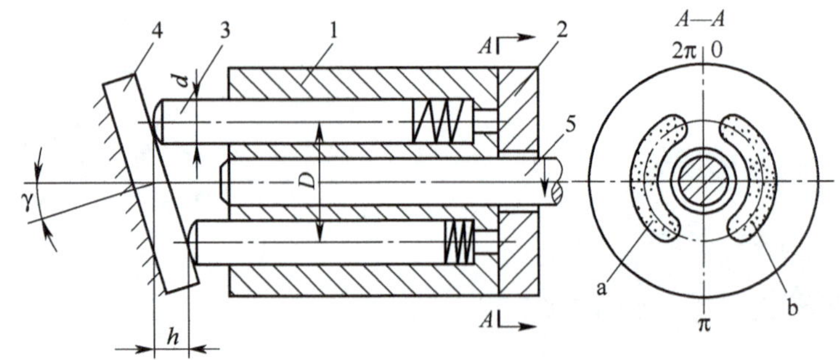

1- 缸体；2- 配流盘；3- 柱塞；4- 斜盘；5- 传动轴；a- 吸油窗口；b- 压油窗口

图 2-15　斜盘式轴向柱塞泵的工作原理

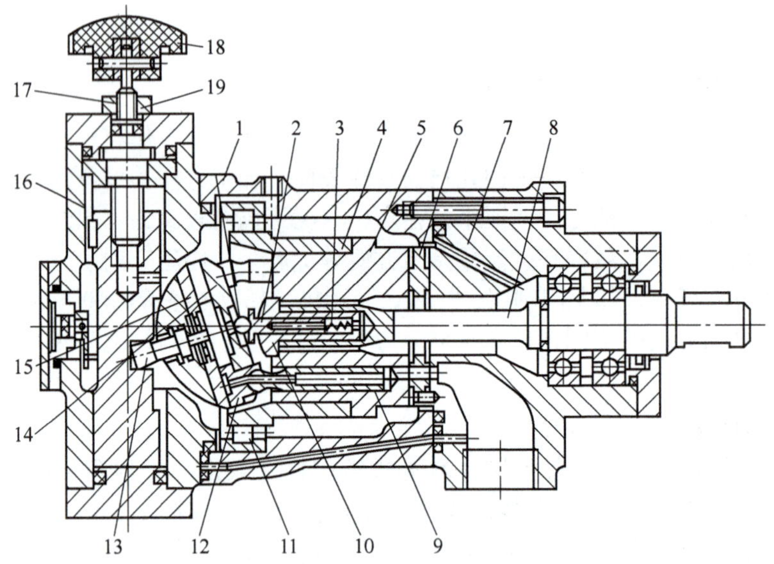

1- 泵体；2- 内套；3- 定心弹簧；4- 缸套；5- 缸体；6- 配流盘；7- 前泵体；8- 轴；9- 柱塞；10- 套筒；11- 轴承；12- 滑履；13- 销轴；14- 压盘；15- 倾斜盘；16- 变量柱塞；17- 丝杆；18- 手轮；19- 螺母

图 2-16　SCY14-1B 型轴向柱塞泵结构

（2）变量机构。在变量轴向柱塞泵中均设置有专门的变量机构，用来改变斜盘倾角 γ 的大小，以调节泵的排量。图 2-16 中，手动变量机构在泵的左侧。变量时，转动手轮 18，使丝杆 17 随之转动，带动变量柱塞 16 沿导向键做轴向移动，通过销轴 13 使支承在变量壳体上的倾斜盘 15 绕其中心转动，从而改变了斜盘倾角 γ。手动变量机构结构简单，但操纵力较大，通常只能在泵停机或泵压较低的情况下才能实现变量。

2. 径向柱塞泵

图 2-17 为径向柱塞泵外观图和工作原理图。转子 2 上径向均布着数个柱塞孔，孔中装有柱塞 3。转子 2 的中心与定子 1 的中心之间有一个偏心量 e。在固定不动的配流轴 4 上，相对于柱塞孔的部位有相互隔开的上、下两个缺口，此二缺口又分别通过所在部位的两个轴向孔与泵的吸、压油口连通。当转子旋转时，柱塞在离心力作用

下，它的头部与定子的内表面紧紧接触，由于转子与定子之间有一个偏心量，所以柱塞在随转子转动的同时，又在柱塞孔内作径向往复滑动。当转子 2 按图示箭头方向旋转时，上半周的柱塞都往外滑动，柱塞孔内的密封工作容积增大，通过轴向孔吸油；下半周的柱塞都往里滑动，柱塞孔内的密封工作容积缩小，通过轴向孔向外压油。

如果改变偏心量 e 的大小，泵的输油量就发生改变。当移动定子使偏心量从正值变为负值时，则泵的吸、压油口就互相调换，就可以使泵改变油液流向。因此，径向柱塞泵可用做双向变量泵。

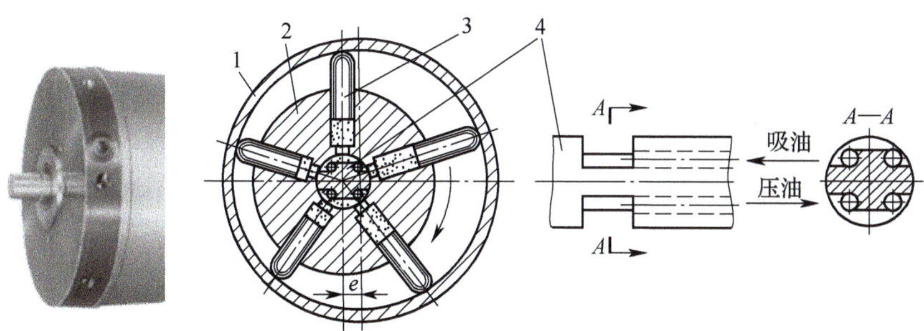

1- 定子；2- 转子；3- 柱塞；4- 配流轴

图 2-17　径向柱塞泵的外观图和工作原理图

径向柱塞泵的优点是流量大，工作压力较高，便于做成多排柱塞形式，轴向尺寸小，工作可靠等。其缺点是径向尺寸大，自吸能力差，且配流轴受到径向不平衡液压力的作用，易于磨损，泄漏间隙不能自动补偿。这些缺点限制了泵的转速和压力的提高。

任务实施

已知四柱液压压力机，系统工作时所需高压液体最大流量是主缸工作行程活塞腔的进油流量 Q_2，为 385.8 L/min，主缸活塞回程时所需流量 Q_3 为 379.5 L/min，顶出缸顶出时所需进油流量 Q_4 为 412.1 L/min。主缸回程和顶出缸顶出时，只是在开始时需要高压 P=25 MPa，而其他情况则不需要高压。根据工况分析，通过查相关手册，决定选用一台 ZB 型斜轴式轴向柱塞泵，公称流量为 481.4 mL/r，转速为 970 r/min，功率为 130.2 kW，型号 1ZXB740。

任务评价

请对照表 2-2，对任务的完成情况进行评价。

表 2-2　任务评价表

项目名称		姓名			
任务名称		时间			
一、综合职业能力成绩					
评分项目	评分内容	配分	自评	小组评分	教师评分
任务完成	完成项目任务，功能正常等	60			

续表

评分项目	评分内容	配分	自评	小组评分	教师评分
操作工艺	方法步骤正确，动作准确等	20			
安全生产	符合操作规程，人员设备安全等	10			
文明生产	遵守纪律，积极合作，工位整洁	10			
总分					
二、训练过程记录					
参考资料选择					
操作工艺流程					
技术规范情况					
安全文明生产					
完成任务时间					
自我检查情况					
三、评语	自我整体评价		学生签名		
	教师整体评价		教师签名		

思考与练习题

1. 液压泵要实现吸油和压油必须具备哪两个条件？
2. 简述液压泵的工作压力和额定压力，两者之间有何关系？
3. 哪些液压泵可以做成变量泵？说明其变量原理。
4. 齿轮泵压力提高主要受到哪些因素影响？
5. 双作用叶片泵和限压式变量叶片泵在结构上有何区别？
6. 为什么轴向柱塞泵适用于高压？
7. 试比较各类液压泵性能上的异同点。
8. 双作用叶片泵的叶片为什么不是径向安装的，而要倾斜一个角度？

9. 图 2-18 中，若不计管路压力损失，试确定如图所示各工况下，泵的工作压力 p（压力表的读数）各为多少？（已知图（c）中节流阀的压差为 Δp）

10. 某液压系统中液压泵的输出工作压力 p=20 MPa，泵的实际输出流量 q=60 L/min，容积效率 η_V=0.9，机械效率 η_m=0.9，试求驱动液压泵的电动机功率。

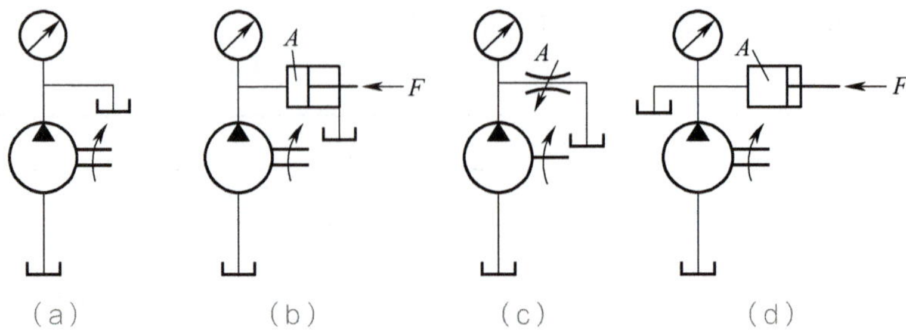

图 2-18

项目 3　液压执行元件的选择与安装

液压系统中，将液压转换成机械能是靠液压执行元件来完成任务的。本项目主要介绍液压执行元件的选择、安装及故障排除，包括 1 个工作任务，即专用机床液压缸的选择与安装。

专用机床液压缸的选择与安装

学习目标

一、基本目标

❶ 认识液压缸的类型、特点和结构。

❷ 了解液压缸的速度与流量的关系、牵引力与压力的关系。

❸ 能分析活塞式、柱塞式、伸缩式、摆动式液压缸的结构特点与工作原理。

二、提高目标

❶ 能根据具体工作要求进行液压缸的选型。

❷ 了解液压缸与气缸缓冲装置的设计计算方法与步骤。

❸ 能利用仿真软件进行回路的设计、分析与仿真调试。

任务描述

图 3-1 所示为深孔钻床主机结构示意图，要求液压系统能完成的进给运动：原位停止→快进→Ⅰ工进→Ⅱ工进→死挡铁停留→快退→原位停止，并且要求系统工作稳定，效率高。那么，如何来设计这个回路和选择液压缸呢？

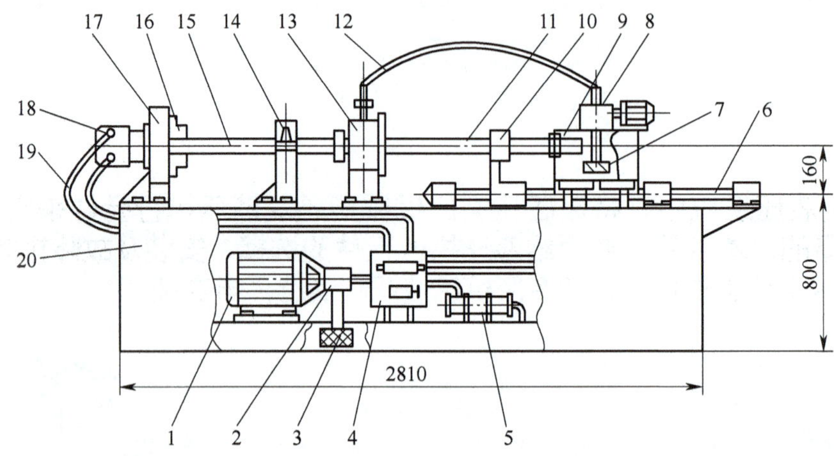

1- 电动机；2- 液压泵；3- 过滤器；4- 液压阀集成块；5- 冷却器；6- 液压缸；7- 排屑油过滤器；8- 电机齿轮泵组；9- 随动油箱；10- 推进装置；11- 钻杆；12- 油封头进油软管；13- 油封头；14- 对开轴承座；15- 工件；16- 三爪卡盘；17- 液压马达座；18- 液压马达；19- 液压马达油管；20- 床身

图 3-1 深孔钻床主机结构示意图

任务分析

根据深孔钻床示意图的组成可知，深孔钻床的旋转运动是由液压马达来完成的，而进给运动是由液压系统中的液压缸来完成的。在液压传动系统中液压缸和液压马达都是执行原件。它们将压力能转化为机械能，如何根据深孔钻床的工况，选择液压缸的主要参数和结构？让我们一起来学习液压缸的有关知识。

必备知识

液压缸是将液压泵输出的压力能转换为机械能的执行元件，它主要是用来输出直线运动（也包括摆动运动）。

一、液压缸的分类

液压缸按其结构形式，可以分为活塞缸、柱塞缸和摆动缸三类。活塞缸和柱塞缸实现往复运动，输出推力和速度，摆动缸则能实现小于 360° 的往复摆动，输出转矩和角速度（转速）。液压缸除单个使用外，还可以几个组合起来或和其他机构组合起来，以完成特殊的功用。

1. 活塞式液压缸

活塞式液压缸分为双杆式和单杆式两种。

1）双杆式活塞缸

双杆式活塞缸的活塞两端都有一根直径相等的活塞杆伸出，它根据安装方式不同又可以分为缸筒固定式和活塞杆固定式两种。图 3–2（a）所示为缸筒固定式的双出杆活塞缸。

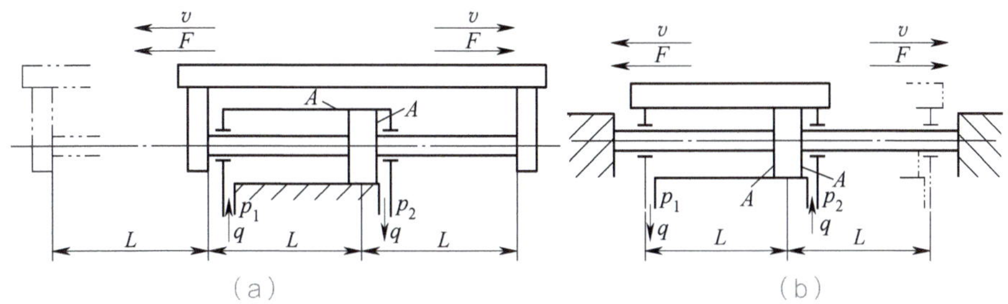

图 3–2　双出杆活塞缸

它的进、出油口布置在缸筒两端，活塞通过活塞杆带动工作台移动，当活塞的有效行程为 L 时，整个工作台的运动范围为 $3L$，所以占地面积大，一般适用于小型机床。当工作台行程要求较长时，可采用图 3–4（b）所示的活塞杆固定的形式，这时，缸体与工作台相连，活塞杆通过支架固定的机床上，动力由缸体传出。这种安装形式中，工作台的移动范围只等于液压缸有效行程 L 的两倍（$2L$），因此占地面积小。进出油口可以设置在固定不动的空心的活塞杆的两端，使油液从活塞杆中进出，也可设置在缸体的两端，但必须使用软管连接。

由于双杆活塞缸两端的活塞杆直径通常是相等的，因此它左、右两腔的有效面积也相等。当分别向左、右腔输入相同压力和相同流量的油液时，液压缸左、右两个方向的推力和速度相等，当活塞的直径为 D，活塞杆的直径为 d，液压缸进、出油腔的压力为 p_1 和 p_2，输入流量为 q 时，双杆活塞缸的速度 v 为

$$v=\frac{q}{A}=\frac{4q}{\pi(D^2-d^2)} \tag{3–1}$$

式中，A 为活塞的有效工作面积。

双杆活塞缸在工作时，设计成一个活塞杆是受拉的，而另一个活塞杆不受力，因此这种液压缸的活塞杆可以做得细些。

2）单杆式活塞缸

如图 3–3 所示，活塞只有一端带活塞杆，单杆液压缸也有缸体固定和活塞杆固定两种形式，但它们的工作台移动范围都是活塞有效行程的两倍。

单杆活塞缸由于活塞两端有效面积不等。如果以相同流量的压力油分别进入液压缸的左、右腔，活塞移动的速度与进油腔的有效面积成反比，即油液进入无杆腔时有效面积大，速度慢，进入有杆腔时有效面积小，速度快；而活塞上产生的推力则与进油腔的有效面积成正比。

如果向单杆活塞缸的左右两腔同时通压力油，如图 3–4 所示，即所谓的差动连接。作差动连接的单出杆液压缸称为差动液压缸，开始工作时差动缸左右两腔的油液压力相同，但是由于左腔（无杆腔）的有效面积大于右腔（有杆腔）的有效面积，

故活塞向右运动，同时使右腔中排出的油液（流量）也进入左腔，加大了流入左腔的流量，从而也加快了活塞移动的速度。实际上活塞在运动时，由于差动缸两腔间的管路中有压力损失，所以右腔中油液的压力稍大于左腔油液压力。而这个差值一般都较小，可以忽略不计。

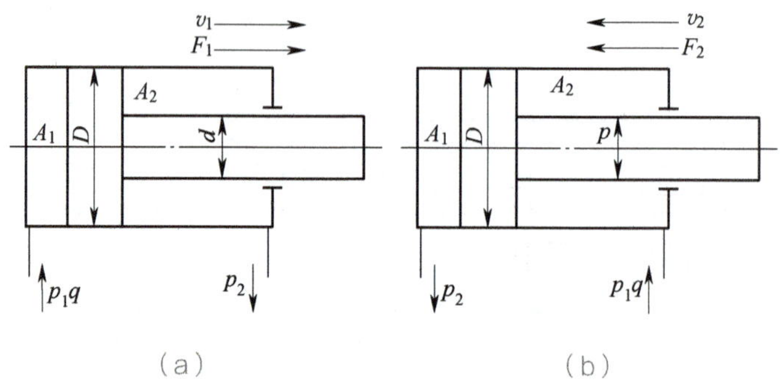

图 3-3　单杆式活塞缸工作原理图

由此可知，差动连接时液压缸的推力比非差动连接时小，速度比非差动连接时大，正好利用这一点，可使在不加大油源流量的情况下得到较快的运动速度，这种连接方式被广泛应用于组合机床的液压动力滑台和其他机械设备的快速运动中。如果要求快速运动和快速退回速度相等，则由上式可得：

$$D=\sqrt{2}d \tag{3-2}$$

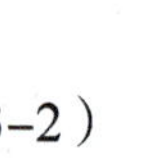

图 3-4　差动液压缸工作原理图

2. 柱塞式液压缸

柱塞式液压缸是一种单作用液压缸，其工作原理如图 3-5（a）所示，柱塞与工作部件连接，缸筒固定在机体上。当压力油进入缸筒时，推动柱塞带动运动部件向右运动，但反向退回时必须靠其他外力或自重驱动。柱塞缸通常成对反向布置使用，如图 3-5（b）所示。

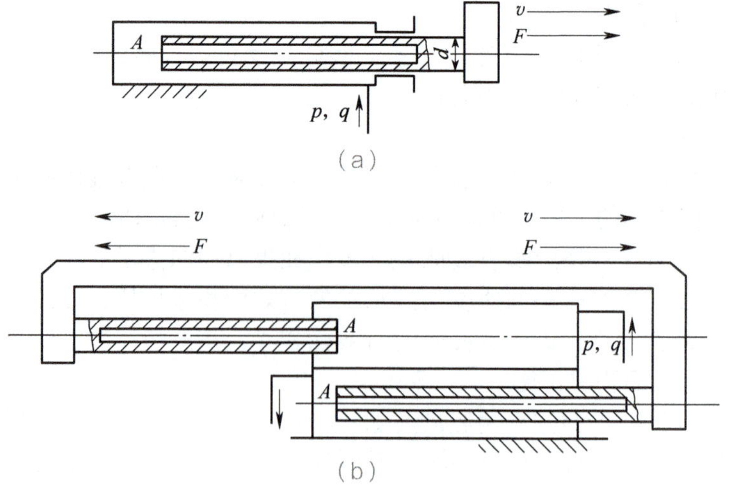

图 3-5　柱塞式液压缸工作原理图

柱塞式液压缸的主要特点是柱塞与缸筒无配合要求，缸筒内孔不需精加工，甚至可以不加工。运动时由缸盖上的导向套来导向，所以它特别适合应用在行程较长的场合。

3. 摆动式液压缸

摆动式液压缸也称摆动液压马达。当它通入压力油时，它的主轴能输出小于360°的摆动运动，常用于工夹具夹紧装置、送料装置、转位装置以及需要周期性进给的系统中。图 3–6（a）所示为单叶片式摆动缸，它的摆动角度较大，可达 300°。

图 3–6（b）所示为双叶片式摆动缸，它的摆动角度小于 150°，它的输出转矩是单叶片式的两倍，而角速度则是单叶片式的一半。

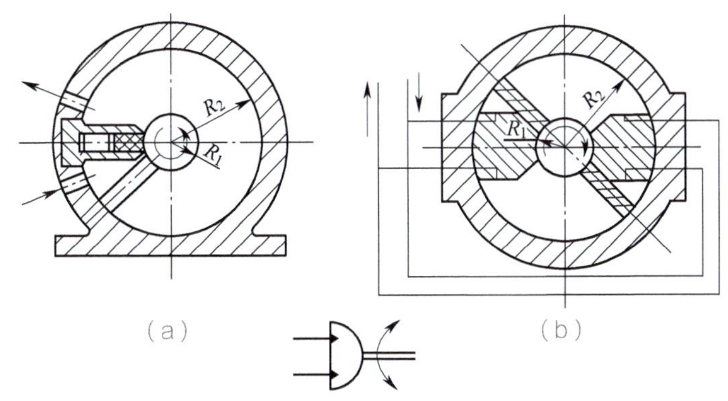

图 3–6 摆动式液压缸

二、液压缸的典型结构和组成

1. 液压缸的典型结构举例

图 3–7 所示为一个较常用的双作用单活塞杆液压缸。它是由缸底 20、缸筒 10、缸盖兼导向套 9、活塞 11 和活塞杆 18 组成。缸筒一端与缸底焊接，另一端缸盖（导向套）与缸筒用卡键 6、套 5 和弹簧挡圈 4 固定，以便拆装检修，两端设有油口 A 和 B。活塞 11 与活塞杆 18 利用卡键 15、卡键帽 16 和弹簧挡圈 17 连在一起。活塞与缸孔的密封采用的是一对 Y 形聚氨酯密封圈 12，由于活塞与缸孔有一定间隙，采用由尼龙 1010 制成的耐磨环（又称为支承环）13 定心导向。活塞杆 18 和活塞 11 的内孔由 O 型密封圈 14 密封。较长的导向套 9 则可保证活塞杆不偏离中心，导向套外

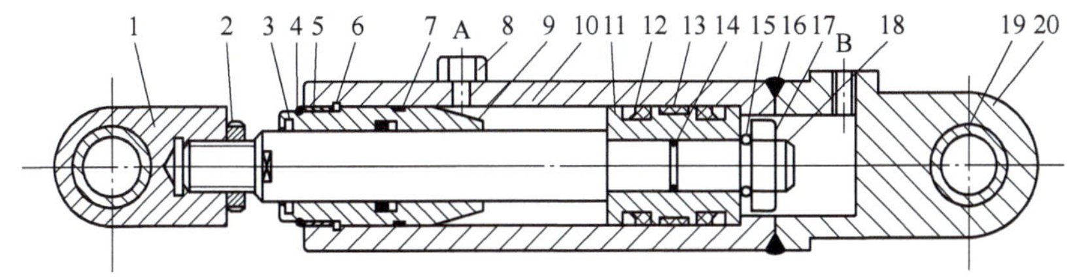

1 耳环；2 螺母；3 防尘圈；4、17- 弹簧挡圈；5- 套；6、15- 卡键；
7、14 O 形密封圈；8、12-Y 形聚氨酯密封圈；9- 缸盖兼导向套；10- 缸筒；
11- 活塞；13- 耐磨环；16- 卡键帽；18- 活塞杆；19- 衬套；20- 缸底

图 3–7 双作用单活塞杆液压缸

径由 O 形圈 7 密封，而其内孔则由 Y 形密封圈 8 和防尘圈 3 分别防止油外漏和灰尘带入缸内。缸与杆端销孔与外界连接，销孔内有尼龙衬套抗磨。

图 3–8 所示为一空心双活塞杆式液压缸的结构。由图可见，液压缸的左右两腔是通过油口 b 和 d 经活塞杆 1 和 15 的中心孔与左右径向孔 a 和 c 相通的。由于活塞杆固定在床身上，缸体 10 固定在工作台上，工作台在径向孔 c 接通压力油，径向孔 a 接通回油时向右移动；反之则向左移动。在这里，缸盖 18 和 24 是通过螺钉（图中未画出）与压板 11 和 20 相连，并经钢丝环 12 相连，左缸盖 24 空套在托架 3 孔内，可以自由伸缩。空心活塞杆的一端用堵头 2 堵死，并通过锥销 9 和 22 与活塞 8 相连。缸筒相对于活塞运动由左右两个导向套 6 和 19 导向。活塞与缸筒之间、缸盖与活塞杆之间以及缸盖与缸筒之间分别用 O 形圈 7、V 形圈 4 和 17 和纸垫 13 和 23 进行密封，以防止油液的内、外泄漏。缸筒在接近行程的左右终端时，径向孔 a 和 c 的开口逐渐减小，对移动部件起制动缓冲作用。为了排除液压缸中剩留的空气，缸盖上设置有排气孔 5 和 14，经导向套环槽的侧面孔道（图中未画出）引出与排气阀相连。

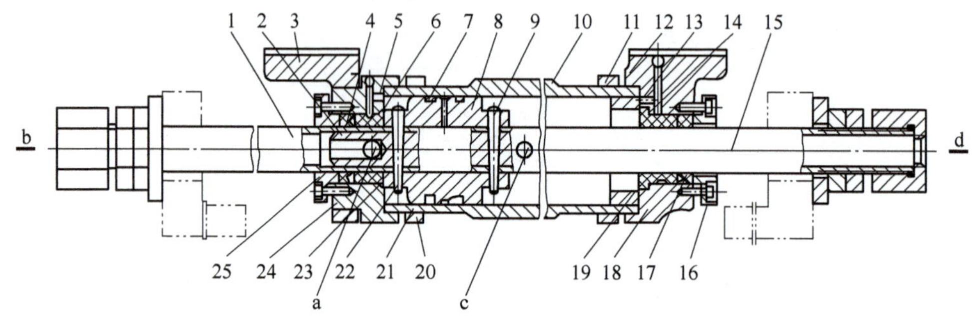

1- 活塞杆；2- 堵头；3- 托架；4、17-V 形密封圈；5、14- 排气孔；6、19- 导向套；7-O 形密封圈；8- 活塞；9、22- 锥销；10- 缸体；11、20- 压板；12、21- 钢丝环；13、23- 纸垫；15- 活塞杆；16、25- 压盖；18、24- 缸盖

图 3–8　空心双活塞杆式液压缸的结构

2. 液压缸的组成

从上面所述的液压缸典型结构中可以看到，液压缸的结构基本上可以分为缸筒和缸盖、活塞和活塞杆、密封装置、缓冲装置和排气装置五个部分，分述如下。

（1）缸筒和缸盖。一般来说，缸筒和缸盖的结构形式和其使用的材料有关。工作压力 p<10 MPa 时，使用铸铁；p 为 10 ~ 20 MPa 时，使用无缝钢管；p>20 MPa 时，使用铸钢或锻钢。图 3–9 所示为缸筒和缸盖的常见结构形式。图 3–9（a）所示为法兰连接式，结构简单，容易加工，也容易装拆，但外形尺寸和重量都较大，常用于铸铁制的缸筒上。图 3–9（b）所示为半环连接式，它的缸筒壁部因开了环形槽而削弱了强度，为此有时要加厚缸壁，它容易加工和装拆，重量较轻，常用于无缝钢管或锻钢制的缸筒上。图 3–9（c）所示为螺纹连接式，它的缸筒端部结构复杂，外径加工时要求保证内外径同心，装拆要使用专用工具，它的外形尺寸和重量都较小，常用于无缝钢管或铸钢制的缸筒上。图 3–9（d）所示为拉杆连接式，结构的通用性大，容易加工和装拆，但外形尺寸较大，且较重。图 3-9（e）所示为焊接连接式，结构简单，尺寸小，但缸底处内径不易加工，且可能引起变形。

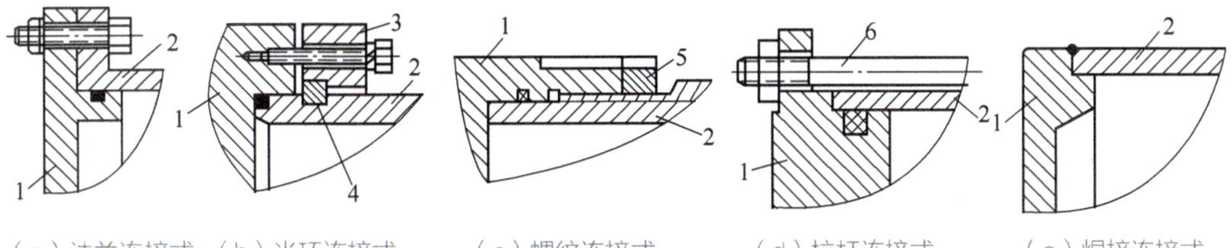

（a）法兰连接式　（b）半环连接式　（c）螺纹连接式　（d）拉杆连接式　（e）焊接连接式

1- 缸盖；2- 缸筒；3- 压板；4- 半环；5- 防松螺帽；6- 拉杆

图 3-9　缸筒和缸盖的常见结构形式

（2）活塞与活塞杆。可以把短行程的液压缸的活塞杆与活塞做成一体，这是最简单的形式。但当行程较长时，这种整体式活塞组件的加工较费事，所以常把活塞与活塞杆分开制造，然后再连接成一体。图 3-10 所示为几种常见的活塞与活塞杆的连接形式。

图 3-10（a）所示为活塞与活塞杆之间采用螺母连接，它适用负载较小，受力无冲击的液压缸中。螺纹连接虽然结构简单，安装方便可靠，但在活塞杆上车螺纹将削弱其强度。图 3-10（b）所示为卡环式连接，它有两个半圆环 3 以夹紧活塞 4，半圆环 3 由轴套 2 套住，而轴套 2 的轴向位置用弹簧卡圈 1 来固定。图 3-10（c）所示为卡环式连接，它使用了两个半圆环 4，它们分别由两个密封圈座 2 套住，半圆形的活塞 3 安放在密封圈座的中间。图 3-10（d）所示为一种径向销式连接结构，用锥销 1 把活塞 2 固连在活塞杆 3 上。这种连接方式特别适用于双出杆式活塞。

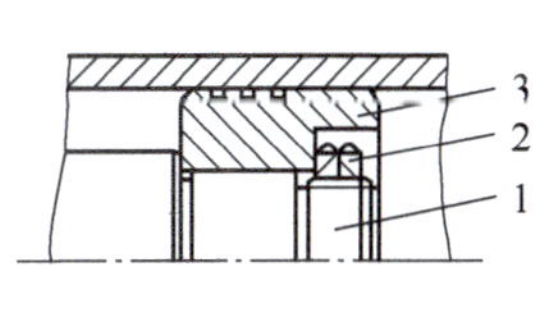

（a）螺母连接

1- 活塞；2- 螺母；3- 活塞杆

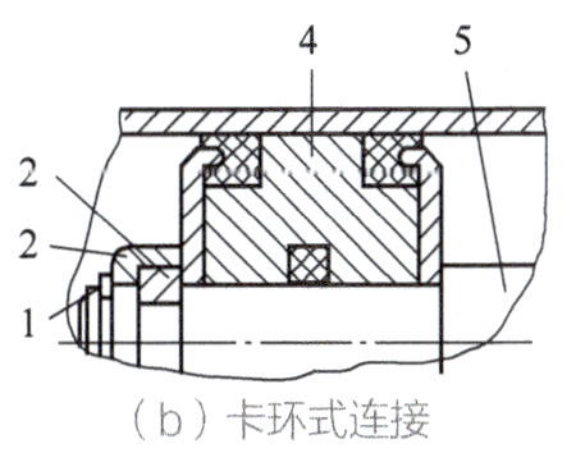

（b）卡环式连接

1- 弹簧卡；2- 轴套；3- 半圆环；4- 夹紧活塞；5- 活塞杆

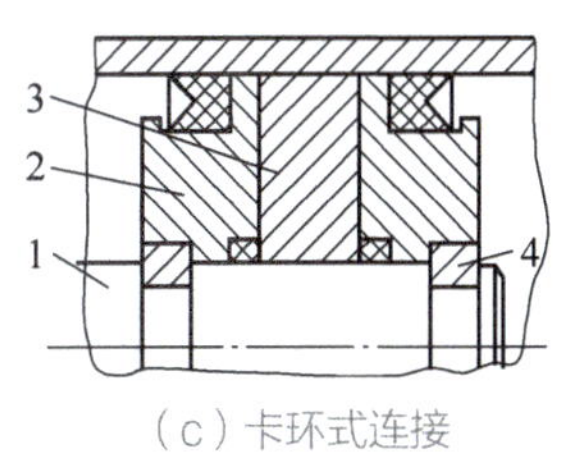

（c）卡环式连接

1- 活塞杆；2- 密封圈座；3- 活塞；4- 半圆环

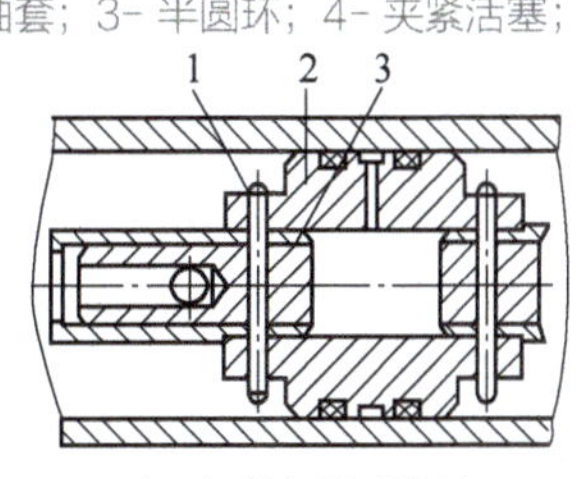

（d）径向销式连接

1- 锥销；2- 活塞；3- 活塞杆

图 3-10　常见的活塞组件结构形式

（3）密封装置。液压缸中常见的密封装置如图 3-11 所示。图 3-11（a）所示为间隙密封，它依靠运动间的微小间隙来防止泄漏。为了提高这种装置的密封能力，常在活塞的表面上制出几条细小的环形槽，以增大油液通过间隙时的阻力。它的结构简单，摩擦阻力小，可耐高温，但泄漏大，加工要求高，磨损后无法恢复原有能力，只有在尺寸较小、压力较低、相对运动速度较高的缸筒和活塞间使用。图 3-11（b）所示为摩擦环密封，它依靠套在活塞上的摩擦环（尼龙或其他高分子材料制成）在O形密封圈弹力作用下贴紧缸壁而防止泄漏。这种材料效果较好，摩擦阻力较小且稳定，可耐高温，磨损后有自动补偿能力，但加工要求高，装拆较不便，适用于缸筒和活塞之间的密封。图 3-11（c）、图 3-11（d）所示为密封圈（O形圈、V形圈）密封，它利用橡胶或塑料的弹性使各种截面的环形圈贴紧在静、动配合面之间来防止泄漏。它结构简单，制造方便，磨损后有自动补偿能力，性能可靠，在缸筒和活塞之间、缸盖和活塞杆之间、活塞和活塞杆之间、缸筒和缸盖之间都能使用。

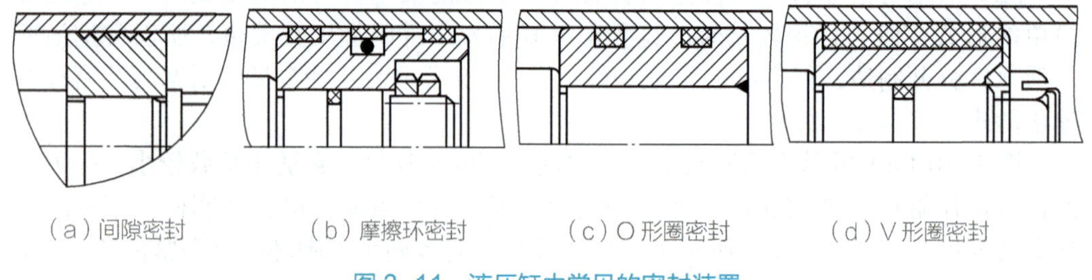

（a）间隙密封　（b）摩擦环密封　（c）O形圈密封　（d）V形圈密封

图 3-11　液压缸中常见的密封装置

（4）缓冲装置。液压缸一般都设置缓冲装置，特别是对大型、高速或要求高的液压缸，为了防止活塞在行程终点时和缸盖相互撞击，引起噪声、冲击，则必须设置缓冲装置。

缓冲装置的工作原理是利用活塞或缸筒在其走向行程终端时封住活塞和缸盖之间的部分油液，强迫它从小孔或细缝中挤出，以产生很大的阻力，使工作部件受到制动，逐渐减慢运动速度，达到避免活塞和缸盖相互撞击的目的。

对于活塞杆外伸部分来说，由于它很容易把脏物带入液压缸，使油液受污染，使密封件磨损，因此常需在活塞杆密封处增添防尘圈，并放在向着活塞杆外伸的一端。

如图 3-12（a）所示，当缓冲柱塞进入与其相配的缸盖上的内孔时，孔中的液压油只能通过间隙 δ 排出，使活塞速度降低。由于配合间隙不变，故随着活塞运动速度的降低，起缓冲作用。当缓冲柱塞进入配合孔之后，油腔中的油只能经节流阀 1 排出，如图 3-12（b）所示。由于节流阀 1 是可调的，因此缓冲作用也可调节，但仍不能解决速度减低后缓冲作用减弱的缺点。如图 3-12（c）所示，在缓冲柱塞上开有三角槽，随着柱塞逐渐进入配合孔中，其节流面积越来越小，解决了在行程最后阶段缓冲作用过弱的问题。

（5）排气装置。液压缸在安装过程中或长时间停放重新工作时，液压缸里和管道系统中会渗入空气，为了防止执行元件出现爬行，噪声和发热等不正常现象，需把缸中和系统中的空气排出。一般可在液压缸的最高处设置进出油口把气带走，也可在最高处设置如图 3-13（a）所示的放气孔或专门的放气阀［见图 3-13（b）、（c）］。

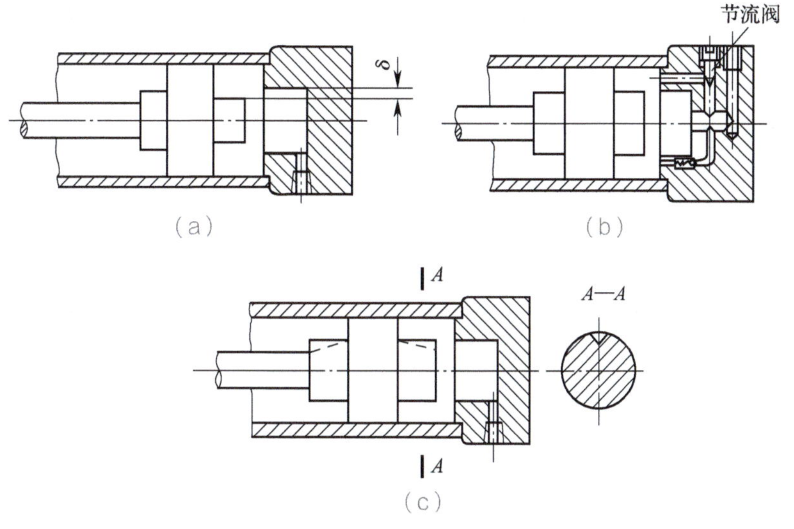

图 3-12　液压缸的缓冲装置

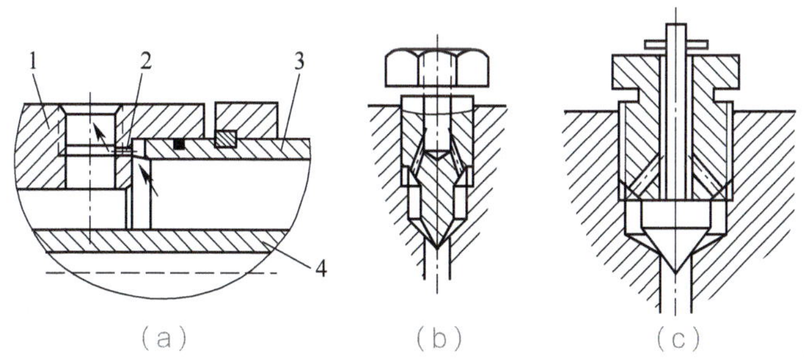

1- 缸盖；2- 放气小孔；3- 缸体；4- 活塞杆

图 3-13　排气装置

任务实施

根据任务分析，液压深孔钻床系统主要是用于实现工作台的直线运动和回转运动。如图 3-14 所示，如果动力滑台要实现二次进给，则动力滑台要完成的动作循环包括：原位停止→快进→Ⅰ工进→Ⅱ工进→死挡铁停留→快退→原位停止。

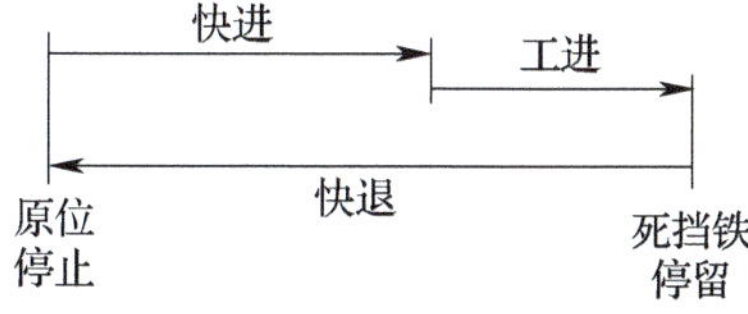

图 3-14　液压深孔钻床动力滑台工作循环

步骤一　确定技术要求和设计参数

工作循环：快进→工进→快退→停止。

系统设计参数如表 3-1 所示，动力滑台采用平面导轨，其静、动摩擦系数分别为f_s=0.2、f_d=0.1。

表 3-1 设计参数

参数	数值
切削阻力（N）	18 000
滑台自重（N）	25 000
快进、快退速度（mm/min）	4.5
工进速度（mm/min）	20 ~ 120
最大行程（mm）	400
工进行程（mm）	180
启动换向时间（s）	0.05
液压缸机械效率	0.9

1. 工况分析

（1）确定执行元件。液压深孔钻床的工作特点要求液压系统完成的主要是直线运动，因此液压系统的执行元件确定为液压缸。

（2）分析系统工况。在对液压系统进行工况分析时，只考虑液压深孔钻床动力滑台所受到的工作负载、惯性负载和机械摩擦阻力负载，其他负载可忽略。

工作负载是在工作过程中由于机器特定的工作情况而产生的负载，对液压深孔钻床液压系统来说，沿液压缸轴线方向的切削力即为工作负载。液压缸在各个工作阶段的负载见表 3-2。

表 3-2 液压缸在各工作阶段的负载 （单位：N）

工况	负载组成	负载值 F	液压缸推力 $F'=F/\eta_m$
启动	$F=F_{fs}$	5 000	5 556
加速	$F=F_{fd}+F_m$	6 250	6 944
快进	$F=F_{fd}$	2 500	2 778
工进	$F=F_{fd}+F_f$	20 500	22 778
反向启动	$F=F_{fN}$	5 000	5 556
加速	$F=F_{fd}+F_m$	6 250	6 944
快退	$F=F_{fd}$	2 500	2 778

注意：此处未考虑滑台上的颠覆力矩的影响。

2. 负载循环图和速度循环图的绘制

液压深孔钻床动力滑台液压系统的速度循环图可根据已知的设计参数进行绘制，已知快进和快退速度 $V_1=V_3$=4.5 m/min，快进行程 L_1=400−180=220 mm，工进行程 L_2=180 mm，快退行程 L_3=400 mm，工进速度 V_2=20 ~ 120 mm/min。根据上述已知数据绘制液压深孔钻床动力滑台液压系统的速度循环图如图 3-15 所示。

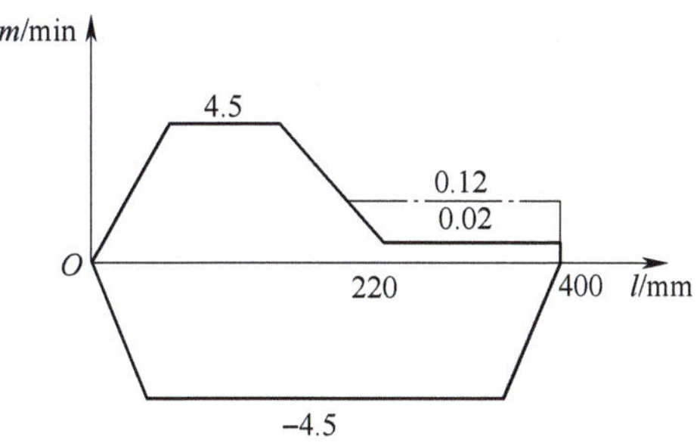

图 3-15 液压深孔钻床液压系统速度循环图

3. 确定系统主要参数

（1）初选液压缸工作压力。所设计的动力滑台在工进时负载最大，其值为 22 778 N，其他工况时的负载都相对较低，参考相关手册，按照负载大小或按照液压系统应用场合来选择工作压力的方法，初选液压缸的工作压力 p_1=3 MPa。

步骤二 确定液压缸主要尺寸

1. 计算液压缸缸筒直径与活塞杆直径

由于工作进给速度与快速运动速度差别较大，且快进、快退速度要求相等，从降低总流量需求考虑，应确定采用单杠双作用液压缸的差动连接方式。通常利用差动液压缸活塞杆较粗、可以在活塞杆中设置通油孔的有利条件，最好采用活塞杆固定，而液压缸缸体随滑台运动的常用典型安装形式。这种情况下，应把液压缸设计成无杆腔工作面积 A_1 是有杆腔工作面积 A_2 两倍的形式，即活塞杆直径 d 与缸筒直径 D 呈 d=0.707D 的关系。

工进过程中，当孔被钻通时，由于负载突然消失，液压缸有可能会发生前冲的现象，因此液压缸的回油腔应设置一定的背压（通过设置背压阀的方式），选取此背压值为 p_2=0.8 MPa。

快进时液压缸虽然作差动连接（即有杆腔与无杆腔均与液压泵的来油连接），但连接管路中不可避免地存在着压降 Δp，且有杆腔的压力必须大于无杆腔，估算时取 $\Delta p \approx 0.5$ MPa。快退时回油腔中也是有背压的，这时选取背压值 p_2=0.6 MPa。

工进时液压缸的推力计算公式为

$$F/\eta_m=A_1p_1-A_2p_2=A_1p_1-(A_1/2)p_2 \tag{3-3}$$

式中：F——负载力；

η_m——液压缸机械效率；

A_1——液压缸无杆腔的有效作用面积；

A_2——液压缸有杆腔的有效作用面积；

P_1——液压缸无杆腔压力；

P_2——液压缸有杆腔压力。

因此，根据已知参数，液压缸无杆腔的有效作用面积计算为

$$A_1=\left(\frac{F}{\eta_m}\right)\Big/\left(P_1-\frac{P_2}{2}\right)=\frac{22\ 778}{\left(3-\frac{0.8}{2}\right)\times 10^6}\approx 0.008\ 8\ \text{m}^2$$

液压缸缸筒直径为

$$D=\sqrt{(4A_1)/\pi}=\sqrt{(4\times 0.008\ 8\times 10^6)/\pi}\approx 105.9\ \text{mm}$$

由于有前述差动液压缸缸筒和活塞杆直径之间的关系 d=0.707D，因此活塞杆直径为 d=0.707 × 105.9 mm=74.9 mm（根据 GB/T 2348—1993）。

对液压缸缸筒内径尺寸和液压缸活塞杆外径尺寸的规定，完整后取液压缸缸筒

直径为 D=110 mm，活塞杆直径为 d=80 mm。

此时液压缸两腔的实际有效面积分别为：

$$A_1=\pi\times D^2/4\approx 3.14\times 0.11^2\div 4\ \text{m}^2=9.5\times 10^{-3}\ \text{m}^2$$

$$A_2=\pi\times（D^2-d^2）/4\approx 3.14\times（0.11^2-0.08^2）\div 4\ \text{m}^2\approx 4.48\times 10^{-3}\ \text{m}^2$$

2. 计算最大流量需求

工作台在快进过程中，液压缸采用差动连接，此时系统所需要的流量为

$$q_{快进}=（A_1-A_2）V_1=（9.5\times 10^{-3}-4.48\times 10^{-3}）\times 4.5\ \text{m}^3/\text{min}=0.022\ 59\ \text{m}^3/\text{min}=22.59\ \text{L/min}$$

工作台在快退过程中所需要的流量为

$$q_{快退}=A_2V_2=2.16\ \text{L/min}$$

根据上述液压缸直径及流量计算结果，进一步计算液压缸在各个工作阶段中的压力、流量和功率值，如表 3-3 所示。

表 3-3 液压深孔钻床液压缸各工况下的主要参数值

工况		推力 F/N	回油腔压力 p_2/MPa	进油腔压力 p_2/MPa	输入流量 q/Lmin^{-1}	输入功率 P/kW	计算公式
快进	启动	5 556	0	1.55	—	—	$P_1=\dfrac{F+A_2\Delta P}{A_1-A_2}$ $q=(A_1-A_2)V_1$ $P=P_1q$ $P_2=P_1+\Delta P$
	加速	6 944	2.32	1.82	—	—	
	恒速	2 778	1.5	1.00	22.59	0.5	
工进		22 778	0.8	2.77	0.19 ~ 1.14	0.088 ~ 0.529	$P_1=(F+P_2A_2)/A_1$ $q=A_1V_2$ $P=P_1q$
快退	启动	5 556	0	1.24	—	—	$P_1=(F+P_2A_1)/A_2$ $q=A_2V_2$ $P=P_1q$
	加速	6 944	0.6	1.55	—	—	
	恒速	2 778	0.6	1.89	20.16	0.635	

任务评价

请对照表 3-4，对任务的完成情况进行评价。

表 3-4 任务评价表

项目名称		姓名			
任务名称		时间			
一、综合职业能力成绩					
评分项目	评分内容	配分	自评	小组评分	教师评分
任务完成	完成项目任务，功能正常等	60			
操作工艺	方法步骤正确，动作准确等	20			
评分项目	评分内容	配分	自评	小组评分	教师评分
安全生产	符合操作规程，人员设备安全等	10			

续表

文明生产	遵守纪律，积极合作，工位整洁	10			
总分					
二、训练过程记录					
参考资料选择					
操作工艺流程					
技术规范情况					
安全文明生产					
完成任务时间					
自我检查情况					
三、评语	自我整体评价			学生签名	
	教师整体评价			教师签名	

知识拓展

液 压 马 达

1. 液压马达的特点及分类

从能量转换的观点来看，液压泵与液压马达是可逆工作的液压元件，向任何一种液压泵输入工作液体，都可使其变成液压马达工况；反之，当液压马达的主轴由外力矩驱动旋转时，也可变为液压泵工况。因为它们具有同样的基本结构要素——密闭而又可以周期变化的容积和相应的配油机构。

但是，由于液压马达和液压泵的工作条件不同，对它们的性能要求也不一样，所以同类型的液压马达和液压泵之间，仍存在许多差别。首先液压马达应能够正、反转，因而要求其内部结构对称；液压马达的转速范围需要足够大，特别对它的最低稳定转速有一定的要求。因此，它通常都采用滚动轴承或静压滑动轴承；其次液压马达由于在输入压力油条件下工作，因而不必具备自吸能力，但需要一定的初始密封性，才能提供必要的启动转矩。由于存在着这些差别，使得液压马达和液压泵在结构上比较相似，但不能可逆工作。

液压马达按其结构类型来分可以分为齿轮式、叶片式、柱塞式和其他型式。按液压马达的额定转速分为高速和低速两大类。额定转速高于 500 r/min 的属于高速液压马达，额定转速低于 500 r/min 的属于低速液压马达。高速液压马达的基本型式有齿轮式、螺杆式、叶片式 和轴向柱塞式等。它们的主要特点是转速较高、转动惯量小，便于启动和制动，调节（调速及换向）灵敏度高。通常高速液压马达输出转矩不大（仅几十牛 · 米到几百牛 · 米），所以又称为高速小转矩液压马达。低速液压马达的基本型式是径向柱塞式，此外在轴向柱塞式、叶片式和齿轮式中也有低速的结构型式。低速液压马达的主要特点是排量大、体积大、转速低（有时可达每分钟几转甚至零点几转），因此可直接与工作机构连接，不需要减速装置，使传动机构大为简化，通常低速液压马达输出转矩较大（可达几千牛 · 米到几万牛 · 米），所以又称为低速大转矩液压马达。

2. 液压马达的工作原理

1）叶片式液压马达的工作原理

由于压力油作用，受力不平衡使转子产生转矩。叶片式液压马达的输出转矩与液压马达的排量和液压马达进出油口之间的压力差有关，其转速由输入液压马达的流量大小来决定。

由于液压马达一般都要求能正反转，所以叶片式液压马达的叶片要径向放置。为了使叶片根部始终通有压力油，在回、压油腔通入叶片根部的通路上应设置单向阀，为了确保叶片式液压马达在压力油通入后能正常启动，必须使叶片顶部和定子内表面紧密接触，以保证良好的密封，因此在叶片根部应设置预紧弹簧。

叶片式液压马达（见图 3-16）体积小，转动惯量小，动作灵敏，可适用于换向频率较高的场合，但泄漏量较大，低速工作时不稳定。因此，叶片式液压马达一般用于转速高、转矩小和动作要求灵敏的场合。

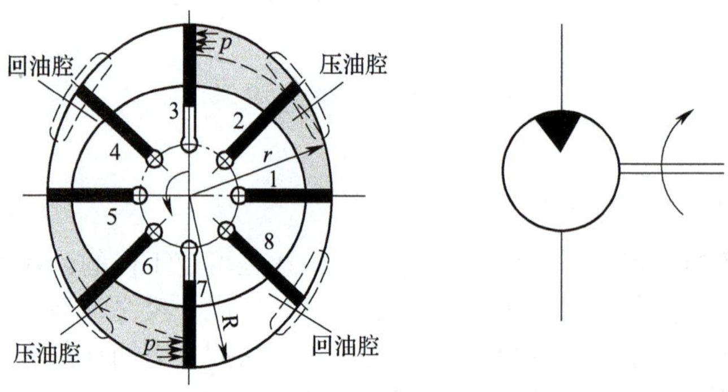

图 3-16　叶片式液压马达

2）径向柱塞式液压马达的工作原理

图 3-17 为径向柱塞式液压马达工作原理图，当压力油经固定的配油轴 4 的窗口进入缸体 3 内柱塞 1 的底部时，柱塞向外伸出，紧紧顶住定子 2 的内壁，由于定子与缸体存在一偏心距 e。在柱塞与定子接触处，定子对柱塞产生反作用力为 F_N。力可分解为两个分力。它们对缸体产生转矩，使缸体旋转。缸体再通过端面连接的传动轴向外输出转矩和转速。

以上分析的是一个柱塞产生转矩的情况，由于在压油区作用有好几个柱塞，在这些柱塞上所产生的转矩都使缸体旋转，并输出转矩。径向柱塞液压马达多用于低速大转矩的情况下。

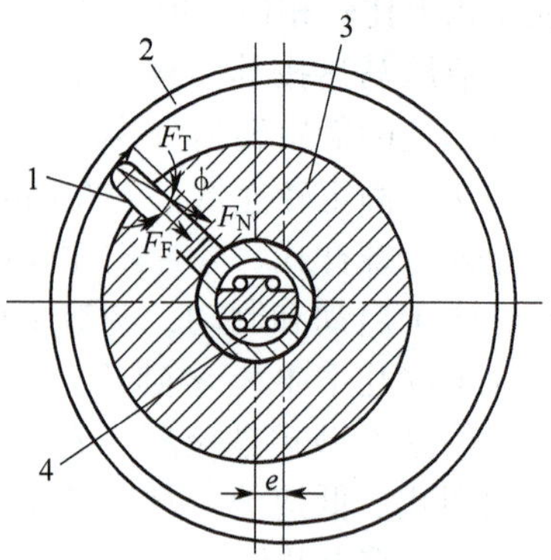

1- 柱塞；2- 马达；3- 缸体；4- 配油轴

图 3-17　径向柱塞式液压马达工作原理图

3）轴向柱塞马达的工作原理

轴向柱塞泵除阀式配流外，其他形式原则上都可以作为液压马达用，即轴向柱塞泵和轴向柱塞马达是可逆的。轴向柱塞式液压马达的工作原理如 3-18 图所示，配油盘 4 和斜盘 1 固定不动，马达轴 5 与缸体 2 相连接一起旋转。当压力油经配油盘 4 的窗口进入缸体 2 的柱塞孔时，柱塞 3

在压力油作用下外伸，紧贴斜盘1，斜盘1对柱塞3产生一个法向反力F，此力可分解为轴向分力及和垂直分力。与柱塞上液压力相平衡，而使柱塞对缸体中心产生一个转矩，带动马达轴逆时针方向旋转。轴向柱塞马达产生的瞬时总转矩是脉动的。若改变马达压力油输入方向，则马达轴5按顺时针方向旋转。斜盘倾角α的改变，即排量的变化，不仅影响马达的转矩，而且影响它的转速和转向。斜盘倾角越大，产生转矩越大，转速越低。

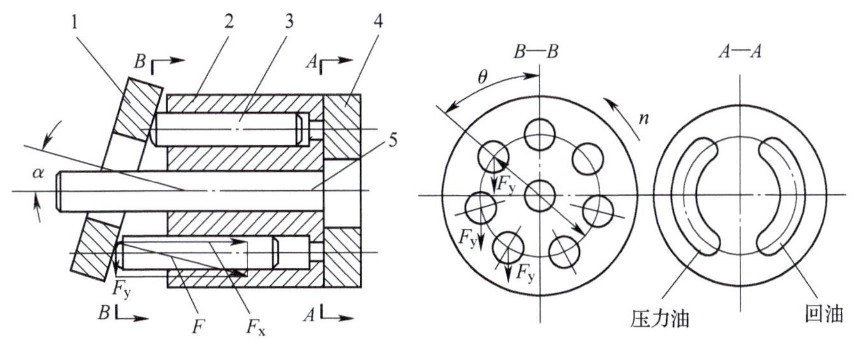

1- 斜盘；2- 缸体；3- 柱塞；4- 配油盘；5- 马达轴

图 3-18 轴向柱塞式液压马达工作原理图

4）齿轮液压马达的工作原理

齿轮马达在结构上为了适应正反转要求，进出油口相等、具有对称性、有单独外泄油口将轴承部分的泄漏油引出壳体；为了减小启动摩擦力矩，采用滚动轴承；为了减少转矩脉动，齿轮液压马达的齿数比泵的齿数要多。图3-19所示为齿轮马达工作原理图。

齿轮液压马达由于密封性差，容积效率较低，输入油压力不能过高，不能产生较大转矩。并且瞬间转速和转矩随着啮合点的位置变化而变化，因此齿轮液压马达仅适合于高速小转矩的场合。一般用于工程机械、农业机械以及对转矩均匀性要求不高的机械设备上。

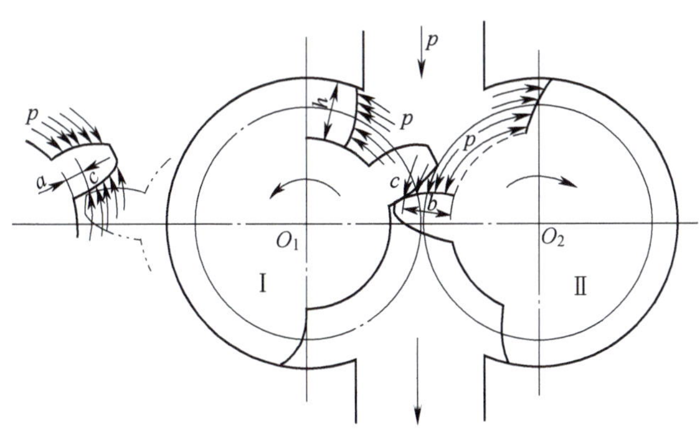

图 3-19 齿轮马达工作原理图

思考与练习题

1. 常用的液压缸有几种类型？有何特点？
2. 如何拆卸和装配液压缸？
3. 液压缸常见故障有哪些？应如何排除？
4. 液压马达与液压泵有何差异？

项目 4　液压辅助元件的使用

本项目主要介绍液压辅助元件的结构与日常使用要求，包括 1 个工作任务，即油箱的结构和使用。

油箱的结构和使用

学习目标

一、基本目标

1. 认识油箱的功能。
2. 能阐述油箱的结构特点。
3. 能够进行油箱的安装。

二、提高目标

1. 会分析油箱的结构与工作原理。
2. 能针对油箱的结构特点设计外形、冷却器和加热器。

任务描述

根据独立式油箱实物，完成如下任务：指出油箱各部分结构特点；分析油箱各部分所起的作用；讲述使用中的注意事项。

任务分析

独立油箱是应用最为广泛的一类油箱，最常用于工业生产设备，它通常做成矩形的，也有圆柱形的或油罐形的。独立油箱的热量主要通过油箱壁依靠辐射和对流作用散发，所以油箱尽可能做成窄而高的形状。图 4-1 为独立式油箱结构示意图。

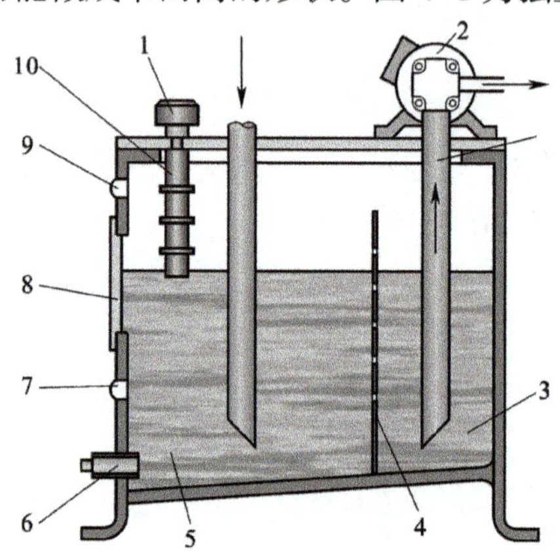

1- 空气过滤器；2- 电机与泵；3- 吸油区；4- 隔板；5- 回油区；6- 放油阀；7- 最低油标；8- 盖板；9- 最高油标；10- 注油滤油器

图 4-1 独立式油箱结构示意图

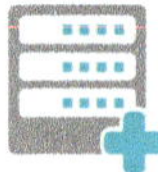

必备知识

一、油箱的结构

液压系统中的油箱主要有总体式和分离式两种。总体式油箱是利用机器设备机身内腔作为油箱（例如压铸机、注塑机等），结构紧凑，各处漏油易于回收，但维修不便，散热条件不好。分离式油箱是设置一个单独油箱，与主机分开，减少了油箱发热和液压源振动对工作精度的影响，因此得到了普遍的应用，特别是在组合机床、自动线和精密机械设备上，大多采用分离式油箱。

油箱通常用钢板焊接而成。采用不锈钢板为最好，但成本高，大多数情况下采用镀锌钢板或普通钢板内涂防锈的耐油涂料。

油箱应具有以下结构特点：

油箱应有足够的容量。液压系统工作时，油箱油面应保持一定的高度，以防液压泵吸空。为了防止系统中的油液全部流回油箱时，油液溢出油箱，所以油箱中的油面不能太高，一般不应超过油箱高度的 80%。我们将油面高度为油箱高度 80% 时的容积称为油箱的有效容积。

为防止油液被污染，油箱上各盖板、管口处都要妥善密封。注油孔上要加装滤油器，通气孔上装空气滤清器。空气过滤器的通流量应大于液压泵的流量，以便空气及时补充液位的下降，如图 4–2 所示。

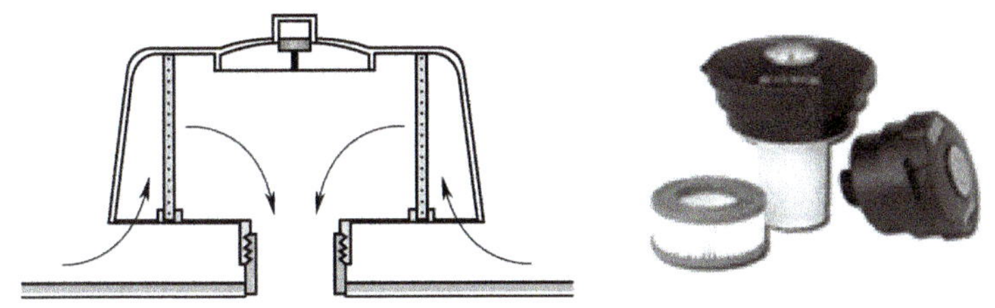

图 4–2　通气孔上的空气滤清器工作原理及实物图

为使漏到上盖板上的油液不至于流到地面上，油箱侧壁应高出上盖板 10 ~ 15 mm。

油箱应有足够的刚度和强度。特别是上盖板上如果要安装电动机、液压泵等装置时，应适当加厚，而且要采取局部加固措施。

为了排净存油和清洗油箱，油箱底板应有适当斜度，并在最底部安装放油阀或放油塞。

油箱内部应喷涂耐油防锈清漆或与工作油液相容的塑料薄膜，以防生锈。

油箱底部应设底脚，便于通风散热和排除箱底油液。

吸油管和回油管之间的距离应尽量远。

油箱中的吸油管和回油管应分别安装在油箱的两端，以增加油液的循环距离，使其有充分的时间进行冷却和沉淀污物，排出气泡。为此，一般在油箱中都设置隔板，使油液迂回流动。

为防止吸油时吸入空气和回油时油液冲入油箱时搅动液面形成气泡，吸油管和回油管均应保证在油面最低时仍没入油中。为避免将油箱底部沉淀的杂质吸入泵内和回油对沉淀的杂质造成冲击，油管端距箱底应大于两倍管径，距箱壁应大于 3 倍管径。

吸油管与回油管端口应制成 45° 斜断面以增大流通截面，降低流速。这样一方面可以减小吸油阻力，避免吸油时流速过快产生气蚀和吸空；另一方面还可以降低回油时引起的冲溅，有利于油液中杂质的沉淀和空气的分离。

箱体侧壁应设置油位指示装置，滤油器的安装位置应便于装拆，油箱内部应便于清洗。

对于系统负载大并且长期连续工作的系统来说，还应考虑系统发热及散热的平衡。油箱正常工作温度应在 15℃ ~ 65℃之间，如果液压系统靠自然冷却仍不能使油温控制在上述范围内时，就须安装冷却器；反之，如环境温度太低，无法使液压泵启动或正常运转时，就须安装加热器。如要安装加热器或冷却器，必须考虑其在油箱中的安装位置。

二、过滤器的结构

在液压系统中，有 75%以上的故障是和液压油的污染有关，所以保持油液的清洁是液压系统可靠工作的关键。过滤器的功用在于过滤混在液压油中的杂质，使进入到液压系统中去的油液的污染度降低，保证系统正常地工作。

1. 认识过滤器

常见过滤器的外观如图 4–3 所示。如图 4–4 所示，油液从进油口进入过滤器，沿滤芯的径向由外向内通过滤芯，油液中颗粒被滤芯中的过滤层滤除，进入滤芯内部的油液即为洁净的油液。过滤后的油液从过滤器的出油口排出。

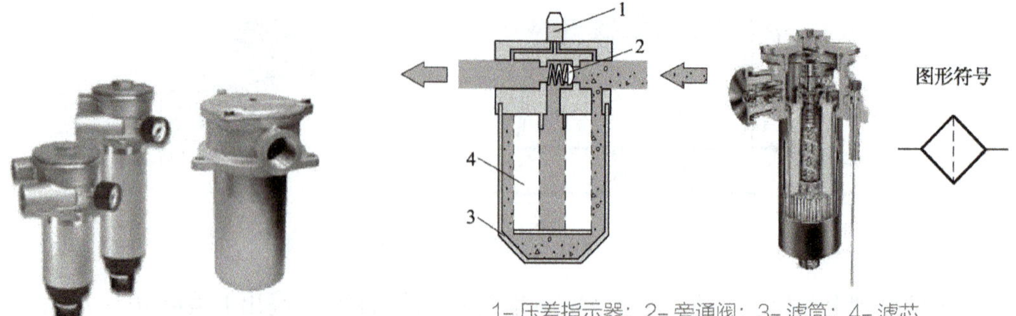

1- 压差指示器；2- 旁通阀；3- 滤筒；4- 滤芯

图 4-3　吸油过滤器实物图

图 4-4　过滤器工作原理及剖面结构图

随着过滤器使用工作时间增加，滤芯上积累的杂质颗粒越来越多，过滤器进、出油口压差也会越来越大。进、出油口压差高低通过压差指示器指示，它是用户了解滤芯堵塞情况的重要依据。若滤芯在达到极限压差还未及时更换，旁通阀会开启，防止滤芯破裂。

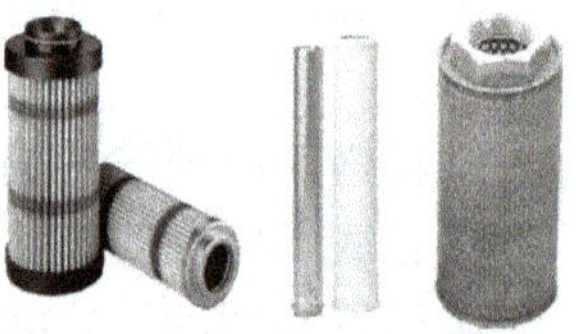

图 4-5　过滤器滤芯实物图

温馨提示

由于过滤器过滤下来的污染物积聚于进油腔一侧，所以通过过滤器的液流方向不得反向流动，否则会将污染物再次带入油液，造成油液污染。

滤芯是过滤器的关键部件，滤芯的结构形式有线隙式、片式、烧结式和圆筒折叠式等多种。滤芯的材料主要有玻璃纤维纸、合成纤维纸、植物纤维纸、金属纤维毡和金属网等。

2. 对过滤器的基本要求

（1）足够的过滤精度。过滤精度是指过滤器能够有效滤除的最小颗粒污染物的尺寸。它是过滤器的重要性能参数之一。过滤精度可分为粗（$d \geqslant 100\ \mu m$）、普通（d为 10 ~ 100 μm）、精（d为 5 ~ 10 μm）和特精（d为 1 ~ 5 μm）四个等级。

（2）足够的过滤能力。过滤能力指一定压力降下允许通过过滤器的最大流量，一般用过滤器的有效过滤面积（滤芯上能通过油液的总面积）来表示。过滤器的过滤能力还应根据过滤器在液压系统中的安装位置来考虑，如过滤器安装在吸油管路上时，其过滤能力应为泵流量的两倍以上。

（3）滤芯要利于清洗和更换，便于拆装和维护。过滤器滤芯一般应按规程定期更换、清洗，因此过滤器应尽量设置于便于操作的地方，避免在维护人员难以接近的地方设置过滤器。

（4）过滤器应有一定的机械强度，不能因液压力的作用而破坏。

（5）过滤器滤芯应有良好的抗腐蚀性能，并能在规定的温度持久地工作。

3. 过滤器的安装位置

过滤器主要有以下安装位置：

（1）安装在泵的吸油管道上。安装在液压泵吸油路上的过滤器，主要是用来滤去较大的杂质微粒以保护液压泵，包括箱内吸油口过滤器、箱上吸油过滤器和管路吸油过滤器等几种。吸油过滤器的过滤精度一般不能太高，避免造成液压泵吸油困难。对于有些自吸能力差的液压泵，其吸油回路上不能安装过滤器。图 4-6 所示为滤油器安装位置示意图。

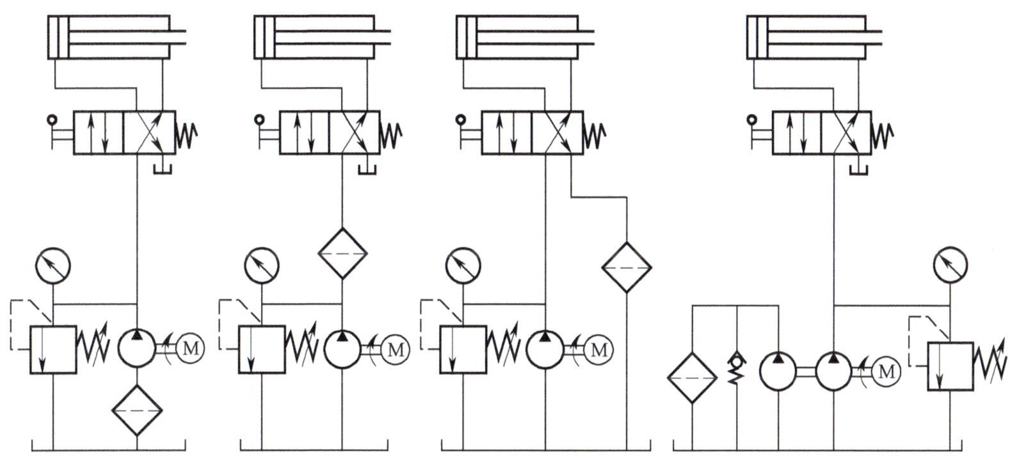

（1）安装在吸油管路上（2）安装在压力管路上 （3）安装在回油管路上 （4）单独过滤

图 4-6 滤油器安装位置示意图

（2）安装在泵出口的压力管道上。将过滤器安装在泵的出口油路上是为了滤去可能侵入控制阀、油缸等元件的杂质，一般采用过滤精度为 10 ~ 15 μm 的过滤器。它应有较高的机械强度，能承受油路上的最高工作压力和冲击压力。根据压力高低又为高压管路过滤器、中压管路过滤器和低压管路过滤器三种。图 4-7 为压力管路过滤器的剖面结构及实物图。

（3）安装在系统的回油管道上。回油过滤器安装在回油管路上，由于承受压力低，所以不需要有很高的强度。回油过滤器剖面结构及实物如图 4-8 所示。

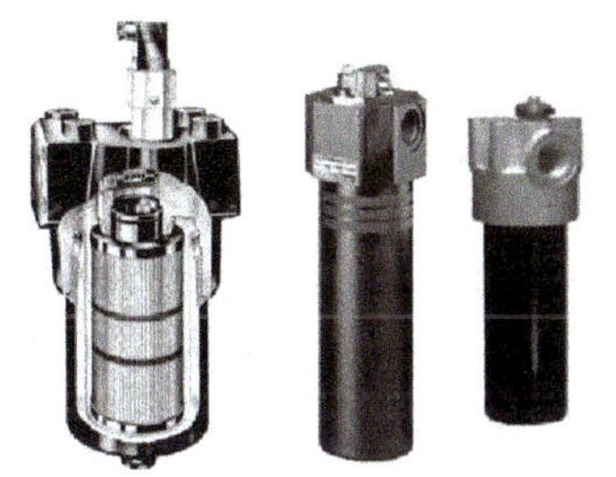

图 4-7 压力管路过滤器剖面结构及实物图

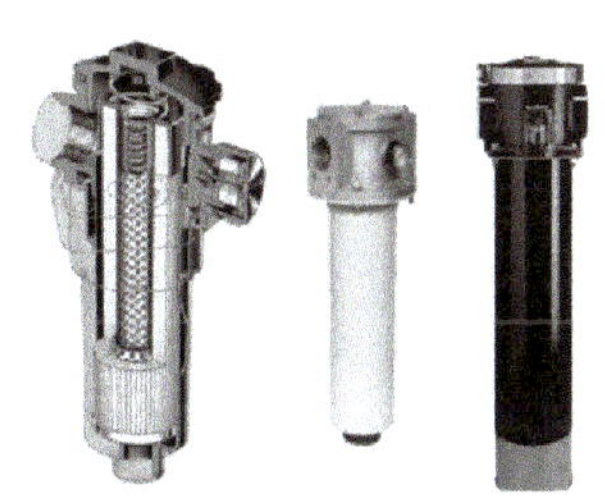

图 4-8 回油过滤器剖面结构及实物图

（4）安装在重要元件前。对于一些对杂质敏感的重要元件可以在它的进油口安装精度较高的过滤器，以保证其能正常工作。

（5）设置单独过滤系统（辅助过滤）。对于一些大型的液压系统，可以专门设置由一个液压泵和过滤器组成的独立过滤回路，用来清除油液中的杂质，还可与加热器、冷却器、排气器等配合使用。为降低成本，可以将这个相对独立的过滤系统安装成一个可移动的小车上，为多个液压系统的油液进行过滤。滤油小车实物如图 4–9 所示。

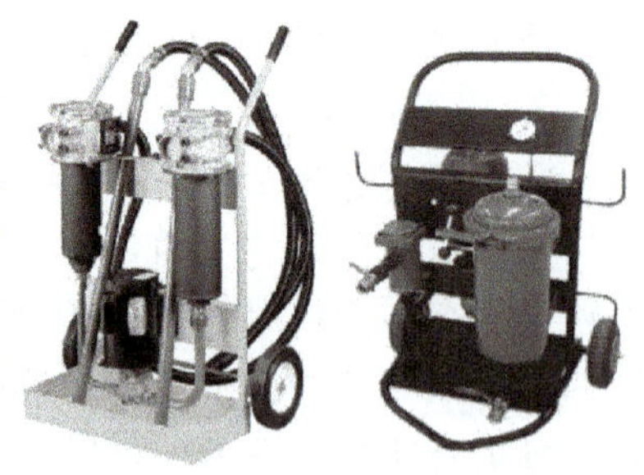

图 4–9　滤油小车实物图

三、蓄能器

在液压系统中，蓄能器是液压系统中的储能元件，它储存多余的压力油液，并在需要时释放出来供给系统。

1. 认识蓄能器

1）蓄能器的类型

蓄能器的类型较多，按其结构可分为重锤式、弹簧式和充气式三类。其中充气式蓄能器又分为气液直接接触式、活塞式、气囊式和隔膜式等四种，活塞式、气囊式蓄能器应用最为广泛，如图 4–10 所示。

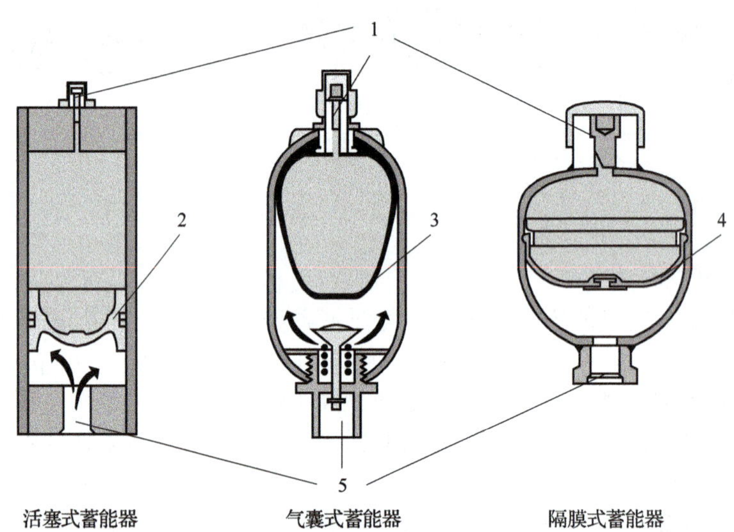

1- 充气阀；2- 活塞；3- 皮囊；4- 隔膜；5- 液压油入口

图 4–10　充气式蓄能器结构示意图

2）蓄能器的工作原理

我们以气囊式蓄能器为例来介绍充气式蓄能器的工作原理，其原理如图 4–11 所示。使用前先通过充气阀向皮囊内充入一定压力的气体（常用氮气），充气完毕后，将充气阀关闭，使气体被封闭在皮囊内。当外部油液压力高于蓄能器内气体压力时，油液从蓄能器下部的进油口进入蓄能器，使皮囊受压缩储存液压能。当系统压力下降，低于蓄能器内压力油压力时，蓄能器内的压力油就流出蓄能器。其他充气式蓄能器的工作原理与它类似，这里不再介绍了。蓄能器剖面结构及实物如图 4–12 所示。

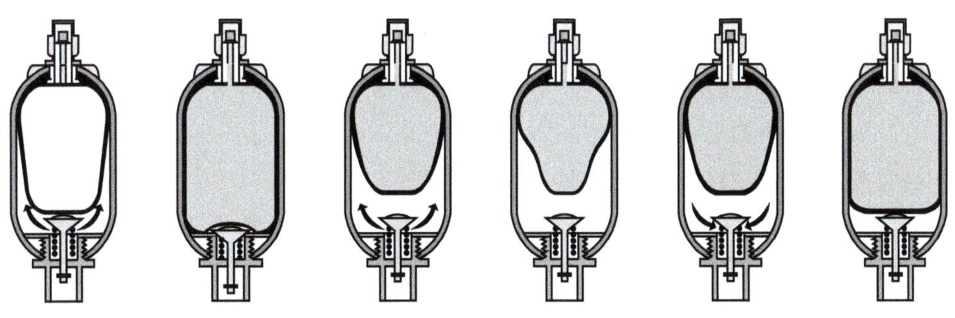

图 4-11　气囊式蓄能器工作原理图

3）蓄能器的作用

蓄能器在液压系统中的主要用途如下：

（1）提高执行元件运动速度。液压缸在慢速运动时，需要的流量较少，这时可用小流量液压泵供油，并将液压泵输出的多余压力油储存在蓄能器内。而当液压缸需要大流量实现快速运动时，由于这时系统的工作压力往往较低，蓄能器将存储的压力油排出，与液压泵输出的油液共同供给液压缸，使其实现快速运动。这样就不必采用大流量的液压泵，便可以实现液压缸的快速运动，同时可以减少电动机功率损耗，节省能源。

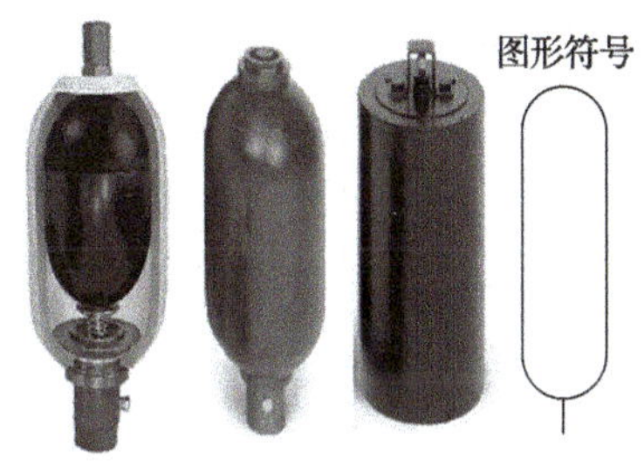

图 4-12　蓄能器剖面结构及实物图

（2）作为应急能源。液压装置在工作中突然停电或液压泵发生故障时，蓄能器可作为应急能源在短时间内供给液压系统油液，用于保持系统压力，或者将正在进行的动作完成，避免事故的发生。这种用途的蓄能器应有足够容量，以保证能达到系统速度要求或让所有执行元件能移动到相应位置。

（3）吸收压力脉动，缓和压力冲击。除螺杆泵以外，其他类型的液压泵输出的压力油都存在压力的脉动，通过在液压泵出口处设置一个蓄能器，可以有效吸收压力脉动。

执行元件的往复运动或突然停止、控制阀的突然切换或关闭、液压泵的突然启动或停止往往都会产生压力冲击，引起机械振动。将蓄能器设置在易产生压力冲击的部位，可缓和压力冲击，从而提高液压系统的性能。

（4）用于停泵保压。图 4-13 所示为用于夹紧系统的停泵保压回路。当液压缸伸出夹紧时，系统压力上升，蓄能器储存压力油。当达到压力继电器动作压力时，压力继电器发出信号，使液压泵停止工作。此时夹紧液压缸的压力依靠蓄能器内的压力油保持，从而减少了系统的功率损耗。这时蓄能器与液压泵之间必须装有单向阀，以防止液压泵停止工作时，蓄能器的压力油倒流而使泵反转。在其他类似装有蓄能器的

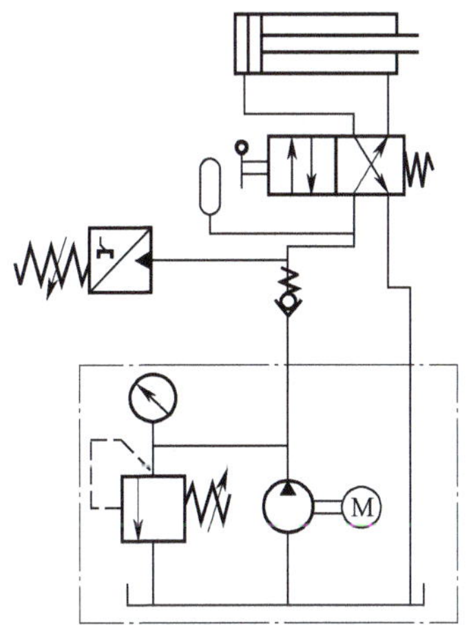

图 4-13　蓄能器停泵保压回路图

系统中，液压泵的出口都应安装单向阀。

任务评价

请对照表 4-1，对任务的完成情况进行评价。

表 4-1 任务评价表

项目名称		姓名			
任务名称		时间			
一、综合职业能力成绩					
评分项目	评分内容	配分	自评	小组评分	教师评分
任务完成	正确指出油箱各部分结构与特点	60			
结构分析	分析出油箱各部分所起的作用	20			
注意事项讲述	能讲述使用中的注意事项	10			
安全文明生产	符合操作规程，遵守纪律，积极合作，工位整洁，人员设备安全	10			
总分					
二、训练过程记录					
参考资料选择					
操作工艺流程					
技术规范情况					
安全文明生产					
完成任务时间					
自我检查情况					
三、评语	自我整体评价		学生签名		
	教师整体评价		教师签名		

思考与练习题

1. 如果油箱完全封闭，不与大气相通，液压泵是否不能工作？
2. 油箱主要具有什么样的作用？主要可分为哪几类？
3. 油箱在设计时应注意哪些问题？
4. 过滤器的工作原理是怎样的？压差指示器和旁通阀有什么作用？
5. 过滤器有哪些性能要求？它的安装位置主要有哪几种？
6. 液压系统中放置冷却器和加热器的目的是什么？
7. 什么是蓄能器？根据结构的不同它可分为哪几类？蓄能器的主要作用是什么？

项目 5　液压基本回路的设计、分析与仿真

液压系统在使用中，通过回路的设置，实现启动、制动、调节运动速度等来完成不同的回路功能。所以我们可以通过基本回路的设计、分析与仿真来了解各种控制阀的原理和功能。本项目具体分为 4 个工作任务，即方向控制回路的设计、分析与仿真，压力控制回路的设计、分析与仿真，速度控制回路的设计、分析与仿真，多缸动作回路的设计、分析与仿真。

任务 1　方向控制回路的设计、分析与仿真

学习目标

一、基本目标

1. 认识换向阀的“位”与“通”。
2. 能知晓换向阀的结构与工作原理。
3. 能够进行仿真软件的操作。

二、提高目标

1. 能根据具体工作要求进行回路设计。
2. 理解方向阀在换向和锁紧回路中的应用。
3. 能利用仿真软件进行回路的设计、分析与仿真调试。

任务描述

工厂中常用液压压合机（见图 5-1）将图形或字母粘贴在木板或塑料板上，此时压头需要作上下运动，实现这个方向运动控制的就是方向控制阀。那么，方向控制阀是如何工作的呢？最简单的方向控制阀是什么呢？它又是如何工作的呢？

图 5-1　液压压合机外形图

任务分析

了解方向控制阀的种类和应用，熟悉换向阀不同的控制方式，能组建基本的方向控制回路，能用仿真软件进行回路的设计与模拟仿真。

所需器材

完成该项任务时，需要用到的器材如表 5-1 所示。

表 5-1　所需器材

件号	数量	名称	符号
	1	双作用缸	
2	2	调速阀	
3	1	三位四通手动换向阀	
4	3	压力表	
5	2	溢流阀	
6	1	液压泵	
7	若干	连接油管	

必备知识

一、方向控制阀之单向阀

1. 方向控制阀在液压回路中的作用

像警察指挥交通一样，方向控制阀控制油的流向。这种阀的典型类型有单向阀和滑阀，如图 5-2 所示。

上述阀门各自利用不同的阀元件控制油的流向。单向阀利用提动头和弹簧允许油以单一方向流动。滑阀利用的是滑动的阀柱。阀柱前后滑动，打开和关闭油通过的通道。

2. 单向阀的原理

单向阀十分简单，被称为单路阀。这是指它被打开后允许油以一个方向流动，但是关阀后可防止油以相反方向流动。

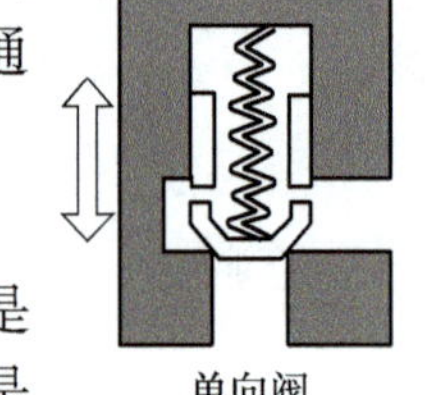

单向阀

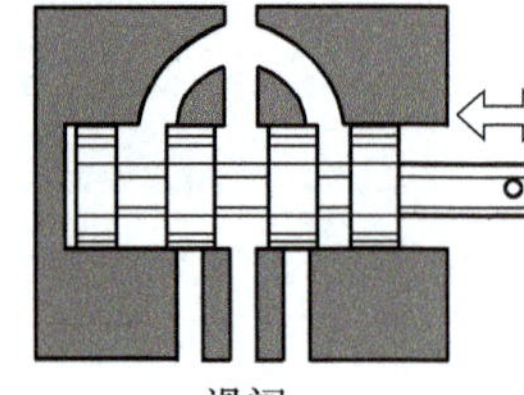

滑阀

图 5-2　单向阀与滑阀

按进出油液流向的不同，普通单向阀有直通式和直角式两种形式。直通式单向阀为管式连接，如图 5-3（a）所示；直角式单向阀为板式连接，如图 5-3（b）所示。如图 5-3（c）所示为单向阀的图形符号。

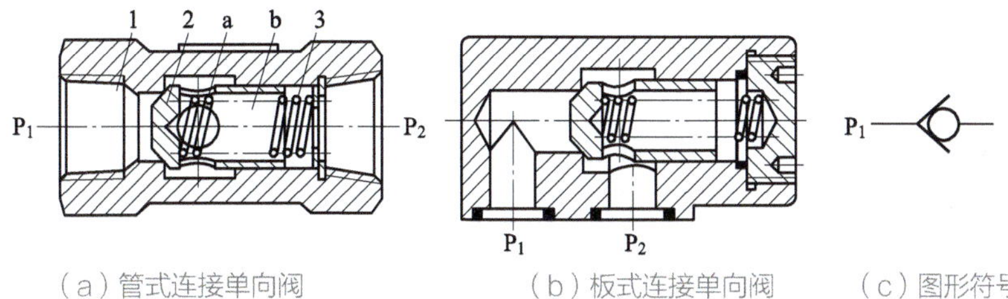

（a）管式连接单向阀　（b）板式连接单向阀　（c）图形符号

1- 阀体；2- 阀芯；3- 弹簧

图 5-3　单向阀

单向阀由阀体、阀芯和弹簧等零件组成。当压力油从 P_1 口流入时，克服弹簧力使阀芯右移，阀口开启，油液经阀口、阀芯上的径向孔 a 和轴向孔 b，从 P_2 口流出。若油液从 P_2 口流入时，在油压和弹簧作用下，将阀芯锥面紧压在阀座上，阀口关闭，使油液不能通过。

单向阀中的弹簧只起阀芯复位作用，弹簧刚度应较小，以免液流通过时产生过大的压力损失。一般单向阀的开启压力为 0.03 ~ 0.05 MPa。当通过额定流量时的压力损失不超过 0.1 ~ 0.3 MPa，若用作背压阀时可更换较硬弹簧，使其开启压力达到 0.2 ~ 0.6 MPa。单向阀的结构立体图如 5-4 所示。

3. 其他结构的单向阀

还有一种单向阀叫液控单向阀，它是一种通入控制压力油即允许油液双向流动的单向阀。图 5-5（a）所示为液控单向阀的结构，它是由单向阀和微型液压缸组成。当控制口 C 不通压力油时，其工作和普通单向阀一样。当控制口 C 通压力油时，控制活塞 1 右侧 a 腔通泄油口（图中未画出，在图形符号中为 C）。

在油液压力作用下活塞向右移动，推动顶杆 2 顶开阀芯 3，使油口 P_1 到 P_2 及 P_2 到 P_1 均能接通，这时，油液就可以从 P_2 口流向 P_1 口。C 口通入的控制油压力最小须为主油路压力的 30% ~ 50%。图 5-5（b）所示为液控单向阀的图形符号。

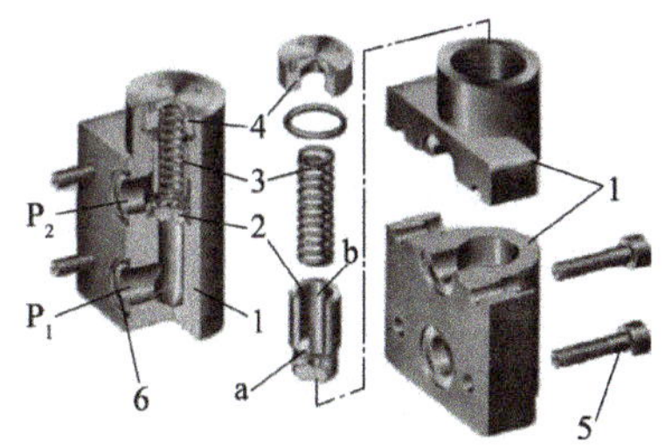

1- 阀体；2- 阀芯；3- 弹簧；4- 螺塞；
5- 内六角螺钉；6-O 型密封圈
a- 径向孔；b- 轴向孔；
P_1- 进油口；P_2- 出油口

图 5-4　L-63B 型板式单向阀结构立体图

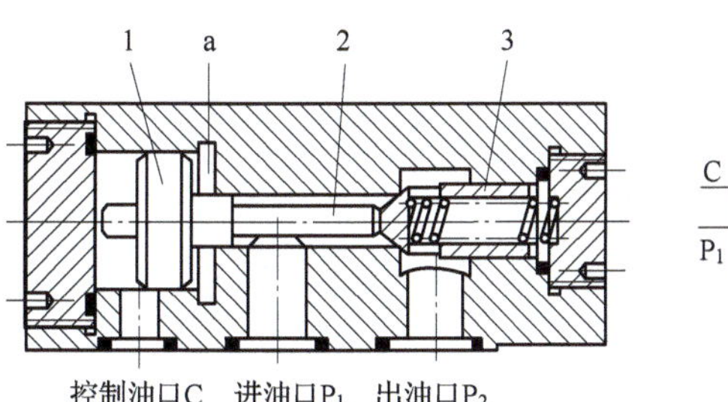

（a）结构　（b）图形符号

1- 活塞；2- 顶杆；3- 阀芯

图 5-5　液控单向阀

液控单向阀控制口 C 未通控制压力油时具有良好的反向密封性能，所以常用于保压、锁紧和平衡回路中。

4. 液控单向阀的具体结构

液控单向阀的结构立体图如 5-6 所示。

5. 液控单向阀的应用场合

（1）保持压力。滑阀式换向阀都有间隙泄漏现象，只能短时间保压。当有保压要求时，可在油路上加一个液控单向阀，利用锥阀关闭的严密性，使油路长时间保压。

（2）液压缸的“支承”。在立式液压缸中，由于滑阀和管的泄漏，在活塞和活塞杆的重力下，可能引起活塞和活塞杆下滑。将液控单向阀接于液压缸下腔的油路，则可防止液压缸活塞和滑块等活动部分下滑。

（3）实现液压缸锁紧。当换向阀处于中位时，两个液控单向阀关闭，可严密封闭液压缸两腔的油液，这时活塞就不能因外力作用而产生移动。

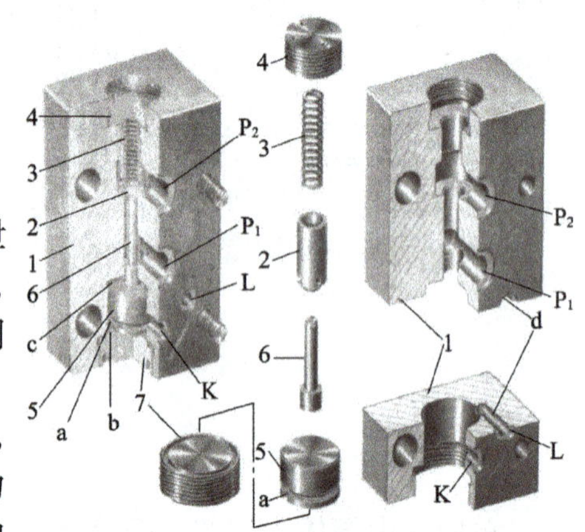

1- 阀体；2- 阀芯；3- 弹簧；4、7- 螺塞；5- 活塞；6- 顶杆

K- 控制油口；P_1- 进油口；P_2- 出油口

图 5-6 IY-25 B 型板式液控单向阀结构立体图

（4）大流量排油。液压缸两腔的有效工作面积相差很大。在活塞退回时，液压缸右腔排油量骤然增大，此时若采用小流量的滑阀，会产生节流作用，限制活塞的后退速度；若加设液控单向阀，在液压缸活塞后退时，控制压力油将液控单向阀打开，便可以顺利地将右腔油液排出。

（5）作充油阀。立式液压缸的活塞在高速下降过程中，因高压油和自重的作用，致使下降迅速，产生吸空和负压，必须增设补油装置。液控单向阀作为充油阀使用，以完成补油功能。

（6）组合成换向阀。在设计液压回路时，有时可将液控单向阀组合成换向阀使用。例如：用两个液控单向阀和一个单向阀并联（单向阀居中），则相当于一个三位三通换向阀的换向回路。需要指出的是，控制压力油油口不工作时，应使其通回油箱，否则控制活塞难以复位，单向阀反向不能截止液流。

6. 液控单向阀使用注意事项

现场实践证明，液控单向阀在使用维修过程中容易出现问题，注意事项如下：

（1）必须保证液控单向阀有足够的控制压力，绝对不允许控制压力失压。应注意控制压力是否满足反向开启的要求。如果液控单向阀的控制引自主系统时，则要分析主系统压力的变化对控制油路压力的影响，以免出现液控单向阀的误动作。

（2）根据液控单向阀在液压系统中的位置或反向出油腔后的液流阻力（背压）大小，合理选择液控单向阀的结构（简式或复式）及泄油方式（内泄或外泄）。对于内泄式液控单向阀来说，当反向油出口压力超过一定值时，液控部分将失去控制作用，故内泄式液控单向阀一般用于反向出油腔无背压或背压较小的场合；而外泄式液控单向阀可用于反向出油腔背压较高的场合，以降低最小的控制压力，节省控制功率。系统若采用内泄式，则柱塞缸将断续下降而产生振动和发出噪声。

二、方向控制阀之换向阀

1. 换向阀在液压回路中的作用

换向阀是典型的方向控制阀，它可用于控制执行元件的操作。人们平时所说的控制阀即为换向阀。换向阀用来控制油流，以启动、运行和停止执行元件。

阀柱从中间位置向右或向左移动时，它打开一些油的通道，关闭另一些通道。它以这种方式控制油从执行元件流进和流出。阀柱处于密闭进出油的位置。阀柱通常质地特硬并经磨光，它具有光滑、精确、耐用的表面。它们甚至经过镀铬以便耐受磨损、生锈和腐蚀。

图 5-7 显示了三位四通滑阀的三种位置，即中位、左位和右位。它拥有 4 条可能的通道，这些通道通向油缸两端，以及油箱和泵。

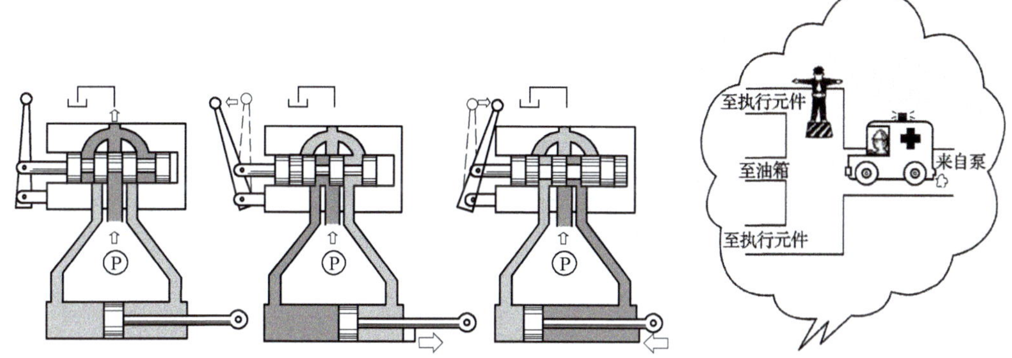

图 5-7　三位四通滑阀的三种位置

当把阀门向左移动时，油从泵流向油缸左侧，油缸右侧的油流向油箱，结果活塞向右移动。

如果将栏杆向右移动，动作相反，活塞向左移动。

在中间位置，中位的油流向油箱，油缸两端的通道关闭。

2. 换向阀在液压回路中的符号

三位四通阀的符号表示如图 5-8 所示。

（1）用方格数表示阀的工作位数，三格即三位。

（2）在一个方格内，箭头或堵塞符号“⊥”与方格的相交点数为油口的通路数，即“通”数，箭头表示两油口连通，但不表示流动方向；“⊥”表示该油口不通流。

（3）控制方式和复位弹簧的符号画在方格的两侧。

（4）P 表示进油口，T 表示通油箱的回油口，A 和 B 表示连接其他两个工作油路的油口。

（5）三位阀的中格、二位阀画有弹簧的那一格为常态位。二位二通阀有常开型和常闭型两种，前者常态位连通，后者则不通。在液压原理图中，换向阀的符号与油路的连接一般应画在常态位上。

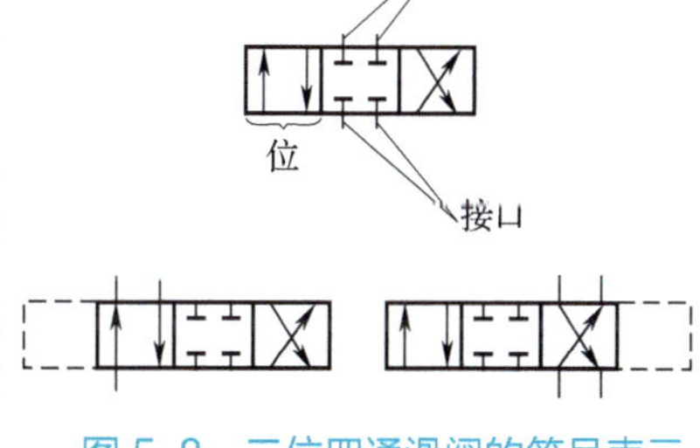

图 5-8　三位四通滑阀的符号表示

下面我们来举例说明。通常的四通阀，如果是二位的，则由两个矩形组成；如果还有中位油路，则由三个矩形组成，两端的矩形表示当滑阀被切换到该位置时液压油流动方向。

换向阀的结构原理和图形符号见表 5–2。

表 5–2 换向阀的结构原理和图形符号

名称	结构原理图	符号
二位二通	A B	B A
二位三通	A P B	A B P
二位四通	B P A T	A B P T
三位四通	A P B T	A B P T

按换向阀阀芯在阀体内的工作位数和油口通路数分，换向阀有二位二通、二位三通、二位四通、二位五通、三位四通、三位五通等类型。

按换向阀阀芯换位的控制方式分，换向阀有手动式、机动式、电磁式等类型，如图 5–9 所示。

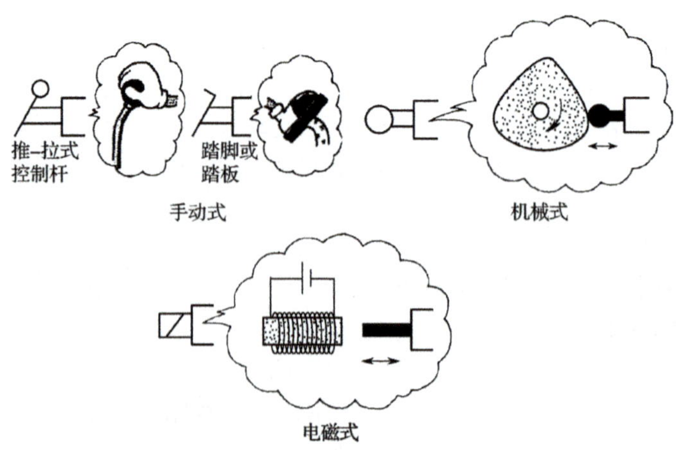

图 5–9 换向阀阀的控制方式

换向阀的用途十分广泛，种类也很多，其分类见表 5-3。

表 5-3　换向阀的分类

分类方式	类型
按阀的操纵方式	手动、机动、电磁动、液动、电液动等
按阀的工作位置数和通路数	二位二通、二位三通、三位四通、三位五通等
按阀的结构形式	滑阀式、转阀式、锥阀式等
按阀的安装方式	管式、板式、法兰式等

3. 三位换向阀在中间位置的作用

滑阀式换向阀处于中间位置或原始位置时，各油口的连通方式称为中位机能（又称滑阀机能）。表 5-4 列出了几种常用三位四通换向阀在的中位时的结构原理图、图形符号、机能的特点和应用。

表 5-4　三位换向阀的中位机能

型式	结构原理图	图形符号	特点及应用
O			各油口全部封闭，液压缸被锁紧，液压泵不卸荷，并联缸可运动
H			各油口全部连通，液压缸浮动，液压泵卸荷，其他缸不能并联使用
Y			液压缸两腔通油箱，液压缸浮动，液压泵不卸荷，并联缸可运动
P			压力油口与液压缸两腔连通，回油口封闭，液压泵不卸荷，并联缸可运动，单杆活塞缸实现差动连接
M			液压缸两腔封闭，液压缸被锁紧，液压泵卸荷，其他缸不能并联使用

4. 常用的换向阀种类

1）机动换向阀

机动换向阀又称行程阀。它利用行程挡块或凸轮推动阀芯实现换向。机动阀动作可靠，改变挡块斜面角度便可改变换向时阀芯的移动速度，因而可以调节换向过程的快慢。

图 5-10 所示为二位三通机动换向阀。在常态位，P 与 A 相通；当行程挡块 1 压下机动阀滚轮 2 时，P 与 B 相通。如图 5-10 所示中阀芯 5 上的轴向孔是泄漏通道。

这种阀经常应用于机床液压系统的速度换接回路中。

2）电磁换向阀

电磁换向阀是借助于电磁铁吸力推动阀芯动作以实现液流通、断或改变流向的阀类。电磁阀操纵方便，布置灵活，易实现动作转换的自动化，因此应用最为广泛。电磁换向阀种类规格很多，按电磁铁所用电源不同可分为交流电磁铁式和直流电磁铁式；按电磁铁是否浸在油里又分为湿式和干式等。每种电磁阀又有不同的工作位置数和通路数以及各种流量规格。

图 5-11 为二位三通的电磁换向阀结构图。电磁铁不通电时，阀芯在常态处于右位，当左端电磁铁通电吸合时，衔铁通过推杆将阀芯推至右端，换向阀在左位工作。

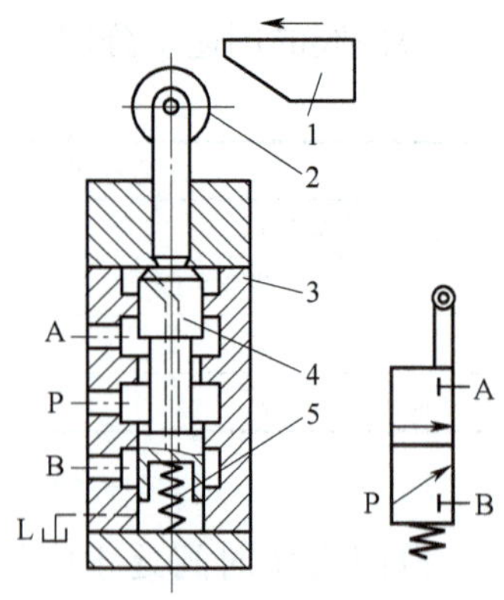

1- 行程挡块；2- 滚轮；3- 阀体；4- 阀芯；5- 弹簧

图 5-10　二位三通机动换向阀

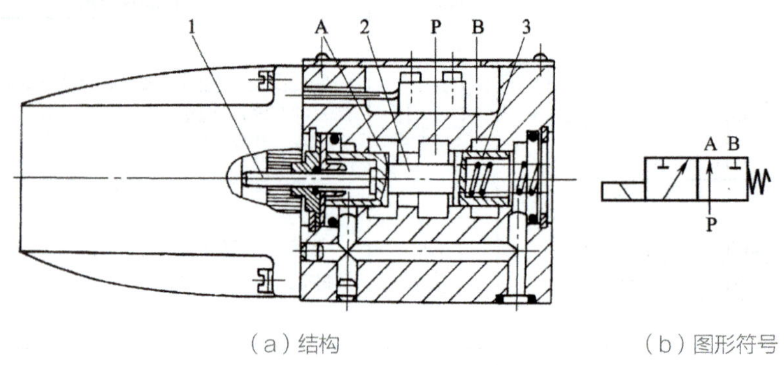

（a）结构　　（b）图形符号

1- 推杆；2- 阀芯；3- 弹簧

图 5-11　二位三通电磁换向阀结构图

图 5-12 是三位四通的电磁换向阀结构图。阀的左右两端各有一个电磁铁和一个对中弹簧，阀芯在常态处于中位，当右端电磁铁通电吸合时，衔铁通过推杆将阀芯推至左端，换向阀在右位工作；当左端电磁铁通电吸合时，衔铁通过推杆将阀芯推至左端，换向阀就在左位工作。

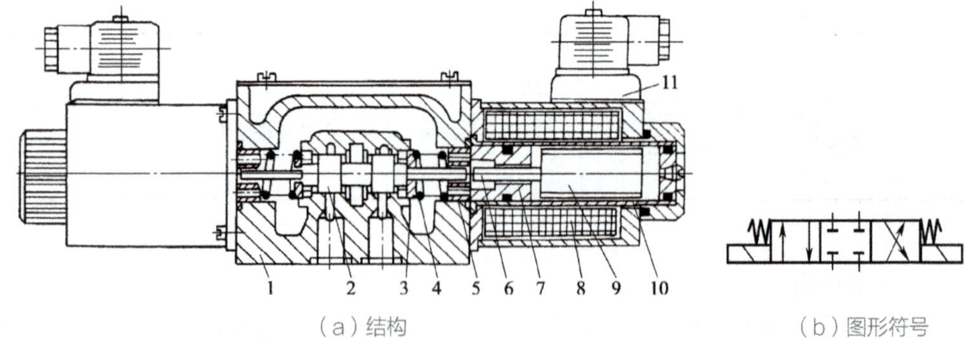

（a）结构　　（b）图形符号

1- 阀体；2- 阀芯；3- 定位套；4- 对中弹簧；5- 挡圈；6- 推杆；7- 环；8- 线圈；9- 衔铁；10- 导套；11- 插头组件

图 5-12　三位四通电磁换向阀结构图

3）液动换向阀

液动换向阀利用控制油路的压力油来推动阀芯实现换向，图 5-13 所示为三位四通液动换向阀的结构及图形符号。当阀芯两端控制油口 C_1、C_2 都不通入压力油时，阀芯在两端弹簧力的作用下处于中位，当 C_1 口接通压力油，C_2 口接通回油时，阀芯右移，此时 P 与 A 接通，B 与 T 接通；当 C_2 口接通压力油，C_1 口接通回油时，阀芯左移，此时 P 与 B 接通，A 与 T 接通。液动换向阀的优点是结构简单，动作可靠，换向平稳，由于液压驱动力大，故可用于流量大的系统中。

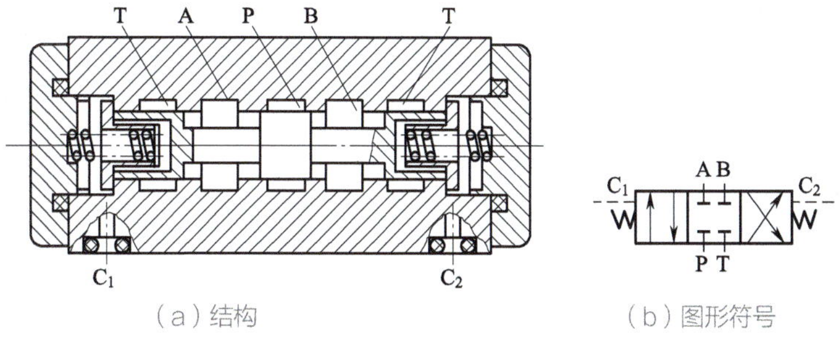

（a）结构　　（b）图形符号

图 5-13　三位四通液动换向阀

电液换向阀。电液换向阀是由电磁换向阀和液动换向阀组合而成。其中，电磁换向阀起先导作用，用来改变液动换向阀的控制油路的方向，称为先导阀；液动换向阀实现主油路的换向，称为主阀。

图 5-14 示为电液换向阀的结构和图形符号。当先导电磁阀两边的电磁铁均不通电时，电磁阀阀芯处于中位，控制油液被切断，主阀芯 1 两端均不通控制压力油，在弹簧的作用下处于中位，此时油口 P、A、B、T 均不相通。当 1 YA 通电，电磁阀阀芯 5 向右移动，来自主阀 P 口或外接油口 P' 的控制压力油可经先导电磁阀的 A′ 口和左单向阀 2 进入主阀左端油腔，推动主阀阀芯 1 向右移动，这时主阀右端油腔的控制油液通过右边节流阀 7 经先导电磁阀的 B′ 口和 T′ 口流回油箱，于是使主阀油口 P 与 A′ 相通，B 与 T 相通；反之，当 2 YA 通电，使电磁阀阀芯 5 向左移动，主阀右端油腔进控制压力油，左端油腔的油液经左边节流阀 3 回油箱，使主阀阀芯 1 向左移动，则油口 P 与 B 相通，A′ 与 T 相通。阀体内的节流阀可用来调节主阀芯的移动速度，使其换向平稳，无冲击。必须注意：

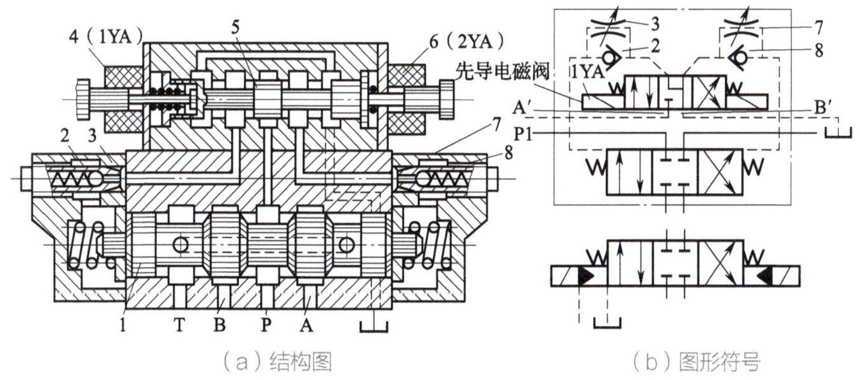

（a）结构图　　（b）图形符号

1- 液动阀阀芯；2、8- 单向阀；3、7- 节流阀；4、6- 电磁铁；5- 电磁阀阀芯

图 5-14　电液换向阀

（1）当主阀为弹簧对中型时，先导电磁阀的中位机能必须保证先导阀处于中位时，液动阀两端的控制油路卸荷（如电磁阀 Y 型中位机能），否则液动阀无法回到中位。

（2）控制压力油可来自主油路的 P 口（内控式），也可以另设独立油源（外控式）。当采用内控式，主油路又有卸荷要求时，必须在 P 口安装一预控压力阀，以保证最低的控制压力。当采用外控时，独立油源的流量不得小于主阀最大流量的 15%，以保证换向时间的要求。

电液换向阀综合了电磁阀和液动阀的优点，具有控制方便，通过流量大的特点。

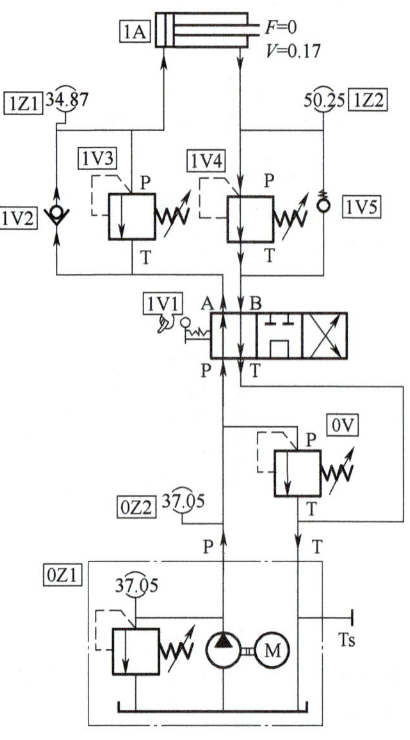

图 5-15　液压压合机参考回路图

任务实施

根据液压压合机的要求进行回路设计及在 Festo 软件上模拟仿真，成功后进行回路搭建。液压压合机参考回路图如图 5-15 所示。

选择好相关元件后用带快速接头体的软管分别连接各元件，组成实训用的液压系统图。

温馨提示

接好液压回路之后，再重新检查各快速接头的连接部分是否连接可靠，最后请老师确认无误后，方可启动。

任务评价

根据表 5-5，对任务完成情况进行评价。

表 5-5　任务评价表

序号	评价项目	评价内容	参考分	评分标准	得分
1	软件模拟仿真	根据项目要求在软件上进行回路设计及模拟仿真	20	回路设计合理，逻辑性强、易于理解	
2	原理说明	准确识读回路，对自己所搭建的回路陈述清晰，言简意赅	20	全面、准确讲解回路中各元器件名称及作用，正确解读回路的作用	
3	元器件选择	正确选择元器件的型号与数量	15	元器件的型号与数量选择正确	

续表

序号	评价项目	评价内容	参考分	评分标准	得分
4	实训操作步骤	操作步骤正确；思路清晰	20	按照回路图正确连接	
5	系统调试过程	能解决系统调试中出现的问题	15	能采用正确的方法解决系统调试中出现的问题	
6	劳动保护及安全文明	爱护设备及工具；遵守安全文明生产规程；具有成本控制及环保意识	10	着装整洁；保持工作环境清洁；执行安全操作规程；具有节约意识	
7	时间	45 min		提前正确完成，每 5 分钟加 2 分；超过规定时间，每 5 分钟减 2 分	
总分					

思考与练习题

1. 液控单向阀和普通单向阀的区别是什么？分别用在什么场合？
2. 什么是换向阀的“位”和“通”？换向阀有几种控制方式？各有什么特点？
3. 电液换向阀的结构特点是什么？如何调节它的换向时间？
4. 分组在液压实训台上构建应用电磁换向阀的液压换向回路。要求执行元件（液压缸）能实现向左→向右→停止（任意位置）的动作顺序。

任务2 压力控制回路的设计、分析与仿真

学习目标

一、基本目标

1. 认识压力阀的压力控制与调节原理。
2. 能分析压力阀的结构与工作原理。
3. 能够利用仿真软件进行回路的组建操作。

二、提高目标

1. 能建立简单的压力控制回路。
2. 能进行压力阀在调压与减压回路中的分析。
3. 能利用仿真软件进行回路的设计、分析与仿真调试。

任务描述

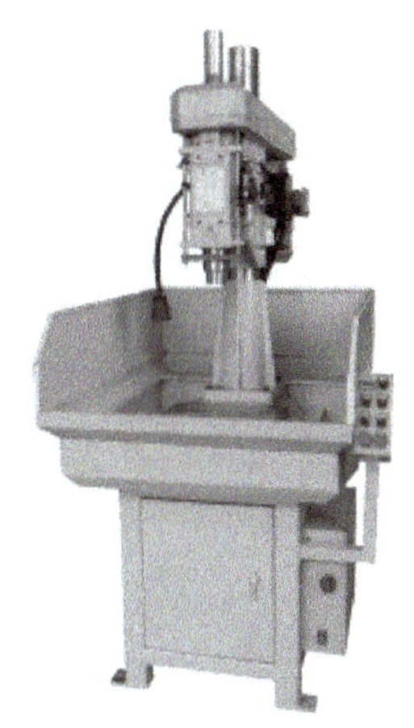
图 5-16　液压钻床实物图

图 5-16 所示为液压钻床的实物图，该钻床可以用来钻孔、扩孔、绞孔、攻螺纹等加工。液压钻床钻头的上、下进给运动和工件的夹紧运动都是用液压传动系统来控制的。整个液压传动系统由一个液压泵供油，用两个双作用液压缸分别驱动主轴的升降和工件的夹紧。由于加工工件的材料、形状及加工要求不同，加工时所需要的夹紧力也不同，因此工作时夹紧液压缸输出的夹紧力应能够根据需要进行调节，并在加工过程中保持稳定，实现这一功能的液压元件即为压力控制阀。你一定想知道压力控制阀是如何实现这些功能的吧？

任务分析

在液压传动系统中，控制油液压力高低的液压阀称之为压力控制阀，简称压力阀。这类阀的共同点是利用作用在阀芯上的液压力和弹簧力相平衡的原理工作的。

在具体的液压系统中，根据工作需要的不同，对压力控制的要求是各不相同的：有的需要限制液压系统的最高压力，如安全阀；有的需要稳定液压系统中某处的压力值（或者压力差，压力比等），如溢流阀、减压阀等定压阀；还有的是利用液压力作为信号控制其动作，如顺序阀、压力继电器等。下面我们将详细介绍其功能原理和应用。

所需器材

完成该项任务时，需要用到器材如表 5-6 所示。

表 5-6　所需器材

件号	数量	名称	符号
1	1	双作用缸	F=0
2	1	调速阀	
3	1	二位四通手动换向阀	A B P T
4		压力表	
5	2	溢流阀	P T

续表

件号	数量	名称	符号
6	1	液压泵	M
8	1	油路开关	100%
9	若干	连接油管	

必备知识

压力控制阀，这种阀用于限制液压系统中的压力、泵的卸载或调整进入管路的油压。有多种类型的压力控制阀，其中有溢流阀、减压阀和卸载阀。

一、溢流阀

溢流阀有时被叫做安全阀，因为它们在压力达到设定量时将释放过量的油。它们防止系统部件由于过载而损坏。

溢流阀常见的两种类型是：

（1）直动式溢流阀，简单地打开和关闭。

（2）先导式溢流阀，利用先导油路控制主溢流阀芯。

直动式溢流阀通常用于流量较小以及非经常性开启的场合。先导式溢流阀在必须释放大容量过量油的场合是必需的。

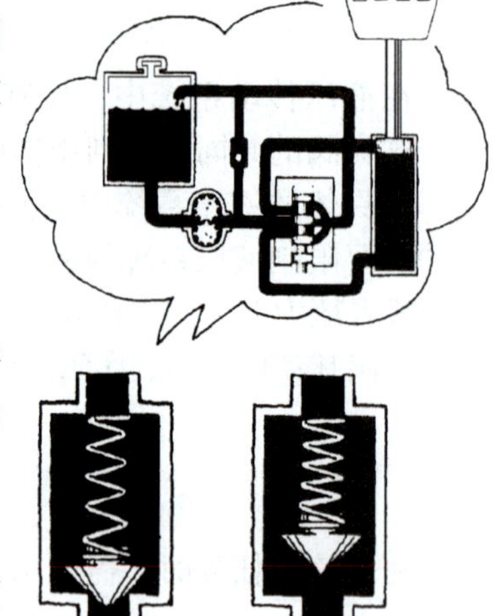

图 5-17　压力控制阀

1. 溢流阀的作用

在液压系统中维持定压是溢流阀的主要用途。它常用于节流调速系统中，和流量控制阀配合使用，调节进入系统的流量，并保持系统的压力基本恒定。如图 5-18（a）所示，溢流阀 2 并联于系统中，进入液压缸 4 的流量由节流阀 3 调节。由于定量泵 1 的流量大于液压缸 4 所需的流量，油压升高，将溢流阀 2 打开，多余的油液经溢流阀 2 流回油箱。因此，在这里溢流阀的功用就是在不断的溢流过程中保持系统压力基本不变。

用于过载保护的溢流阀一般称为安全阀。图 5-18（b）所示的变量泵调速系统在正常工作时，溢流阀 2 关闭，不溢流，只有在系统发生故障，压力升至安全阀的调整值时，阀口才打开，使变量泵排出的油液经溢流阀 2 流回油箱，以保证液压系统的安全。

2. 液压系统对溢流阀的性能要求

（1）定压精度高。当流过溢流阀的流量发生变化时，系统中的压力变化要小，即静态压力超调要小。

（2）灵敏度要高。如图 5-18（a）所示，当液压缸 4 突然停止运动时，溢流阀 2 要迅速开大。否则，定量泵 1 输出的油液将因不能及时排出而使系统压力突然升高，并超过溢流阀的调定压力，称动态压力超调，使系统中各元件及辅助受力增加，影响其寿命。溢流阀的灵敏度越高，则动态压力超调越小。

（3）工作要平稳，且无振动和噪声。

（4）当阀关闭时，密封要好，泄漏要小。

对于经常开启的溢流阀，主要要求前三项性能；而对于安全阀，则主要要求第二和第四两项性能。其实，溢流阀和安全阀都是同一结构的阀，只不过是在不同要求时有不同的作用而已。

3. 直动式溢流阀的工作原理

直动式溢流阀是依靠系统中的压力油直接作用在阀芯上与弹簧力等相平衡，以控制阀芯的启闭动作，溢流阀是利用被控压力作为信号来改变弹簧的压缩量，从而改变阀口的通流面积和系统的溢流量来达到定压的目的。当系统压力升高时，阀芯上升，阀口通流面积增加，溢流量增大，进而使系统压力下降。溢流阀内部通过阀芯的平衡和运动构成的这种负反馈作用是其定压作用的基本原理，也是所有定压阀的基本工作原理。

直动式溢流阀是依靠系统中的压力油直接作用在阀芯上与弹簧力等相平衡，以控制阀芯的启闭动作，图 5-19 所示为一种低压直动式溢流阀，P 是进油口，T 是回油口，进口压力油经阀芯 4 中间的阻尼孔 e 作用在阀芯的底部端面上，当进油压力较小时，阀芯在弹簧 2 的作用下处于下端位置，将 P 和 T 两油口隔开。当油压力升高，在阀芯下端所产生的作用力超过弹簧的压紧力 F。此时，阀芯上升，阀口被打开，将多余的油液排回油箱，阀芯上的阻尼孔 e 用来对阀芯的动作产生阻尼，以提高阀的工作平衡性，调整螺母 1 可以改变弹簧的压紧力，这样也就调整了溢流阀进口处的油液压力 p。

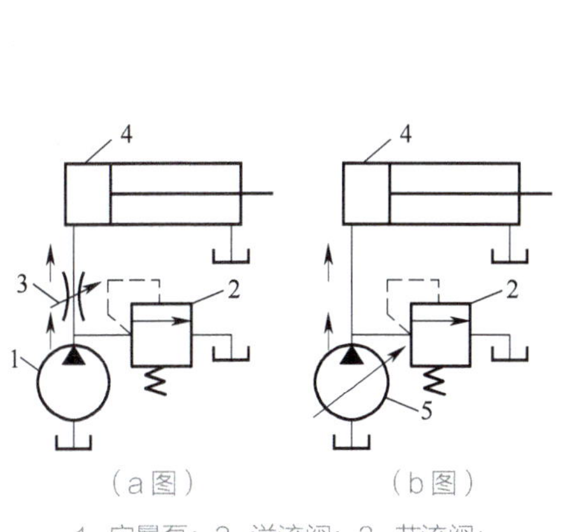

1- 定量泵；2- 溢流阀；3- 节流阀；

4- 液压缸；5- 变量

图 5-18　溢流阀的作用

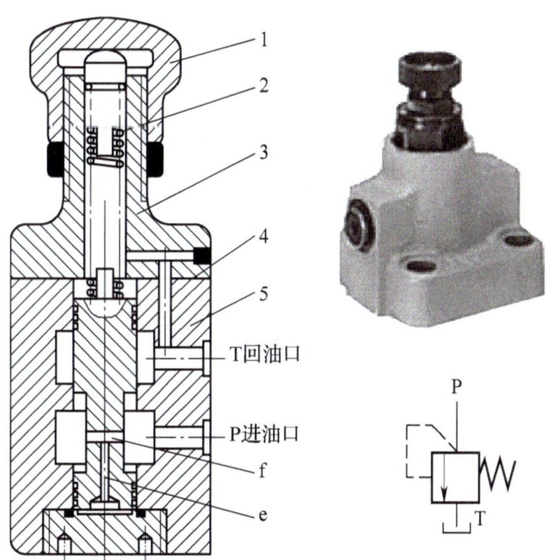

1- 调节螺母；2- 弹簧；3- 阀盖；4- 阀芯；5- 阀体

图 5-19　直动式溢流阀结构及图形符号

直动式溢流阀的结构简单，灵敏度高，但压力波动受溢流量的影响较大，不适于在高压、大流量下工作。因为当溢流量变化引起阀口开度变化时，弹簧力变化较大，溢流阀进口压力也随之发生较大变化，故直动式溢流阀调压稳定性差。

4. 先导式溢流阀的工作原理

先导式溢流阀的结构和图形符号如图 5-20 所示。它由先导阀和主阀两部分组成。液压力同时作用于主阀芯及先导阀芯上，当先导阀芯未打开时，阀腔中油液没有流动，作用在主阀芯上下两个方向液压力平衡，主阀芯在弹簧的作用下处于最下端位置，阀口关闭。当进油压力增大到使先导阀芯打开时，极少量的油液流过主阀芯上的阻尼孔 e、经过孔 c 和 d 后，打开先导阀芯流回油箱。由于阻尼孔的阻尼作用，使主阀芯所受到的上下两个方向的液压力不相等，主阀芯在压差的作用下上移，打开阀口，实现溢流使阀芯处于平衡并保证了阀进口压力基本恒定。调节先导阀的调压弹簧，便可调节溢流阀的进口压力。

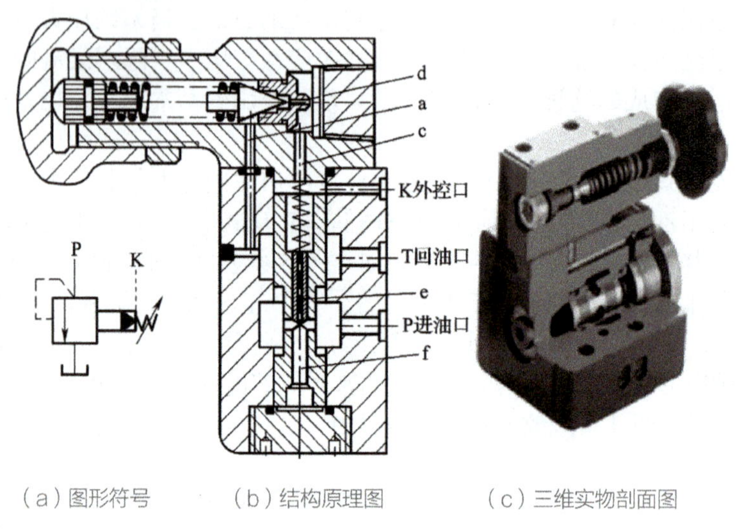

（a）图形符号　（b）结构原理图　（c）三维实物剖面图

图 5-20　先导式溢流阀结构及图形符号

主阀体上有一个远程控制口 K，当 K 口通过二位二通阀接油箱时，主阀芯在很小的液压力作用下便可上移，打开阀口，实现完全溢流，这时系统压力接近于零称为卸荷。若 K 口接另一个远程调压阀（必须小于溢流阀的调定压力），便可对系统压力实现远程控制。

先导式溢流阀的先导阀部分结构尺寸较小，调压弹簧不必很硬，因此压力调整轻便，主阀芯弹簧较软，主要克服阀芯运动的摩擦力等。因此，先导式溢流阀调压稳定且适用于中高压系统。先导式溢流阀需要先导阀和主阀都动作后才能起控制作用，因此反应不如直动式溢流阀灵敏。

溢流阀的图形符号说明：用方框表示阀体，用带箭头的直线表示阀芯，阀芯在弹簧力的作用下偏离阀体使阀口常闭，控制油来自阀的进油口，维持阀进口压力恒定，出口接油箱采取内泄漏，带外控可卸荷的弹簧可调先导式。

二、减压阀

减压阀主要用于降低液压系统某一支路油液的压力并且维持该压力基本稳定，确切地说是在工作时控制减压阀出口压力恒定，常用于夹紧、控制和润滑等油路中。

减压阀也有直动型和先导型之分，直动型较少单独使用。先导型应用较多，它的典型结构及图形符号如图 5-21 所示。压力油由阀的进油口 P_1 流入，经阀芯减压口

h 减压后由出口 P_2 流出。同时，出口压力油经阀芯上的径向孔通道一路进入主阀芯的下腔，另一路经过主阀芯上的轴向阻尼孔 e 流到上腔，由孔 c、d 作用于先导阀芯上。当出口油液压力低于先导阀芯的调定压力时，先导阀芯关闭，主阀芯上、下两腔压力相等，主阀芯在弹簧力作用下处于最下端，减压口开度 h 为最大，阀处于非工作状态，此时阀不起稳压作用。

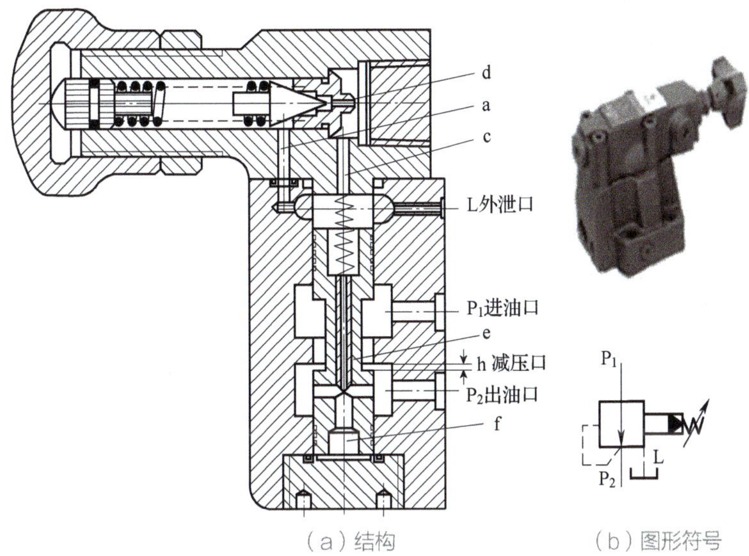

（a）结构　　（b）图形符号

图 5-21　先导式减压阀结构及图形符号

当出口压力达到先导阀的调定压力时，先导阀芯移动、阀口打开，主阀弹簧腔的油液便由外泄口 L 流回油箱，由于油液在主阀芯阻尼孔内流动，产生压降，促使主阀芯上移，减压口 h 减小，维持阀芯平衡，并且使出口压力维持到恒定的调定值。

应当指出：在减压阀保持出口压力恒定时，不管减压阀出口油液是否流动，此时仍有少量油液通过减压阀口经先导阀芯和外泄口 L 流回油箱，阀处于工作状态。

减压阀图形符号说明：用方框表示阀体，用带箭头的直线表示阀芯，阀芯在弹簧作用下处于阀体中间表示常开，控制油来自阀的出口，维持阀出口压力恒定，由于出口接压力油，泄漏油必须采取外接方式回油箱，该阀为弹簧可调先导式。

三、顺序阀

顺序阀的功用是通过油液压力的作用来控制阀芯启闭实现油路通断，以便完成液压缸的顺序动作。顺序阀有直动型和先导型之分，根据控制油来源不同有内控式和外控式两种。

直动型顺序阀的结构和图形符号如图 5-22 所示。压力油从进油口 P_1 进入，经阀体上的阻尼孔 a 和端盖上的孔道流到控制活塞底部，当作用在控制活塞上的液压力能克服阀芯上的弹簧力时，阀芯上移使阀口打开，油液便从 P_2 流出。调节弹簧压缩量，便可控制阀进口的开启压力，该阀称为内控式顺序阀，若将图 5-22（a）中的端盖旋转 90° 安装，切断进油口通向控制活塞下腔的通道，并去除外控口的螺塞，引入控制油，便成为外控式顺序阀。此外，顺序阀进出油口均是压力油，所以需采用外泄方式卸掉弹簧腔的油液，以便阀芯启闭工作可靠。

顺序阀主要应用于多缸的顺序动作或作平衡阀使用来平衡立式液压缸运动部件的重量。

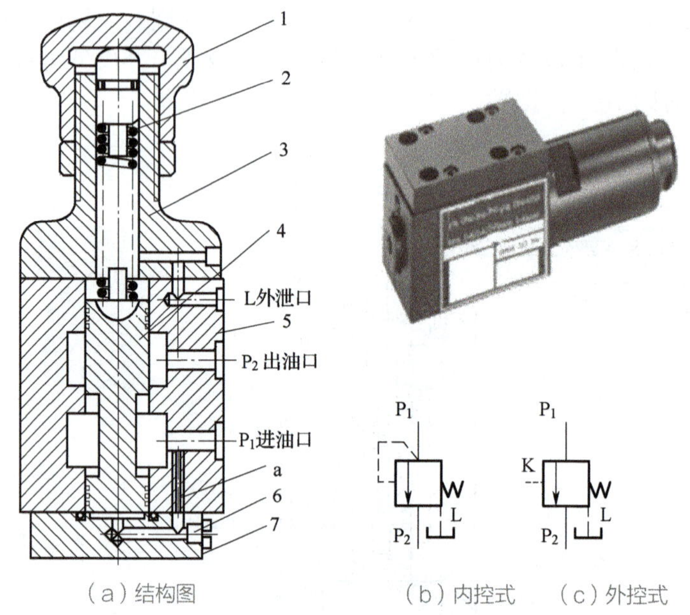

（a）结构图　（b）内控式　（c）外控式

1- 调节螺母；2- 弹簧；3- 上阀盖；4- 阀芯；5- 阀体；6- 螺塞；7- 阀盖

图 5-22　直动式顺序阀结构及图形符号

四、压力继电器

压力继电器是利用液体压力作用来转换成机械动作从而启闭电气触点开关的液压电气转换元件。它在油液压力达到其调定值时，发出电信号，控制电气元件动作，实现液压系统的自动控制。

压力继电器的结构和图形符号如图 5-23 所示，当进油口 P 处油液压力达到压力继电器的调定压力时，作用柱塞 1 上的液压力通过顶杆 2 合上微动开关 4 并发出电信号。调节螺母 3 可以改变弹簧的压缩量，从而改变其压力的调定值。

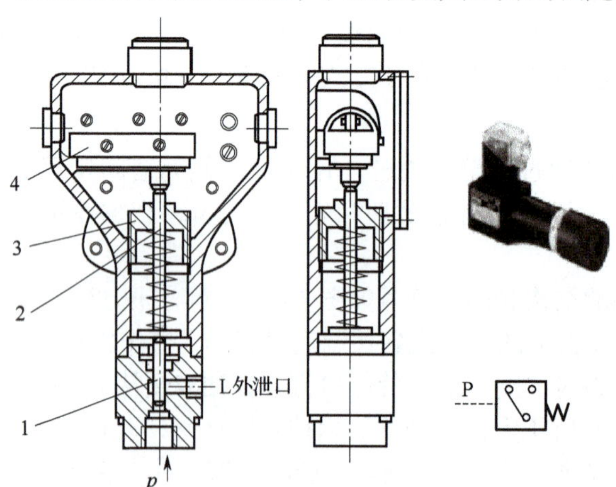

1- 柱塞；2- 顶杆；3- 调节螺钉；4- 微动开关

图 5-23　压力继电器的结构和图形符号

任务实施

根据液压钻床的要求进行回路设计及在 Festo 软件上模拟仿真，成功后进行回路搭建。液压钻床液压回路图如图 5-24 所示。

具体步骤如下：

（1）熟悉实训设备使用方法；

（2）计算所要求的参数；

（3）根据项目要求，设计回路，在仿真软件上进行调试运行；

（4）选择相应元器件，在实训台上组建回路并检查回路的功能是否正确；

（5）观察运行情况，对使用中遇到的问题进行分析和解决；

（6）完成实训并经老师检查评估后，关闭油泵，拆下管线，将元件放回原来位置，做好实训室 5S ；

（7）完成实训报告。

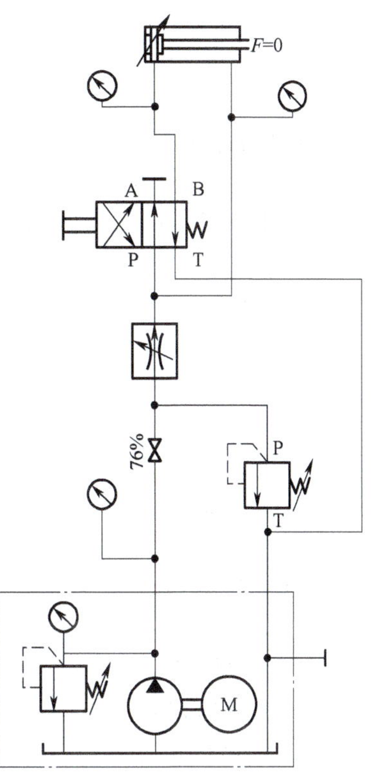

图 5-24　液压钻床液压回路图

任务评价

根据表 5-7，对任务完成情况进行评价。

表 5-7　任务评价表

序号	评价项目	评价内容	参考分	评分标准	得分
1	软件模拟仿真	根据项目要求在软件上进行回路设计及模拟仿真	20	回路设计合理，逻辑性强、易于理解	
2	原理说明	准确识读回路，对自己所搭建的回路陈述清晰，言简意赅	20	全面、准确讲解回路中各元器件名称及作用，正确解读回路的作用	
3	元器件选择	正确选择元器件的型号与数量	15	元器件的型号与数量选择正确	
4	实训操作步骤	操作步骤正确；思路清晰	20	按照回路图正确连接	
5	系统调试过程	能解决系统调试中出现的问题	15	能采用正确的方法解决系统调试中出现的问题	
6	劳动保护及安全文明	爱护设备及工具；遵守安全文明生产规程；具有成本控制及环保意识	10	着装整洁；保持工作环境清洁；执行安全操作规程；具有节约意识	
7	时间	45 分钟		提前正确完成，每 5 分钟加 2 分；超过规定时间，每 5 分钟减 2 分	
总分					

思考与练习题

1．从结构原理图及图形上，说明溢流阀、顺序阀和减压阀的不同点及各自的用途，画出它们的职能符号。

2．先导式溢流阀与直动式溢流阀相比有何特点？先导式溢流阀中的各阻尼小孔有何作用？若将节流阻尼小孔堵塞或加工成大的通孔，会出现什么问题？

3．哪些阀在系统中可以做背压阀使用？性能有何差异？单向阀做背压阀使用时，需采用什么措施？

4．为什么减压阀的调压弹簧腔要接油箱？如果把这个油口堵死，会出现什么问题？

5．若将减压阀的进出油口反接，会出现什么情况？（分压力高于减压阀的调定压力时和低于调定压力时两种情况）

6．图 5–25 所示的液压回路中给出了阀 A、C、E、F 的压力调定值，工作液压缸 H 的有效工作面积为 A=50 cm^2，向右运动时，其负载为 F=5 × 10^3 N，试分析：

（1）液压缸 H 向右运动时，夹紧液压缸 D 的工作压力是多少？为什么？

（2）液压缸 H 向右运动到顶上死挡铁时，夹紧缸 D 的工作压力是多少？为什么？

（3）液压缸 H 无负载地返回时，夹紧缸 D 的工作压力又是多少？为什么？

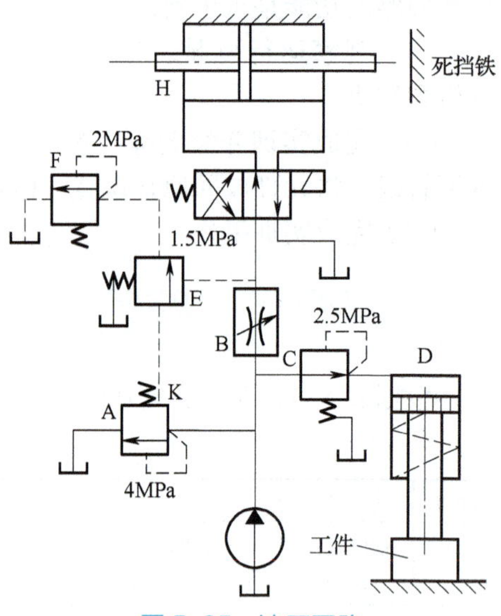

图 5–25 液压回路

解答：（1）液压缸 H 向右运动时，其工作压力由负载决定，为 p=5 kN/50 cm^2=1 MPa。该工作压力 p 小于液控顺序阀 E 的调定压力 1.5 MPa，E 阀不工作，先导式溢流阀 A 的外控口处于关闭状态。由于节流阀的作用，定量泵多余的油由阀 A 溢流回油箱，泵出口压力由溢流阀 A 调定为 4 MPa，大于减压阀 C 的调定压力 2.5 MPa，故减压阀工作，夹紧缸 D 的工作压力是减压阀的调定压力 2.5 MPa。

（2）液压缸 H 向右运动顶上死挡铁时，相当于负载无穷大。此时无油液流过节流阀，因而油缸 H 工作压力与泵出口压力相同，该压力大于顺序阀 E 的调定压力 1.5 MPa，该阀开启，先导式溢流阀的远程控制口起作用，其进口压力受调压阀 F 控制，为 2 MPa，即泵出口压力为 2 MPa，低于减压阀 C 的调定压力 2.5 MPa，减压阀不起作用，所以夹紧缸 D 的工作压力为 2 MPa。

（3）液压缸 H 无负载向左运行时，其工作压力为 0，因而液控顺序阀 E 不工作，液压泵出口压力由溢流阀调定为 4 MPa，大于减压阀的调定压力 2.5 MPa，故减压阀工作，D 缸工作压力是减压阀的调定压力 2.5 MPa。

任务3 速度控制回路的设计、分析与仿真

学习目标

一、基本目标

1. 认识流量阀的结构，理解其工作原理。
2. 能看懂速度控制回路图，分析其工作原理与特点。
3. 能够进行速度控制回路的安装与调试，实现预定功能。

二、提高目标

1. 能建立简单的速度控制回路。
2. 熟悉节流阀、调速阀在调速回路中的应用。
3. 能分析各液压阀的结构特点与控制方式。

任务描述

机械手是在机械化，自动化生产过程中发展起来的一种新型装置。工业机械手是由执行机构、驱动系统和控制系统组成的。执行机构常采用液动驱动，液动驱动臂力大，可用电液伺服结构，能实现连续控制，使机械手的用途和通用性更广。根据图 5-25 所示的机械手工作原理图组建一速度控制回路，并分析其工作原理。

任务分析

图 5-26 所示为机械手工作原理图。手部 1 采用夹钳式，具体为单支点回转型夹紧机构。动力采用单作用液压缸 2 驱动夹紧，反向则由弹簧复位而松开手指。

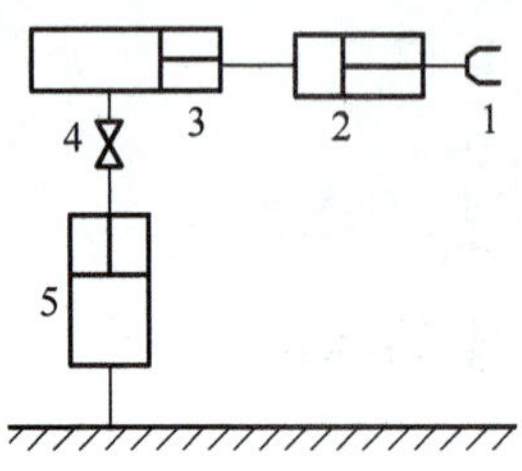

1- 手部；2- 单作用液压缸；
3，5- 双作用液压缸；4- 摆动液压缸

图 5-26　机械手工作原理图

手臂的伸缩采用双作用液压缸 3 驱动，伸缩过程采用双导管导向，在导向的同时，亦起到了一定的支撑作用，大大减小了活塞杆的受力。夹紧缸的压力油经其中一导管进入缸内，此结构能使油管布置更加紧凑。

手臂的回转采用摆动液压缸 4 驱动，此摆动缸设计成输出轴固定不动，而使缸体转动从而带动整个手臂回转运动。

双作用液压缸 5 动手臂做升降运动。

所需器材

完成该项任务时，需要用到的器材如表 5-8 所示。

表 5-8　所需器材

件号	数量	名称	符号
1	2	双作用缸	F=0
2	1	单作用缸	
3	1	摆动缸	
4	3	调速阀	
5	3	三位四通电磁换向阀	A B P T

续表

件号	数量	名称	符号
6	1	二位三通电磁换向阀	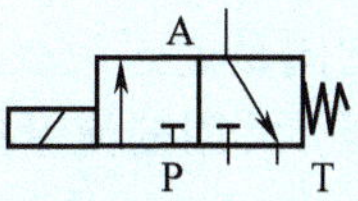 A P T
7	1	二位二通电磁换向阀	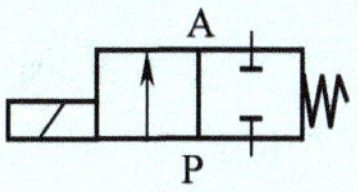 A P
8	1	可调单向节流阀	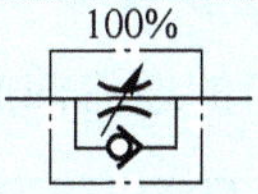 100%
9	3	可调节流阀	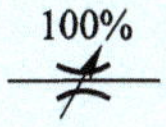 100%
10	1	单向压力顺序阀	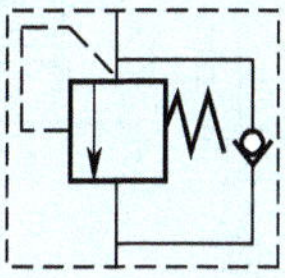
11	2	可调压力开关	
12	1	减压阀	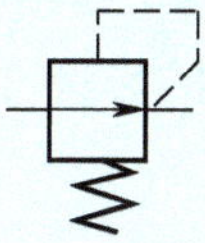
13	2	单向阀	
14	1	压力表	
15	1	溢流阀	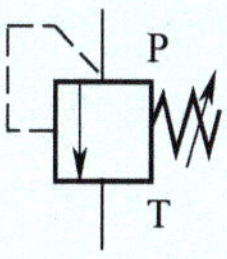 P T
16	1	液压泵	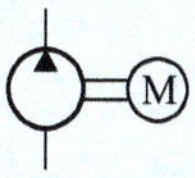 M
17	1	滤油器	
18	若干	连接油管	

必备知识

流量控制阀是通过改变阀口通流面积的大小来控制流量，从而达到调节执行元件的运动速度。常用的流量控制阀有节流阀、调速阀和分流集流阀等。

1. 节流阀的工作原理与结构

节流阀包括普通节流阀（简称节流阀）和单向节流阀。

（1）节流阀的结构和图形符号如图 5-27 所示。压力油从进油口 P_1 流入，经过阀芯上的节流口从 P_2 流出。节流口的形式为轴向三角槽式。调节手轮可使阀芯轴向移动，改变节流口的通流截面面积，从而达到调节流量的目的。

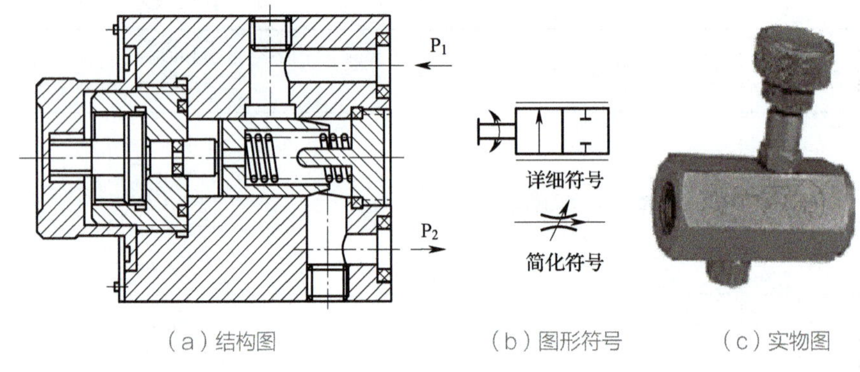

（a）结构图　（b）图形符号　（c）实物图

图 5-27　节流阀的结构及图形符号

通过节流阀的流量可用下式来描述：

$$q=KA_{\mathrm{T}}\Delta p^{m} \tag{5-1}$$

由式可知，通过节流阀的流量与节流口形状、前后的压差及流态等因素密切相关。当节流阀的通流截面调定后，由于负载的变化，节流阀前后的压差也发生变化，使流量不稳定。m 值越大，流量 q 受压差 Δp 的影响就越大，因此节流口制成薄壁孔（m=0.5）比制成细长孔（m=1）更好。此外，油温变化会引起黏度变化，导致流量系数 K 发生变化，从而引起流量变化。其中细长孔的流量受油温影响比较大，而薄壁孔受油温影响较小，因此，一般流量阀的节流口为薄壁孔。

当节流阀的通流截面很小时，通过节流口的流量会出现周期性的脉动，甚至造成断流，这种现象称为节流阀阻塞。节流口发生阻塞的主要原因是由于油液中含有杂质或油液因高温氧化变质生成物黏附在节流口的表面上，当附着层达到一定厚度时，会造成节流阀断流。通常，节流阀有一个能保证正常工作无断流的最小流量，称为节流阀的最小稳定流量。

（2）单向节流阀的结构和图形符号如图 5-28 所示。正向流动时，压力油从 P_1 口进入，经节流阀阀芯的轴向三角槽节流口从 P_2 流出，调节手轮可使阀芯轴向移动，改变节流口的通流截面面积，从而达到调节流量的目的。反向流动时，压力油从 P_2 口进入，液压力克服弹簧力，压下阀芯使阀口打开，油液从 P_1 流出。

2. 调速阀的工作原理与结构

调速阀是由定差减压阀 1 和节流阀 2 串联而成的，定差减压阀用来保持节流阀前后的压差不变，节流阀用来调节通过阀的流量从而保证调速阀的流量稳定。其工作原理及图形符号如图 5-29 所示。设减压阀的进口压力为 P_1，出口压力为 P_2，通过节流阀后降为 P_3。当负载 F 变化时，出口压力 P_3 随之变化，则调速阀进出口压差 P_1–P_3 也随之变化，但节流阀两端压差 P_2–P_3 却保持不变，从而保证通过的流量稳定。例如，当 F 增大时，P_3 增大，减压阀芯弹簧腔油液压力增大，阀芯下移，阀口开度 X 加大，使 P_2 增加，结果 P_2–P_3 保持不变，保证通过的流量稳定，反之亦然。

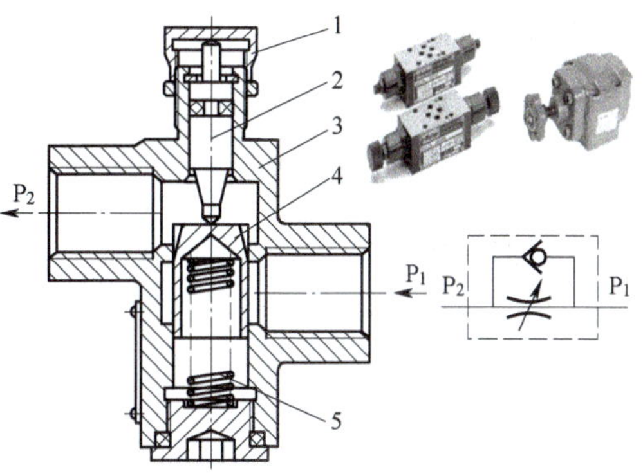

1- 螺母；2- 顶杆；3- 阀体；4- 阀芯；5- 弹簧

图 5-28　单向节流阀结构及图形符号

3. 调速阀的工作原理与结构

节流阀和调速阀的流量压差特性曲线如图 5-30 所示。由图可知，通过节流阀的流量随其进出油口压差发生变化，而调速阀的特性曲线基本上是一条水平线，即进出口压差变化时，通过调速阀的流量基本不变。只有当压差很小时，一般 $\Delta P \leqslant 0.5$ MPa，调速阀的特性曲线与节流阀的特性曲线重合，这是因为此时调速阀中的定差减压阀处于非工作状态，减压阀口全开，调速阀只相当于一个节流阀。

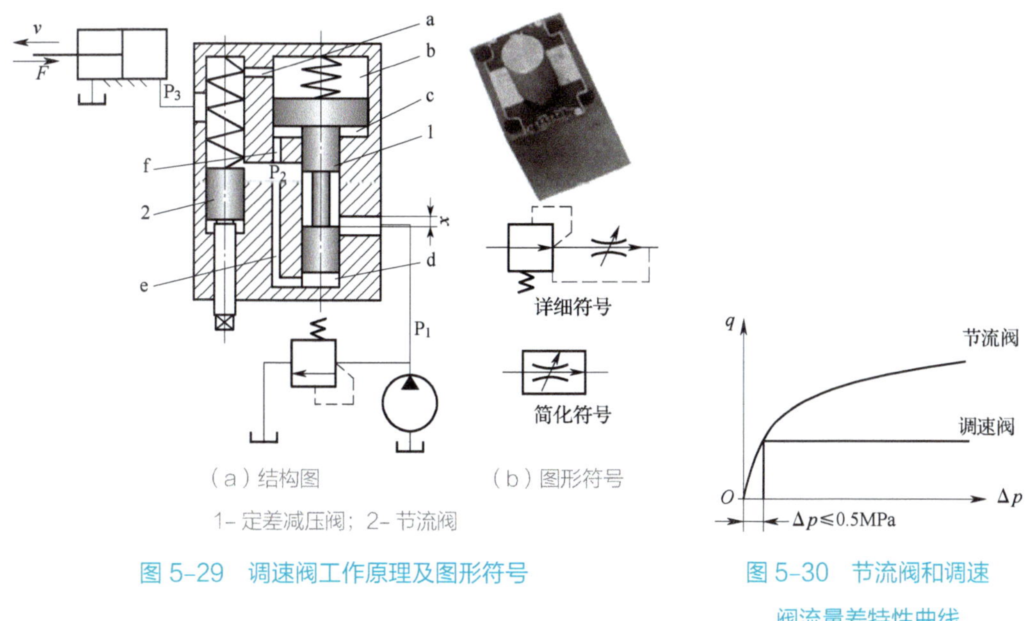

（a）结构图　（b）图形符号

1- 定差减压阀；2- 节流阀

图 5-29　调速阀工作原理及图形符号

图 5-30　节流阀和调速阀流量差特性曲线

调速阀和节流阀在液压系统中的作用都是控制流量，但阀的流量稳定性却不同，调速阀的输出流量稳定且不受负载的影响。

调速阀或节流阀与定量泵、溢流阀组成节流调速系统。调节节流阀的开口面积，便可调节执行元件的运动速度。节流阀适用于对速度稳定性要求不高的节流调速系统，而调速阀适用于执行元件负载变化大而运动速度要求稳定的节流调速系统中。

任务实施

根据机械手的要求进行回路设计（见图 5-31）及在软件上模拟仿真，成功后进行回路搭建。

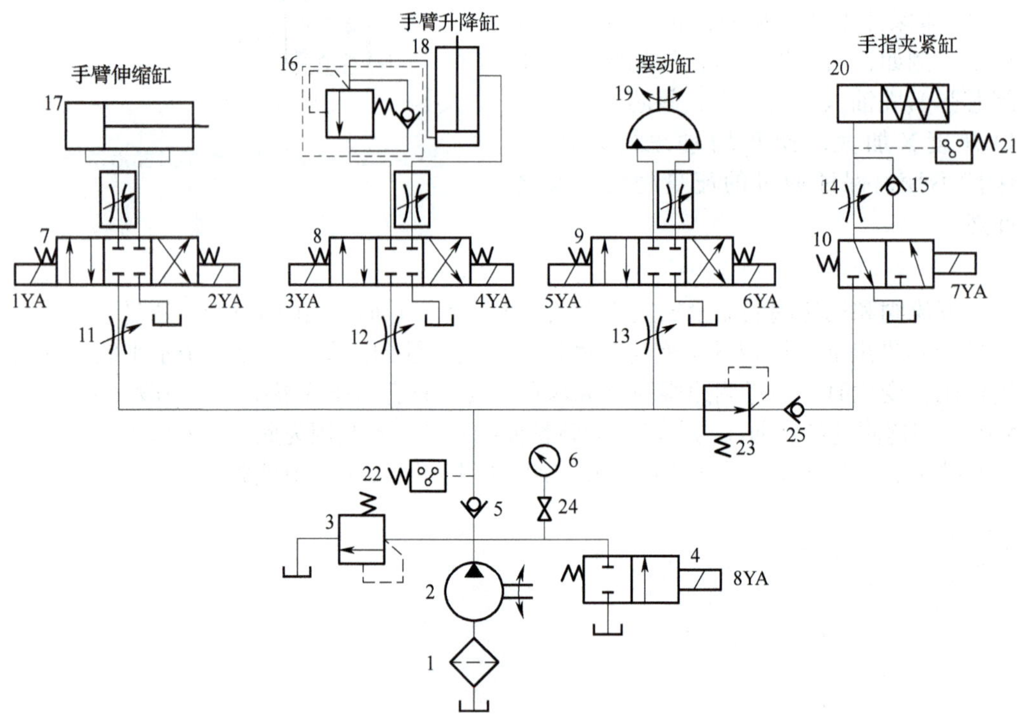

图 5-31 机械手液压回路参考

具体步骤如下：

（1）熟悉实训设备使用方法；

（2）计算所要求的参数；

（3）根据项目要求，设计回路，在仿真软件上进行调试运行；

（4）选择相应元器件，在实训台上组建回路并检查回路的功能是否正确；

（5）观察运行情况，对使用中遇到的问题进行分析和解决；

（6）完成实训并经老师检查评估后，关闭油泵，拆下管线，将元件放回原来位置，做好实训室 5S；

（7）完成实训报告。

任务评价

根据表 5-9，对任务完成情况进行评价。

表 5-9　任务评价表

序号	评价项目	评价内容	参考分	评分标准	得分
1	软件模拟仿真	根据项目要求在软件上进行回路设计及模拟仿真	20	回路设计合理，逻辑性强、易于理解	
2	原理说明	准确识读回路，对自己所搭建的回路陈述清晰，言简意赅	15	全面、准确讲解回路中各元器件名称及作用，正确解读回路的作用	
3	元器件选择	正确选择元器件的型号与数量	15	元器件的型号与数量选择正确	
4	实训操作步骤	操作步骤正确；思路清晰	20	按照回路图正确连接	
5	系统调试过程	能解决系统调试中出现的问题	15	能采用正确的方法解决系统调试中出现的问题	
6	通电前检查	自检电路；仪器仪表使用正确	5	能采用正确的方法自检电路	
7	劳动保护及安全文明	爱护设备及工具；遵守安全文明生产规程；具有成本控制及环保意识	10	着装整洁；保持工作环境清洁；执行安全操作规程；具有节约意识	
8	时间	45 分钟		提前正确完成，每 5 分钟加 2 分；超过规定时间，每 5 分钟减 2 分	
总分					

知识拓展

一、节流阀的最小稳定流量

节流阀的阻塞和最小稳定流量阻塞造成系统执行元件速度不均，因此节流阀有一个能正常工作（指无断流且流量变化率不大于 10%）的最小流量限制值，称为节流阀的最小稳定流量。轴向三角槽式节流口的最小稳定流量为 30 ~ 50 mL/min，薄壁小孔则可低达 10 ~ 15 mL/min（因流道短和水力直径大，减少了污染物附着的可能性）。

在实际应用中，防止节流阀阻塞的措施。

油液要精密过滤。实践证明，5 ~ 10 μm 的过滤精度能显著改善阻塞现象。为除去铁质污染，采用带磁性的滤油器效果更好。

节流阀两端压差要适当。压差大，节流口能量损失大，温度高；对同等流量，压差大对应的过流面积小，易引起阻塞。设计时一般取压差 Δp=0.2 ~ 0.3 MPa。

综上所述，为保证流量稳定，节流口的形式以薄壁小孔较为理想。

二、节流调速回路

根据流量阀在回路中的位置不同，分为进油节流调速、回油节流调速和旁路节流调速三种回路。前两种调速回路由于在工作中回路的供油压力不随负载变化而变化，故又称为定压式节流调速回路；而旁路节流调速回路中，由于回路的供油压力随负载的变化而变化，故又称为变压式节流调速回路。

1. 进油节流调速回路

如图 5-32 所示，节流阀串联在液压泵和液压缸之间。液压泵输出的油液一部分经节流阀进入液压缸工作腔，推动活塞运动，多余的油液经溢流阀流回油箱。溢流阀的溢流是这种调速回路能够正常工作的必要条件。由于溢流阀的溢流，泵的出口压力 p_p 就是溢流阀的调整压力并基本保持恒定。调节节流阀的通流面积，即可调节通过节流阀的流量，从而调节液压缸的运动速度。

2. 回油节流调速回路

图 5-33 所示为把节流阀串联在液压缸的回油路上，利用节流阀控制液压缸的排油量 q_2 来实现速度调节。由于进入液压缸的流量 q_1 受到回油路上 q_2 的限制。因此调节 q_2，也就调节了进油量 q_1，定量泵输出的多余油液仍经溢流阀流回油箱，溢流阀调整压力 p_p 基本保持稳定。

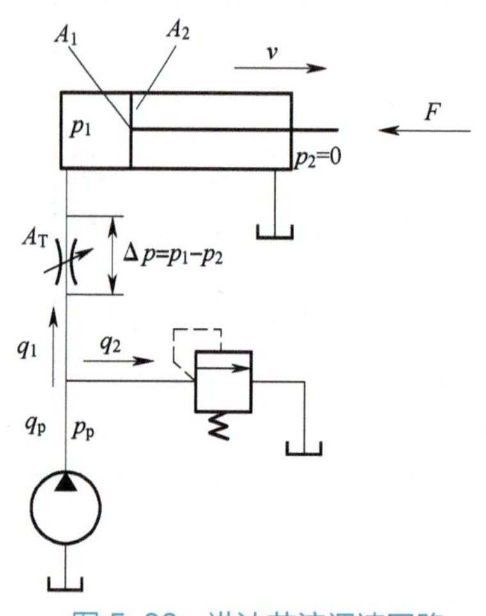

图 5-32 进油节流调速回路

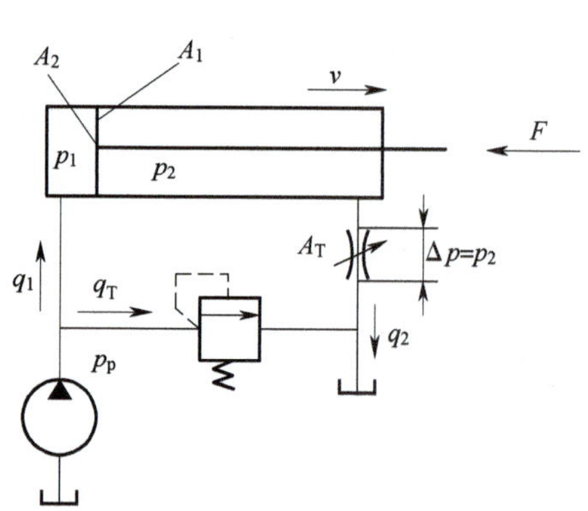

图 5-33 回油节流调速回路

进、回油节流调速回路之间有许多相同之处，但是，也有如下不同。

（1）承受负值负载的能力。回油节流调速回路的节流阀使液压缸回油腔形成一定的背压，在负值负载时，背压能阻止工作部件的前冲，即能在负值负载下工作，而进油节流调速由于回油腔没有背压力，因而不能在负值负载下工作。

（2）停车后的启动性能。长期停车后液压缸油腔内的油液会流回油箱，当液压泵重新向液压缸供油时，在回油节流调速回路中，由于进油路上没有节流阀控制流量，即使回油路上节流阀关得很小，也会使活塞前冲；而在进油节流调速回路中，由于进油路上有节流阀控制流量，故活塞前冲很小，甚至没有前冲。

（3）实现压力控制的方便性。进油节流调速回路中，进油腔的压力将随负载而变化，当工作部件碰到死挡块停止后，其压力将升到溢流阀的调定压力，利用这一压力变化来实现压力控制是很方便的。但在回油节流调速回路中，只有回油腔的压力才会随负载变化，当工作部件碰到死挡块后，其压力将降至零，故一般很少利用这一压力变化来实现压力控制。

（4）发热及泄漏的影响。在进油节流调速回路中，经过节流阀发热后的液压油直接进入液压缸的进油腔；而在回油节流调速回路中，经过节流阀发热后的液压油

流回油箱冷却。因此，发热和泄漏对进油节流调速的影响均大于回油节流调速。续表

（5）运动平稳性。在回油节流调速回路中，由于回油路上节流阀小孔对缸的运动有阻尼作用，同时空气也不易渗入，可获得更为稳定的运动。而在进油节流调速回路中，回油路的油液没有节流阀阻尼作用，故运动平稳性稍差。但是，在使用单杆液压缸的场合，无杆腔的进油量大于有杆腔的回油量，故在缸径、缸速均相同的情况下，若节流阀的最小稳定流量相同，则进油节流调速回路能获得更低的稳定速度。为了提高回路的综合性能，可采用进油节流调速，并在回油路上加背压阀的回路，使其兼备两者的优点。

3. 旁路节流调速回路

图 5-34 所示为采用节流阀的旁路节流调速回路。

节流阀调节液压泵溢回油箱的流量，从而控制了进入液压缸的流量。改变节流阀的通流面积，即可实现调速。由于溢流已由节流阀承担，故溢流阀实际上是安全阀，常态时关闭，过载时打开，其调定压力为最大工作压力的 1.1 ~ 1.2 倍。

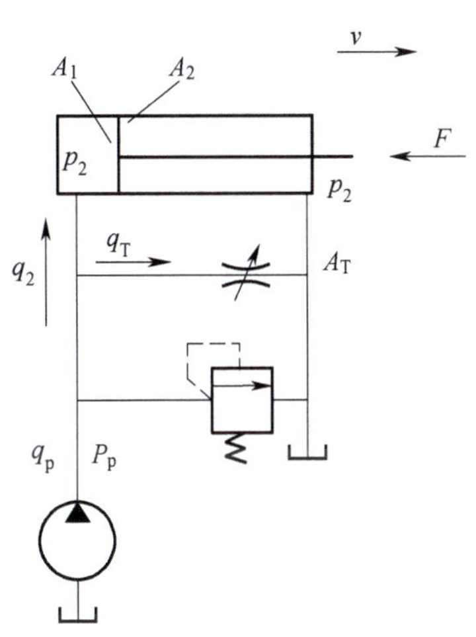

图 5-34　旁路节流调速回路

三、容积调速回路

容积调速回路是用改变泵或马达的排量来实现调速的。具有的主要优点是没有节流损失和溢流损失，因而效率高，油液温升小，适用于高速、大功率调速系统。缺点是变量泵和变量马达的结构较复杂，成本较高。

图 5-35 所示为变量泵和定量液压执行元件组成的容积调速回路，其中图 5-35（a）的执行元件为液压缸，为开式回路。图 5-35（b）的执行元件为液压马达，且是闭式回路。两图中的安全阀 2 起安全作用，用以防止系统过载。图 5-35（b）中，为了补充泵和马达的泄漏，增加了补油泵 4，同时置换部分已发热的油液，降低系统的温升。溢流阀 5 用来调节补油泵的压力。

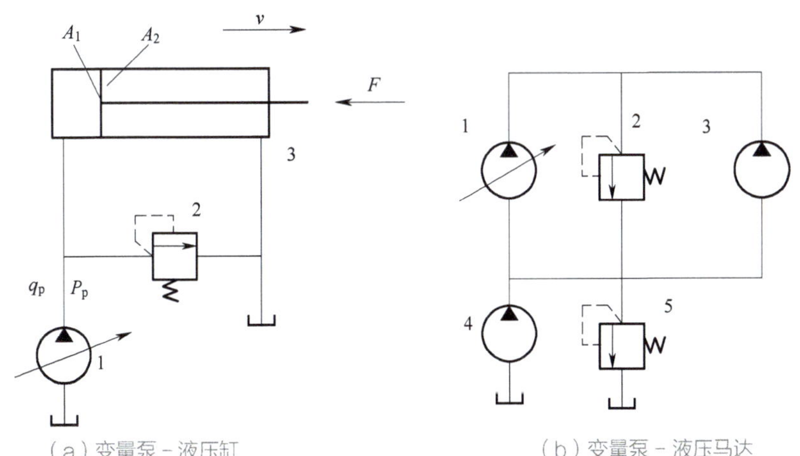

（a）变量泵 - 液压缸　　（b）变量泵 - 液压马达

1- 变量泵；2- 安全阀；3- 定量马达；4- 补油泵；5- 溢流阀

图 5-35　变量泵和定量液压执行元件组成的容积调速回路

四、快速运动回路

快速运动回路功用在于使液压执行元件获得所需的高速，缩短机械空程运动时间，以提高系统的工作效率或充分利用功率。

1. 液压缸差动连接回路

图 5-36 所示的回路是利用二位三通电磁换向阀实现液压缸差动连接的回路。

当阀 3 和阀 5 左位接入时，液压缸差动连接作快进运动。当阀 5 电磁铁通电，差动连接即被切断，液压缸回油经过单向调速阀 6 实现工进。阀 3 右位接入后，缸快退。这种连接方式，可在不增加泵流量的情况下提高执行元件的运动速度。必须注意，泵的流量和有杆腔排出的流量合在一起流过的阀和管路应按合成流量来选择，否则会使压力损失增大，泵的供油压力过高，致使泵的部分压力油从溢流阀溢回油箱而达不到差动快进的目的。液压缸的差动连接也可用 P 型中位机能的三位换向阀来实现。

2. 采用蓄能器的快速运动回路

图 5-37 所示为采用蓄能器的快速运动回路，采用蓄能器的目的是可以用流量较小的液压泵。当系统中短期需要大流量时，泵 1 和蓄能器 4 共同向缸 6 供油；当系统停止工作时，换向阀 5 处在中位，泵便经单向阀 3 向蓄能器供油，蓄能器压力升高后，控制液控顺序阀 2，使泵卸荷。

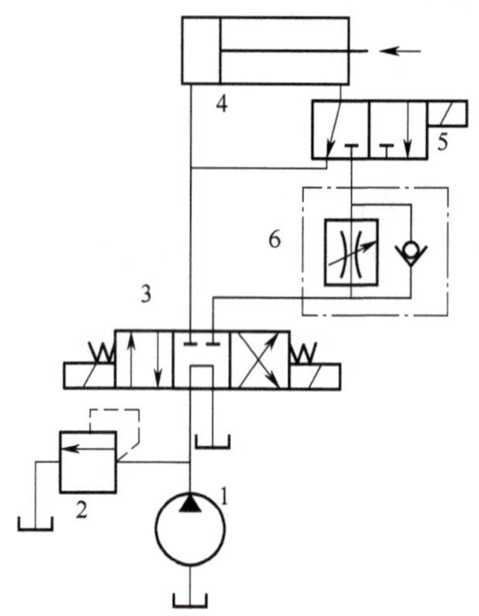

1- 液压泵；2- 溢流阀；3- 三位四通电磁换向阀；
4- 液压缸；5- 二位三通电磁换向阀；6- 单向调速阀

图 5-36 液压缸差动连接回路

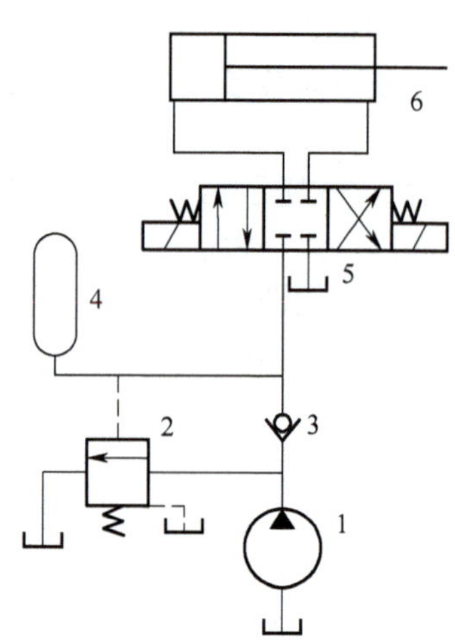

1- 液压泵；2- 顺序阀；3- 单向阀；
4- 蓄能器；5- 换向阀；6- 缸

图 5-37 采用蓄能器的快速运动回路

3. 双泵供油快速运动回路

图 5-38 所示回路中，高压小流量泵 1 和低压大流量泵 2 组成的双联泵作动力源。外控顺序阀 3（卸荷阀）和溢流阀 7 分别调定双泵供油和小流量泵 1 供油时系统的最高工作压力。当主换向阀 4 在左位或右位工作时，换向阀 6 电磁铁通电，这时系统

压力低于卸荷阀 3 的调定压力，两个泵同时向液压缸供油，油缸快速向左（或向右）运动。当快进完成后，阀 6 断电，缸的回油经过节流阀 5，因流动阻力增大而引起系统压力升高。当卸荷阀 3 的外控油路压力达到或超过卸荷阀的调定压力时，大流量泵通过阀 3 卸荷，单向阀 8 自动关闭，只有小流量泵 1 向系统供油，液压缸慢速运动。卸荷阀的调定压力至少应比溢流阀的调定压力低 10% ~ 20%。双泵供油回路的优点是双泵回路简单合理，功率损耗小，回路效率较高，常用在执行元件快进和工进速度相差较大的场合。

五、速度换接回路

速度换接回路用来实现运动速度的变换，即在原来设计或调节好的几种运动速度中，从一种速度换成另一种速度。对这种回路的要求是速度换接要平稳，即不允许在速度变换的过程中有前冲（速度突然增加）现象。下面介绍几种回路的换接方法及特点。

1. 快速与慢速换接回路

图 5-39 是用单向行程节流阀换接快速运动（简称快进）和工作进给运动（简称工进）的速度换接回路。在图示位置液压缸 3 右腔的回油可经行程阀 4 和换向阀 2 流回油箱，使活塞快速向右运动。当快速运动到达所需位置时，活塞上挡块压下行程阀 4，将其通路关闭，这时液压缸 3 右腔的回油就必须经过节流阀 6 流回油箱，活塞的运动转换为工作进给运动（简称工进）。当操纵换向阀 2 使活塞换向后，压力油可经换向阀 2 和单向阀 5 进入液压缸 3 右腔，使活塞快速向左退回。

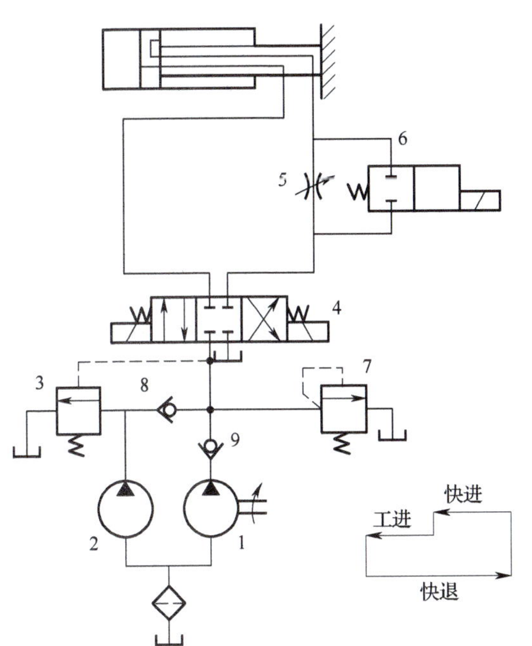

1- 高压小流量泵；2- 低压大流量泵；3- 卸荷阀；4- 主换向阀；5- 节流阀；6- 换阀阀；7- 溢流阀；8- 单向阀

图 5-38　双泵供油快速运动回路

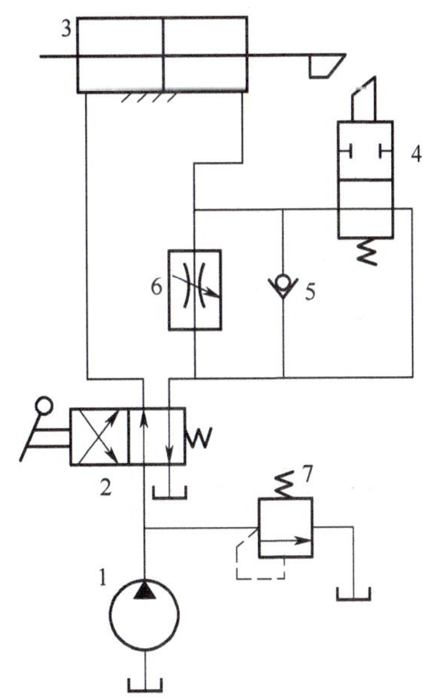

1- 液压泵；2- 换向阀；3- 液压缸；4- 行程阀；5- 单向阀；6- 调速阀；7- 溢流阀

图 5-39　用行程节流阀的速度换接回路

2. 工作进给运动的换接回路

在这种速度换接回路中，因为行程阀的通油路是由液压缸活塞的行程控制阀芯移动而逐渐关闭的，所以换接时的位置精度高，冲出量小，运动速度的变换也比较平稳。这种回路在机床液压系统中应用较多，它的缺点是行程阀的安装位置受一定限制（要由挡铁压下），所以有时管路连接稍复杂。行程阀也可以用电磁换向阀来代替，这时电磁阀的安装位置不受限制（挡铁只需要压下行程开关），但其换接精度及速度变换的平稳性较差。

思考与练习题

1. 流量控制阀就是依靠改变阀口通流面积的 ________ 或通流通道的 ________ 来控制流量的液压阀类。

2. 调速阀是 ________ 阀串接一个定差减压阀组合而成。

3. 分组在液压实训台上构建应用节流阀的液压调速回路。要求执行元件（液压缸）能实现快进—工进—停止（任意位置）的动作。

4. 如图 5-40 所示回路，已知 q_p=25 L/min，负载 F_L=40 kN，溢流阀的调定压力 p_y=5.4 MPa，液压缸的工作速度 v=18 cm/min，不考虑管路和液压缸的摩擦损失，计算：(1) 工进时的回路效率；(2) 负载 F_L=0 时，活塞的运动速度、回油腔压力。

5. 图 5-41 所示回路中，已知调速阀最小压差 ΔP=0.5 MPa，当负载 F 从 0 变化到 30 kN 时，活塞向右运动的稳定速度不变．求：(1) 溢流阀的最小调整压力 P_y。(2) 负载 F=0 时，泵的工作压力 P_P，液压缸回油腔压力 P_2。

6. 图示回路为中低压系列调速阀的回油路调速系统。溢流阀的调定压力 p_y=4 MPa，负载 F_L=31 kN，活塞直径 D=100 mm，活塞杆直径 d=50 mm，调速阀的最小稳定流量所需的最小压差为 ΔP=0.3 MPa，工作时发现液压缸速度不稳定。(1) 试分析原因；(2) 提出改进措施。

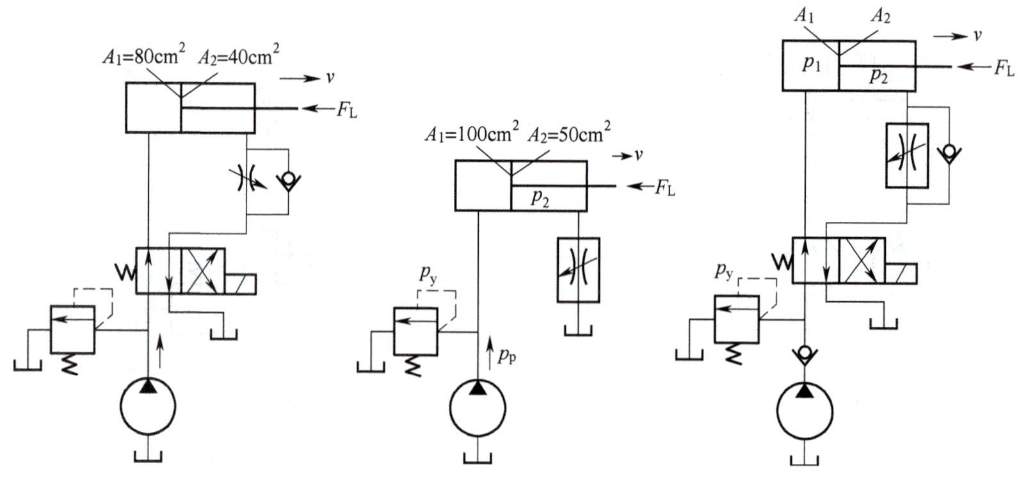

图 5-40　题 4 回路图　　图 5-41　题 5 回路图　　图 5-42　题 6 回路图

4 多缸动作回路的设计、分析与仿真

学习目标

一、基本目标

1. 认识换向、速度和压力控制回路的工作原理和组成。
2. 能看懂多缸动作回路图，分析其工作原理与特点。
3. 能够进行多缸动作回路的安装与调试，实现预定功能。

二、提高目标

1. 能建立简单的行程控制顺序动作回路。
2. 能分析气动系统图。
3. 能分析各液压阀的结构特点与控制方式。

任务描述

垃圾集装压实机：在最大工作压力 P=300 kPa=3 bar 的工况下，它装有预压实机（1.0），包括玻璃破碎机以及主压实机（2.0）。主压实机的最大工作压力 F=2 200 N，当压下启动开关按钮，预压实机前向运动，然后主压实机前向运动。两个气缸的回程运动是同步的。

当垃圾箱装满时，主压实机的气缸不能达到前端位置，这时两气缸的回程则由压力顺序阀来控制。压力顺序阀设置在 P=280 kPa=2.8 bar 时动作。

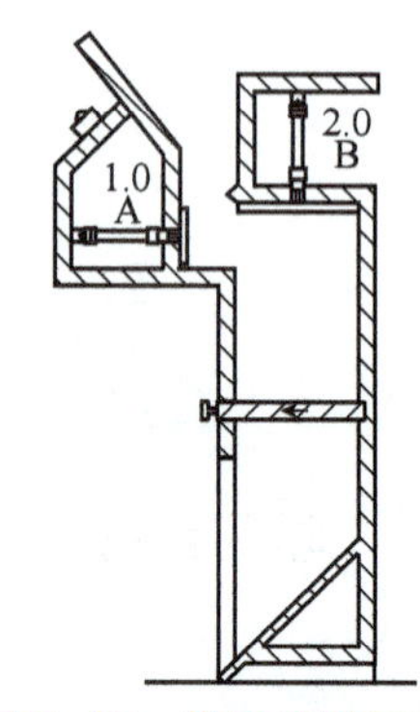

图 5-43　垃圾集装压实机

任务分析

这是一个多缸控制顺序回路，而且根据垃圾集装压实机的实际工作情况，还要求主压实机（2.0）在碰到垃圾中有硬物而不能向下压实时，能根据设定压力自动返回。

所需器材

完成该项任务时，需要用到的器材如表 5-10 所示。

表 5-10　所需器材

件号	数量	名称	符号
1	2	双作用缸	F=0
2	2	液控二位四通换向阀	A B P T
3	1	压力顺序阀	P X T
4	3	二位三通行程阀	A P T
5	1	二位三通旋钮阀	A P T

续表

件号	数量	名称	符号
6	1	梭阀	
7	1	液压源	
8	若干	连接油管	

必备知识

一、多缸动作回路

在液压系统中，如果用一个液压源驱动多个液压执行元件按一定的要求工作时，称这种回路为多缸控制回路。注意，在多个执行元件同时工作时，会因压力和流量的相互影响而在工作上彼此牵制。

顺序动作回路的功用是使多个执行元件按预计顺序依次动作。按控制方式可分为行程控制、压力控制和时间控制三种。

1. 行程控制顺序动作回路

（1）用行程阀的行程控制顺序动作回路。如图5-44所示，在图示状态下，A、B两液压缸的活塞均在右端。当推动手柄，使换向阀C左位工作，液压缸A左行，完成动作①；挡块压下行程阀D后，液压缸B左行，完成动作②；手动换向阀C复位后，液压缸A先复位，完成动作③；随着挡块后移，行程阀D复位后，液压缸B退回实现动作④，完成各工作循环。

（2）用行程开关的行程控制顺序动作回路。如图5-45所示，当换向阀C通电换向时，液压缸A左行完成动作①；液压缸A触动行程开关S_1，使行程阀D通电换向，控制液压缸B左行完成动作②；当液压缸B左行至触动行程开关S_2，使换向阀C断电时，缸液压A返回，实现动作③；液压缸A触动S_3，使行程阀D断电，液压缸B完成动作④；液压缸B触动开关S_4，使泵卸荷或引起其他动作，完成一个工作循环。

2. 压力控制顺序动作回路

（1）采用顺序阀的压力控制顺序动作回路。如图5-46所示，图中液压缸A可看作夹紧液压缸，液压缸B可看作钻孔液压缸，它们按①→②→③→④的顺序动作。

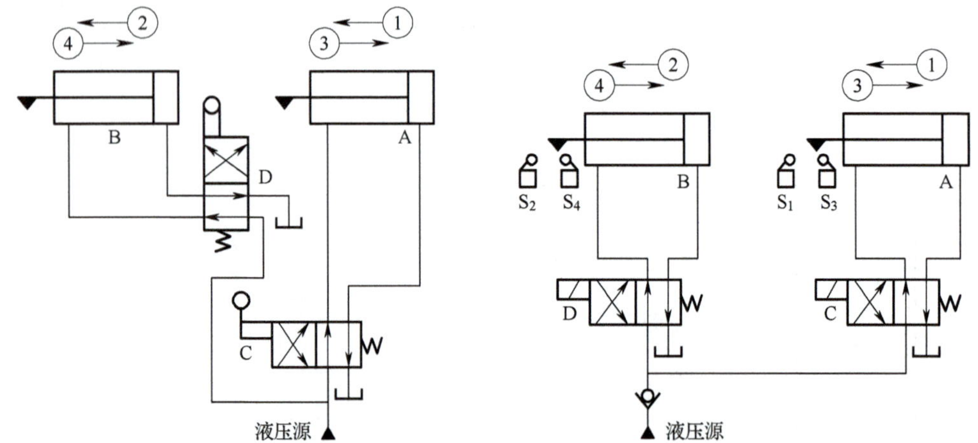

图 5-44 用行程阀的行程控制顺序动作回路　　图 5-45 用行程开关的行程控制顺序动作回路

当三位换向阀切换到左位工作、且顺序阀 D 的调定压力大于液压缸 A 的最大前进工作压力时，压力油先进入液压缸 A 的无杆腔，回油则经单向顺序阀 C 的单向阀、换向阀左位流回油箱，液压缸 A 向右运动，实现动作①（夹紧工件）。当工件夹紧后，液压缸 A 活塞不再运动，油液压力升高，压力油打开顺序阀 D 进入液压缸 B 的无杆腔，回油直接流回油箱，液压缸 B 向右运动，实现动作②（进行钻孔）；三位换向阀切换到右位工作、且顺序阀 C 的调定压力大于液压缸 B 的最大返回工作压力时，两液压缸按③和④的顺序返回，完成退刀和松开夹具的动作。

这种顺序动作回路的可靠性主要取决于顺序阀的性能及其压力的调定值。为保证动作顺序可靠，顺序阀的调定压力应比先动作的液压缸的最高工作压力高出 0.8 ~ 1 MPa，以避免系统压力波动造成顺序阀产生误动作。

（2）采用压力继电器的压力控制顺序动作回路。图 5-47 所示为使用压力继电器的压力控制顺序动作回路。当电磁铁 1YA 通电时，压力油进入液压缸 A 左腔，实现运动①。液压缸 A 的活塞运动到预定位置，碰上死挡铁后，回路压力升高。压力继电器 1DP 发出信号，控制电磁铁 3YA 通电。此时压力油进入液压缸 B 左腔，实现运动②。液压缸 B 的活塞运动到预定位置时，控制电磁铁 3YA 断电，4YA 通电，压力油进入液压缸 B 的右腔，使液压缸 B 活塞向左退回，实现运动③。当它到达终点后，回路压力又升高，压力继电器 2DP 发出信号，使电磁铁 1YA 断电，2YA 通电，压力油进入液压缸 A 的右腔，推动活塞向左退回，实现运动④。如此，完成①→②→③→④的动作循环。当运动④到终点时，压下行程开关，使 2YA、4YA 断电，所有运动停止。在这种顺序动作回路中，为了防止压力继电器误发信号，压力继电器的调整压力也应比先动作的液压缸的最高动作压力高 0.3 MPa ~ 0.5 MPa。为了避免压力继电器失灵造成动作失误，往往采用压力继电器配合行程开关构成“与门”控制电路，要求压力达到调定值，同时行程也到达终点才进入下一个顺序动作。表 5-4 列出图 5-47 回路中各电磁铁顺序动作结果，其中“+”表示电磁铁通电；“–”表示电磁铁断电。

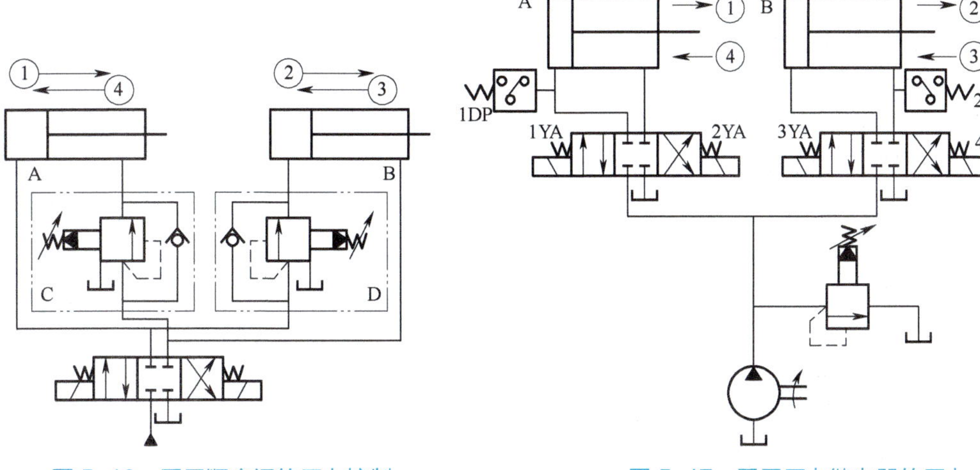

图 5-46　采用顺序阀的压力控制顺序动作回路

图 5-47　采用压力继电器的压力控制顺序动作回路

表 5-11　电磁铁动作顺序表

动作 \ 元件	1YA	2YA	3YA	4YA	1DP	2DP
①	+	−	−	−	−	−
②	+	−	+	−	+	−
③	+	−	−	+	−	−
④	−	+	−	+	−	+
复位	−	−	−	−	−	−

3. 时间控制控制顺序动作回路

这种回路是利用延时元件（如延时阀、时间继电器等）使多个缸按时间完成先后动作的回路。

图 5-48 所示为用延时阀来实现液压缸 3 和液压缸 4 工作行程的顺序动作回路。当阀 1 电磁铁通电，左位接入回路后，液压缸 3 实现动作①；同时压力油进入延时阀 2 中的节流阀 B，推动液动阀 A 缓慢左移，延续一定时间后，接通油路 a、b，油液才进入液压缸 4，实现动作②。通过调节节流阀开度，可以调节液压缸 3 和液压缸 4 先后动作的时间差。当换向阀 1 电磁铁断电时，压力油同时进入液压缸 3 和液压缸 4 右腔，使两液压缸反向，实现动作③。由于通过节流阀的流量受负载和温度的影响，所以延时不易准确，一般要与行程控制方式配合使用。

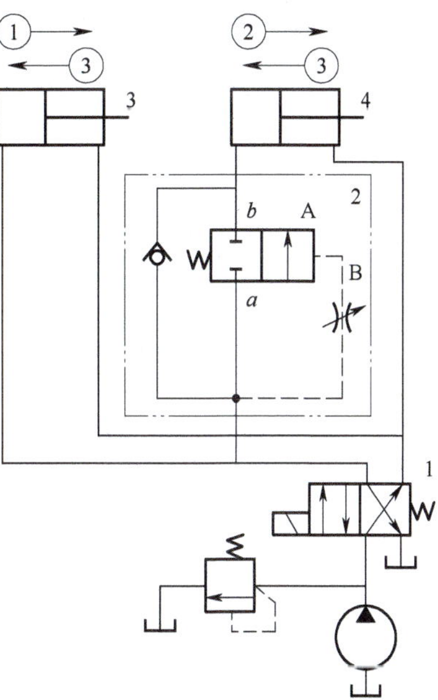

1- 阀；2- 延时阀；3、4- 液压缸

图 5-48　用延时阀的时间控制顺序动作回路

二、多缸同步回路

同步回路的功用是保证系统中的两个或多个液压缸（马达）在运动中以相同的位移或相同的速度（或固定的速比）运动。在多缸系统中，影响同步

精度的因素很多，如液压缸的负载、泄漏、摩擦阻力、制造精度、结构弹性变形以及油液中含气量，都会使运动不同步。

为此，同步回路应尽量克服或减少上述因素的影响。同步运动分速度同步和位置同步两类：前者是指各液压缸的运动速度相同，后者是要求各液压缸在运动中和停止时位置处处相同。有的机构仅要求终点位置同步。

1. 采用同步液压缸和同步马达的容积式同步回路

容积式同步回路是将两相等容积的油液分配到尺寸相同的两执行元件，实现两执行元件的同步。这种回路允许较大偏载，由偏载造成的压差不影响流量的改变，而只有因油液压缩和泄漏造成的微量偏差。因而同步精度高，系统效率高。

图 5-49 所示为采用同步液压马达（分流器）的同步回路。两个等排量的双向马达同轴刚性连接作配流装置（分流器），它们输出相同流量的油液分别送入两个有效工作面积相同的液压缸中，实现两液压缸同步运动。图中，与马达并联的节流阀 5 用于修正同步误差。本回路常用于重载、大功率同步系统。

图 5-50 所示为采用同步液压缸的同步回路。同步液压缸 3 由两个尺寸相同的双杆液压缸连接而成，当同步液压缸的活塞左移时，油腔 a 与 b 中的油液使液压缸 1 与液压缸 2 同步上升。若液压缸 1 的活塞先到达终点，则油腔 a 的余油经单向阀 4 和安全阀 5 排回油箱，油腔 b 的油继续进入液压缸 2 下腔，使之到达终点。同理，若液压缸 2 的活塞先到达终点，也可使液压缸 1 的活塞相继到达终点。

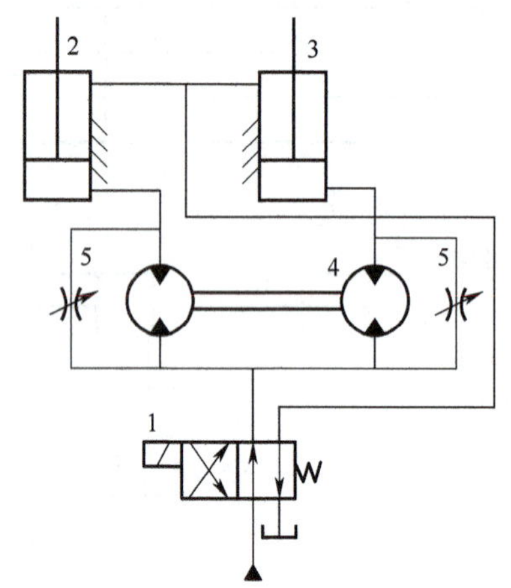

图 5-49 采用同步液压马达的同步回路

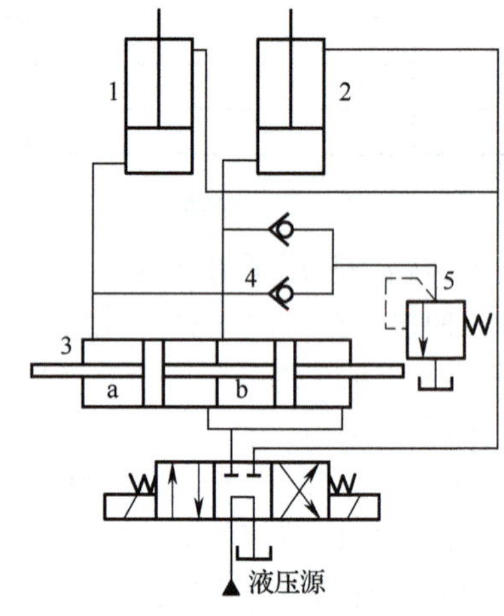

图 5-50 采用同步液压缸的同步回路

这种同步回路的同步精度取决于液压缸的加工精度和密封性，一般可达到 1% ~ 2%。由于同步液压缸一般不宜做得过大，所以这种回路仅适用于小容量的场合。

2. 采用带补偿装置的串联液压缸同步回路

图 5-51 所示为带补偿装置的串联液压缸同步回路，液压缸 1 的有杆腔 A 的有效面积与液压缸 2 的无杆腔 B 的面积相等，因此从 A 腔排出的油液进入 B 腔后，两液压缸便同步下降。由于执行元件的制造误差、内泄漏以及气体混入等因素的影响，在多次行程后，将使同步失调累积为显著的位置上的差异。为此，回路中设有补偿措施，使同步误差在每一次下行运动中都得到消除。其补偿原理是：当三位四通换向阀 6 右位工作时，两液压缸活塞同时下行，若液压缸 1 活塞先下行到终点，将触动行程开关 a，使换向阀 5 的电磁铁 3YA

通电，换向阀 5 处于右位，压力油经换向阀 5 和液控单向阀 3 向液压缸 2 的 B 腔补油，推动液压缸 2 活塞继续下行到终点。反之，若液压缸 2 活塞先运动到终点，则触动行程开关 b，使换向阀 4 的电磁铁 4YA 通电，换向阀 4 处于上位，控制压力油经换向阀 4，打开液控单向阀 3，液压缸 1 下腔油液经液控单向阀 3 及换向阀 5 回油箱，使液压缸 1 活塞继续下行至终点。这样两液压缸活塞位置上的误差即被消除。这种同步回路结构简单、效率高，但需要提高泵的供油压力，一般只适用于负载较小的液压系统中。

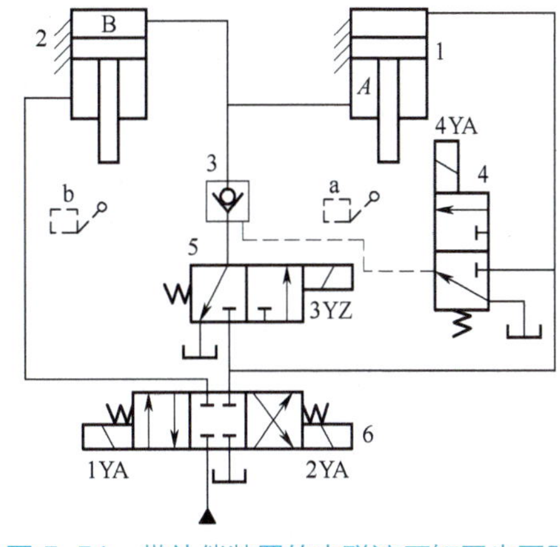

图 5–51　带补偿装置的串联液压缸同步回路

3. 采用流量阀控制的同步回路

图 5–52 所示为采用并联调速阀的同步回路。液压缸 5、6 并联，调速阀 1、3 分别串联在两液压缸的回油路上（也可安装在进油路上）。两个调速阀分别调节两液压缸活塞的运动速度。由于调速阀具有当外负载变化时仍然能够保持流量稳定这一特点，所以只要仔细调整两个调速阀开口的大小，就能使两个液压缸保持同步。换向阀 7 处于右位时，压力油可通过单向阀 2、4 使两液压缸的活塞快速退回。这种同步回路的优点是结构简单，易于实现多缸同步，同步速度可以调整，而且调整好的速度不会因负载变化而变化，但是这种同步回路只是单方向的速度同步，同步精度也不理想，效率低，且调整比较麻烦。

4. 采用分流集流阀控制的同步回路

图 5–53 所示为采用分流集流阀控制的速度同步回路。这种同步回路较好地解决了同步效果不能调整或不易调整的问题。

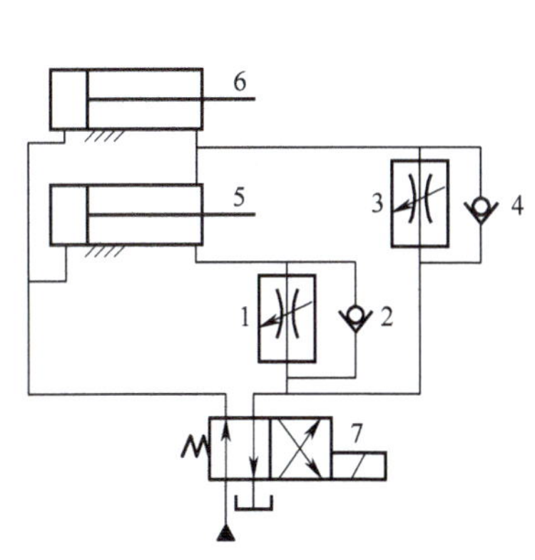

图 5–52　采用并联调速阀的同步回路

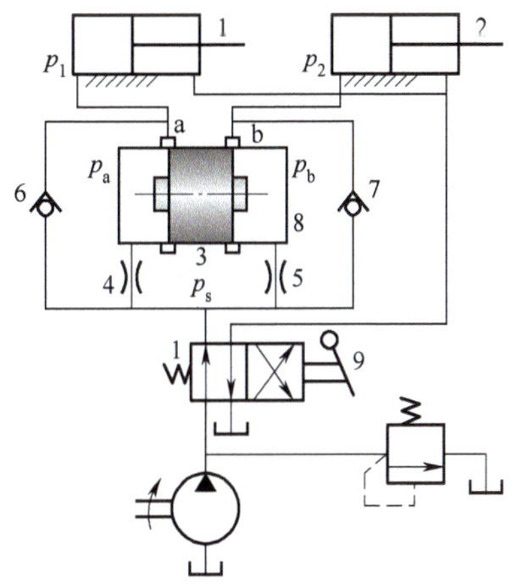

图 5–53　采用分流集流阀控制的速度同步回路

图中，液压缸 1 和 2 的有效工作面积相同。分流阀阀口的入口处有两个尺寸相同的固定节流器 4 和 5，分流阀的出口 a 和 b 分别接在两个液压缸的入口处，固定节流器与油源连接，分流阀阀体内并联了单向阀 6 和 7。阀口 a 和 b 是调节压力的可变节流口。

当二位四通阀 9 处于左位时，压力为 p_s 的压力油经过固定节流器，再经过分流阀上的 a 和 b 两个可变节流口，进入液压缸 1 和 2 的无杆腔，两液压缸的活塞向右运动。当作用在两液压缸的负载相等时，分流阀 8 的平衡阀芯 3 处于某一平衡位置不动，阀芯两端压力相等，即 $p_a = p_b$，固定节流器上的压力降保持相等，进入液压缸 1 和 2 的流量相等，所以液压缸 1、2 以相同的速度向右运动。如果液压缸 1 上的负载增大，分流阀左端的压力 p_a 上升，阀芯 3 右移，a 口加大，b 口减小，使压力 p_a 下降，p_b 上升，直到达到一个新的平衡位置时，再次达到 $p_a = p_b$，阀芯不再运动，此时固定节流器 4、5 上的压力降保持相等，液压缸速度仍然相等，保持速度同步。当电磁阀 9 断电复位时，液压缸 1 和 2 活塞反向运动，回油经单向阀 6 和 7 排回油箱。

分流集流阀只能实现速度同步。若某液压缸先到达行程终点，则可经阀内节流孔窜油，使各液压缸都能到达终点，从而消除积累误差。分流集流阀的同步回路简单、经济，纠偏能力大，同步精度可达 1% ~ 3%。但分流集流阀的压力损失大，效率低，不适用于低压系统，而且其流量范围较窄。当流量低于阀的公称流量过多时，分流精度显著降低。

5. 采用电液比例调速阀或电液伺服阀的同步回路

图 5-54 所示为用比例调速阀的同步回路，回路中使用一个普通调速阀和一个电液比例调速阀（它们各自装在由单向阀组成的桥式节流油路中）分别控制着液压缸 3 和液压缸 4 的运动，当两活塞出现位置误差时，检测装置就会发出信号，调节比例调速阀的开度，实现同步。

如图 5-55 所示，伺服阀 6 根据两个位移传感器 3 和 4 的反馈信号持续不断地控制其阀口的开度，使通过的流量与通过换向阀 2 阀口的流量相同，从而保证两液压缸同步运动。此回路可使两液压缸活塞在任何时候的位置误差都不超过 0.05 ~ 0.2 mm，但因伺服阀必须通过与换向阀同样大的流量，因此规格尺寸大、价格贵。此回路适用于两液压缸相距较远而同步精度要求很高的场合。

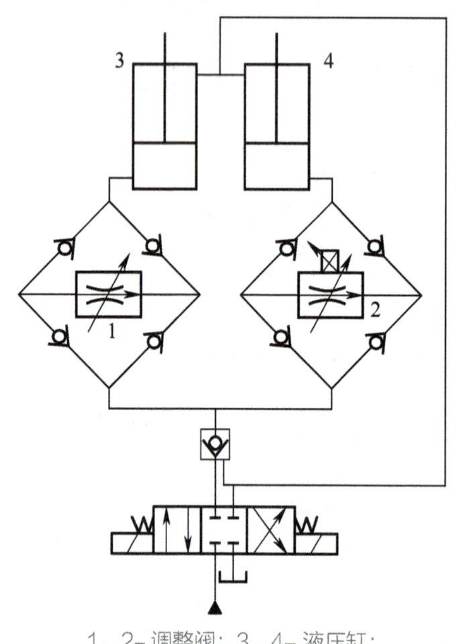

1，2- 调整阀；3，4- 液压缸；
5，6- 伺服阀；7- 溢流阀

图 5-54 用比例调速阀的同步回路

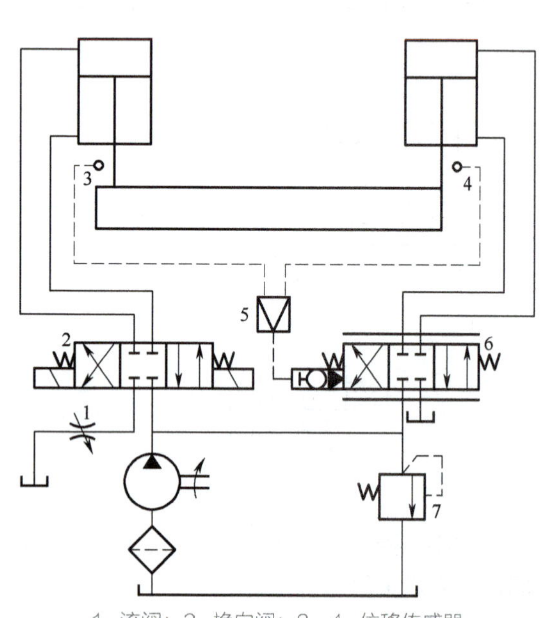

1- 流阀；2- 换向阀；3，4- 位移传感器

图 5-55 用电液伺服阀的同步回路

任务实施

根据垃圾集装压实机的要求进行回路设计（见图 5-56）及在软件上模拟仿真，成功后进行回路搭建。

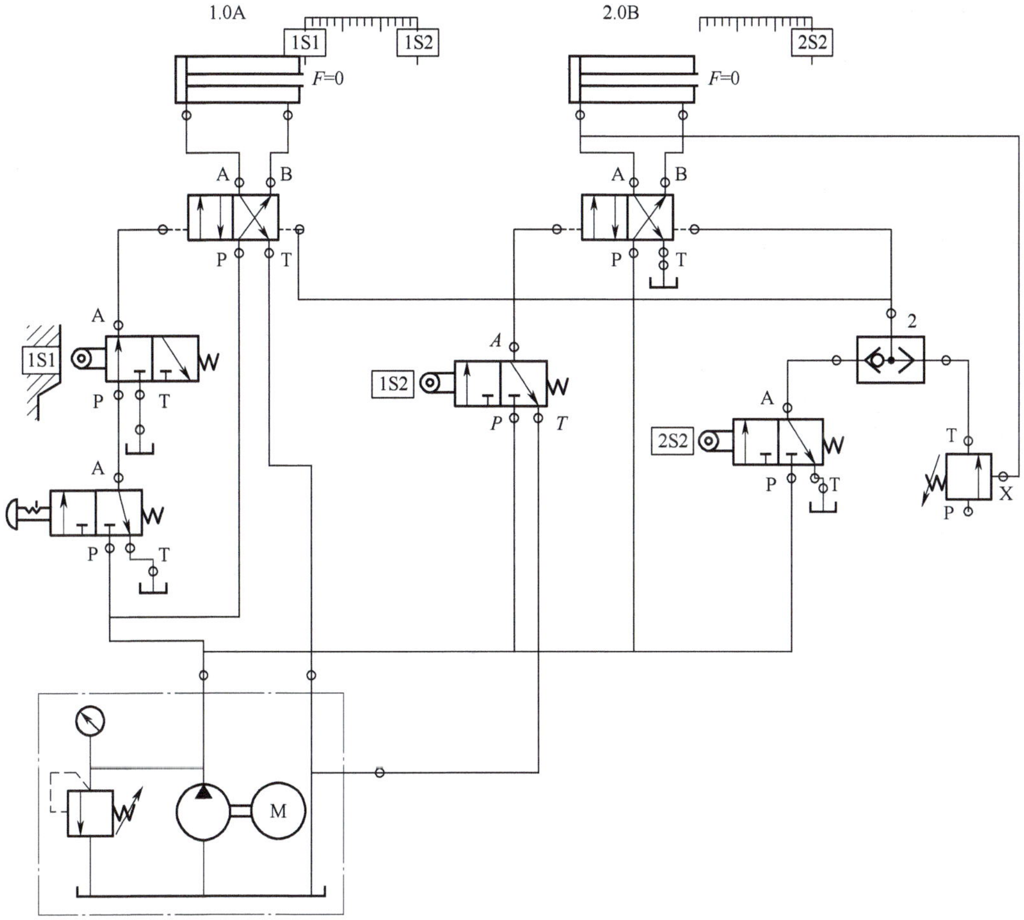

图 5-56　垃圾集装压实机参考液压回路

具体步骤：

（1）熟悉实训设备使用方法；

（2）计算所要求的参数；

（3）根据项目要求，设计回路，在仿真软件上进行调试运行；

（4）选择相应元器件，在实训台上组建回路并检查回路的功能是否正确；

（5）观察运行情况，对使用中遇到的问题进行分析和解决；

（6）完成实训并经老师检查评估后，关闭油泵，拆下管线，将元件放回原来位置，做好实训室 5S；

（7）完成实训报告。

任务评价

根据表 5-12，对任务完成情况进行评价。

表 5-12 任务评价表

序号	评价项目	评价内容	参考分	评分标准	得分
1	软件模拟仿真	根据项目要求在软件上进行回路设计及模拟仿真	20	回路设计合理，逻辑性强、易于理解	
2	原理说明	准确识读回路，对自己所搭建的回路陈述清晰，言简意赅	20	全面、准确讲解回路中各元器件名称及作用，正确解读回路的作用	
3	元器件选择	正确选择元器件的型号与数量	15	元器件的型号与数量选择正确	
4	实训操作步骤	操作步骤正确；思路清晰	20	按照回路图正确连接	
5	系统调试过程	能解决系统调试中出现的问题	15	能采用正确的方法解决系统调试中出现的问题	
6	劳动保护及安全文明	爱护设备及工具；遵守安全文明生产规程；具有成本控制及环保意识	10	着装整洁；保持工作环境清洁；执行安全操作规程；具有节约意识	
7	时间	45 分钟		提前正确完成，每 5 分钟加 2 分；超过规定时间，每 5 分钟减 2 分	
总分					

知识拓展

多缸工作时互不干涉回路

的功能是使系统中几个液压执行元件在完成各自工作循环时，彼此互不影响。如图 5-57 所示回路中，液压缸 11、12 分别要完成快速前进、工作进给和快速退回的自动工作循环。液压泵 1 为高压小流量泵，液压泵 2 为低压大流量泵，它们的压力分别由溢流阀 3 和 4 调节（调定压力 $p_{y3} > p_{y4}$）。开始工作时，电磁换向阀 9、10 的电磁铁 lYA、2YA 同时通电，液压泵 2 输出的压力油经单向阀 6、8 进入液压缸 11、12 的左腔，使两液压缸活塞快速向右运动。这时如果某一液压缸（例如液压缸 11）的活塞先到达要求位置，其挡铁压下行程阀 15，液压缸 11 右腔的工作压力上升，单向阀 6 关闭，液压泵 l 提供的油液经调速阀 5 进入液压缸 11，液压缸的运动速度下降，转换为工作进给，液压缸 12 仍可以继续快速前进。当两液压缸都转换为工作进给后，可使液压泵 2 卸荷（图中未表示卸荷方式），仅液压泵 l 向两液压缸供油。如果某一液压缸（例如液压缸 11）先完成工作进给，其挡铁压下行程开关 16，使电磁线圈 lYA 断电，此时液压泵 2 输出的油液可经单向阀 6、电磁阀 9 和单向阀 13 进入液压缸 11 右腔，使活塞快速向左退回（双泵供油），液压缸 12 仍单独由液压泵 l 供油继续进行工作进给，不受液压缸 11 运动的影响。

在这个回路中调速阀 5、7 调节的流量大于调速阀 14、18 调节的流量，这样两液压缸工作进给的速度分别由调速阀 14、18 决定。实际上，这种回路由于快速运动和慢速运动各由一个液压泵分别供油，所以能够达到两液压缸的快、慢运动互不干扰。

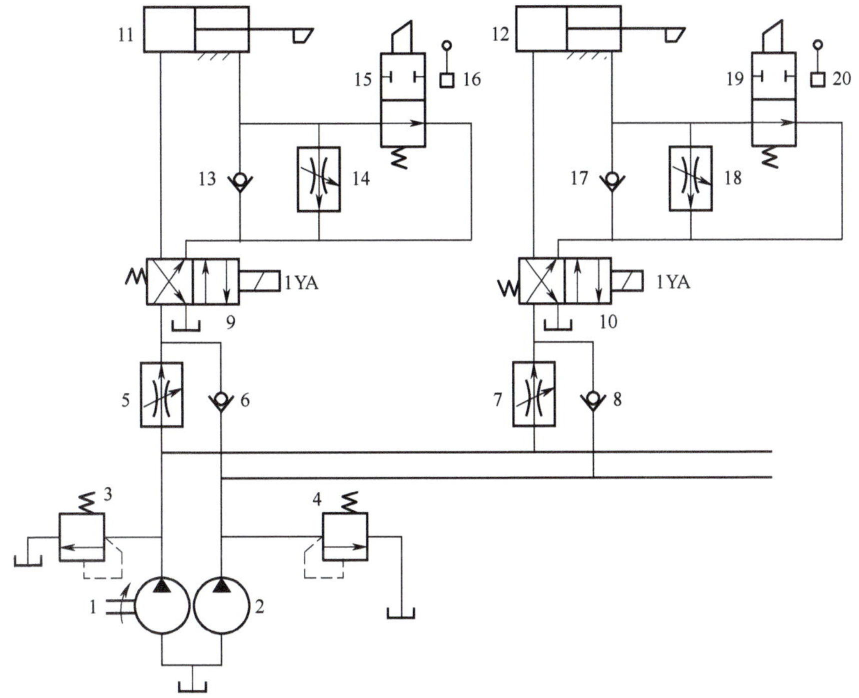

图 5-57　双泵供油的多缸快慢速互不干扰回路

思考与练习题

1. 试说明由行程阀与液动阀组成的自动换向回路的工作原理如图 5-58 所示。

2. 如图 5-59 所示，A、B 为完全相同的两个液压缸，负载 $F_1>F_2$。已知节流阀能调节液压缸速度并不计压力损失。试判断图（a）和图（b）中，哪个液压缸先动？哪个液压缸速度快？说明原因。

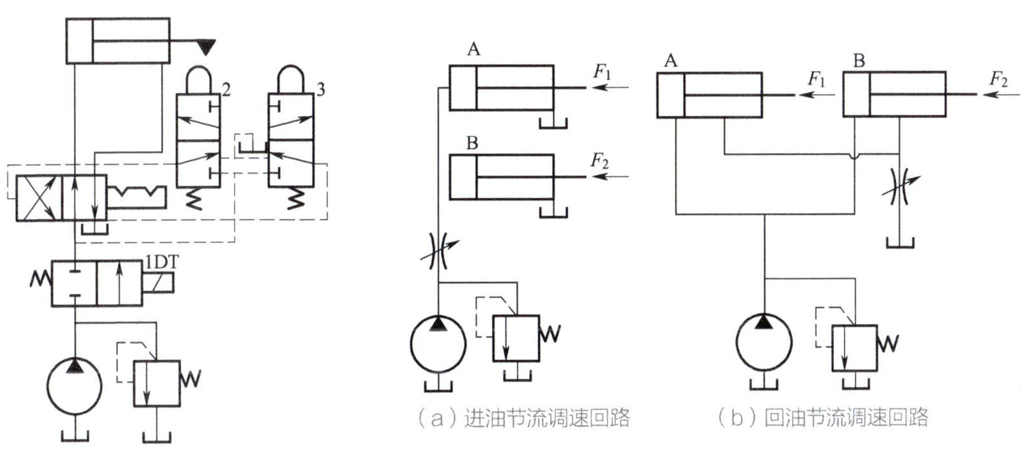

（a）进油节流调速回路　（b）回油节流调速回路

图 5-58　自动换向回路

图 5-59　节流调速回路

项目 6　典型液压设备的故障分析与排除

液压设备的种类繁多，在使用中免不了会出现一些故障，而液压设备是由机械、液压、电气等装置组合而成的，故出现的故障也是多种多样的。要排除故障，就必须要知晓液压系统常见故障的诊断分析与排除方法。本项目针对典型液压设备的故障进行了分析，包括 1 个工作任务，即组合机床液压系统的故障分析与排除。

任务　组合机床液压系统的故障分析与排除

学习目标

一、基本目标

1. 了解液压元件的维护要点及安全注意事项。
2. 了解液压系统安装与调试的一般规范、步骤和方法。
3. 熟悉液压故障的分析方法。
4. 掌握液压系统的故障排除方法。

二、提高目标

1. 能分析阅读较复杂的液压系统图。
2. 能对液压系统的工作循环进行分析。

任务描述

图 6-1 多功能组合机床

多功能组合机床（见图 6-1）的液压系统是用来实现零件夹紧和完成进给运动任务的部件，可实现多种进给工作循环。在工作过程中会出现速度调节失灵、泵卸荷时发热、振动严重等故障，那么，如何进行排除呢？

任务分析

根据图 6-2 所示多功能组合机床液压系统图可知，这台多功能组合机床实际上是一个双缸控制动作回路，采用电磁换向阀换向，分别有定位与夹紧→快进→一工进→二工进→停留→快退→停止→松开工件等动作。

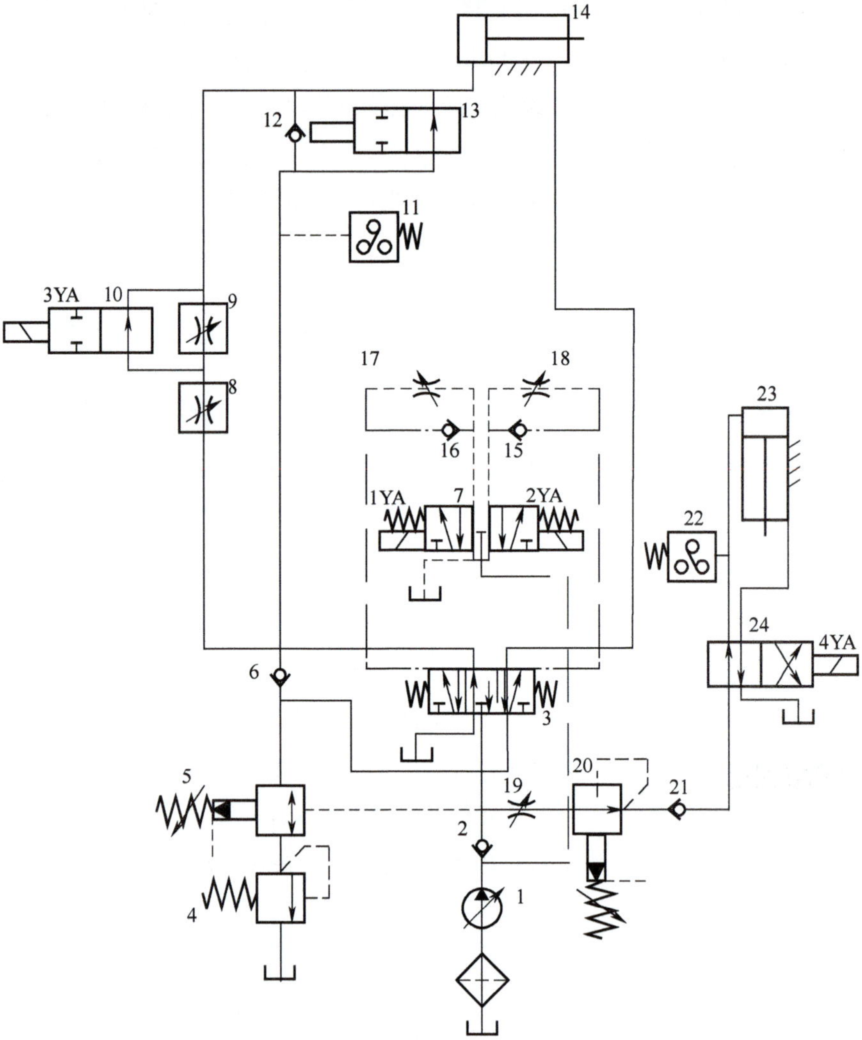

图 6-2 多功能组合机床液压系统图

液压设备是由机械、液压、电气等装置组合而成的，故出现的故障也是多种多样的。某一种故障现象可能由许多因素影响后造成的，因此分析液压故障必须能看懂液压系统原理图，对原理图中各个元件的作用有一个大体的了解，然后根据故障现象进行分析、判断，针对许多因素引起的故障原因需逐一分析，抓住主要矛盾，才能较好解决和排除。而造成故障的原因比较多，要排除故障，就必须知晓液压系统常见故障的诊断及消除方法以及针对液压回路进行分析研究。

必备知识

液压系统中工作液在元件和管路中的流动情况，外界是很难了解到的，所以给分析、诊断带来了较多的困难，因此要求维修人员具备较强分析判断故障的能力。在机械、液压、电气诸多复杂的关系中找出故障原因和部位并及时、准确加以排除。

一、故障诊断法的不同方法

1. 简易故障诊断法

简易故障诊断法是目前采用最普遍的方法，它是靠维修人员凭个人的经验，利用简单仪表根据液压系统出现的故障，客观地采用问、看、听、摸、闻等方法了解系统工作情况，进行分析、诊断、确定产生故障的原因和部位，具体做法如下：

（1）询问设备操作者，了解设备运行状况。其中包括：液压系统工作是否正常；液压泵有无异常现象；液压油检测清洁度的时间及结果；滤芯清洗和更换情况；发生故障前是否对液压元件进行了调节；是否更换过密封元件；故障前后液压系统出现过哪些不正常现象；过去该系统出现过什么故障，是如何排除的等，需逐一进行了解。

（2）看液压系统工作的实际状况，观察系统压力、速度、油液、泄漏、振动等是否存在问题。

（3）听液压系统的声音，如冲击声、泵的噪声及异常声，判断液压系统工作是否正常。

（4）摸温升、振动、爬行及连接处的松紧程度判定运动部件工作状态是否正常。

总之，简易诊断法只是一个简易的定性分析，对快速判断和排除故障，具有较广泛的实用性。

2. 液压系统原理图分析法

根据液压系统原理图分析液压传动系统出现的故障，找出故障产生的部位及原因，并提出排除故障的方法。液压系统图分析法是目前工程技术人员应用最为普遍的方法，它要求人们对液压知识具有一定基础并能看懂液压系统图掌握各图形符号所代表元件的名称、功能，对元件的原理、结构及性能也应有一定的了解，有了这样的基础，结合动作循环表对照分析、判断故障就很容易了。

所以认真学习液压基础知识，掌握液压原理图，是故障诊断与排除基础，也是其他故障分析法的基础，必须认真掌握。

3. 其他分析法

液压系统发生故障时，往往不能立即找出故障发生的部位和根源，为了避免盲目性，人们必须根据液压系统原理进行逻辑分析或采用因果分析等方法逐一排除，最后找出发生故障的部位，这就是用逻辑分析的方法查找出故障。

为了便于应用，故障诊断专家设计了逻辑流程图或其他图表对故障进行逻辑判断，为故障诊断提供了方便。

二、系统故障的消除方法

系统噪声、振动大的消除方法见表 6–1。系统压力不正常的消除方法见表 6–2。系统动作不正常的消除方法见表 6–3。系统液压冲击大的消除方法见表 6–4。系统油温过高的消除方法见表 6–5。

表 6–1　系统噪声、振动大的消除方法

故障现象及原因	消除方法
1. 泵中噪声、振动，引起管路、油箱共振	1. 在泵的进、出油口用软管连接 2. 泵不要装在油箱上，应将电动机和泵单独装在底座上，和油箱分开 3. 加大液压泵，降低电动机转数 4. 在泵的底座和油箱下面塞进防振材料 5. 选择低噪声泵，采用立式电动机将液压泵浸在油液中
2. 阀弹簧所引起的系统共振	1. 改变弹簧的安装位置 2. 改变弹簧的刚度 3. 把溢流阀改成外部泄油形式 4. 采用遥控的溢流阀 5. 完全排出回路中的空气 6. 改变管道的长短、粗细、材质、厚度等 7. 增加管夹使管道不致振动 8. 在管道的某一部位装上节流阀
3. 空气进入液压缸引起的振动	1. 很好地排出空气 2. 对液压缸活塞、密封衬垫涂上二硫化钼润滑脂即可
4. 管道内油流激烈流动的噪声	1. 加粗管道，使流速控制在允许范围内 2. 少用弯头多采用曲率小的弯管 3. 采用胶管 4. 油流紊乱处不采用直角弯头或三通 5. 采用消声器、蓄能器等
5. 油箱有共鸣声	1. 增厚箱板 2. 在侧板、底板上增设筋板 3. 改变回油管末端的形状或位置
6. 阀换向产生的冲击噪声	1. 降低电液阀换向的控制压力 2. 在控制管路或回油管路上增设节流阀 3. 选用带先导卸荷功能的元件 4. 采用电气控制方法，使两个以上的阀不能同时换向
7. 溢流阀、卸荷阀、液控单向阀、冲衡阀等工作不良，引起的管道振动和噪声	1. 适当处装上节流阀 2. 改变外泄形式 3. 对回路进行改造 4. 增设管夹

表 6–2　系统压力不正常的消除方法

故障现象及原因		消除方法
压力不足	溢流阀旁通阀损坏	修理或更换
	减压阀设定值太低	重新设定
	集成通道块设计有误	重新设计
	减压阀损坏	修理或更换
	泵、马达或缸损坏、内泄大	修理或更换

续表

故障现象及原因		消除方法
压力不稳定	油中混有空气	堵漏、加油、排气
	溢流阀磨损、弹簧刚性差	修理或更换
	油液污染、堵塞阀阻尼孔	清洗、换油
	蓄能器或充气阀失效	修理或更换
	泵、马达或缸磨损	修理或更换
压力过高	减压阀、溢流阀或卸荷阀设定值不对	重新设定
	变量机构不工作	修理或更换
	减压阀、溢流阀或卸荷阀堵塞或损坏	清洗或更换

表 6-3 系统动作不正常的消除方法

故障现象及原因		消除方法
系统压力正常执行元件无动作	电磁阀中电磁铁有故障	排除或更换
	限位或顺序装置（机械式、电气式或液动式）不工作或调得不对	调整、修复或更换
	机械故障	排除
	没有指令信号	查找、修复
	放大器不工作或调得不对	调整、修复或更换
	阀不工作	调整、修复或更换
	缸或马达损坏	修复或更换
执行元件动作太慢	泵输出流量不足或系统泄漏太大	检查、修复或更换
	油液黏度太高或太低	检查、调整或更换
	阀的控制压力不够或阀内阻尼孔堵塞	清洗、调整
	外负载过大	检查、调整
	放大器失灵或调得不对	调整修复或更换
	阀芯卡涩	清洗、过滤或换油
	缸或马达磨损严重	修理或更换
动作不规则	压力不正常	见表 6-2
	油中混有空气	加油、排气
	指令信号不稳定	查找、修复
	放大器失灵或调得不对	调整、修复或更换
	传感器反馈失灵	修理或更换
	阀芯卡涩	清洗、滤油
	缸或马达磨损或损坏	修理或更换

表 6-4 系统液压冲击大的消除方法

故障现象及原因		消除方法
换向时产生冲击	换向时瞬时关闭、开启，造成动能或势能相互转换时产生的液压冲击	1. 延长换向时间 2. 设计带缓冲的阀芯 3. 加粗管径、缩短管路
液压缸在运动中突然被制动所产生的液压冲击	液压缸运动时，具有很大的动量和惯性，突然被制动，引起较大的压力增值故产生液压冲击	1. 液压缸进出油口处分别设置，反应快、灵敏厚高的小型安全阀 2. 在满足驱动力时尽量减少系统工作压力，或适当提高系统背压 3. 液压缸附近安装囊式蓄能器

续表

故障现象及原因		消除方法
液压缸到达终点时产生的液压冲击	液压缸运动时产生的动量和惯性与缸体发生碰撞，引起的冲击	1. 在液压缸两端设缓冲装置 2. 液压缸进出油口处分别设置反应快，灵敏度高的小型溢流阀 3. 设置行程（开关）阀

表 6-5　系统油温过高的消除方法

1. 设定压力过高	适当调整压力
2. 溢流阀、卸荷阀、压力电器等卸荷回路的元件工作，不良	改正各元件工作不正常状况
3. 卸荷回路的元件调定值不适当：卸压时间短	重新调定，延长卸压时间
4. 阀的漏损大，卸荷时间短	修理漏损大的阀，考虑不采用大规格的阀
5. 高压小流量、低压大流量时不要由溢流阀溢流	变更回路，采用卸荷阀、变量泵
6. 因黏度低或泵有故障，增大了泵的内泄漏量，使泵壳温度升高	换油、修理、更换液压泵
7. 油箱内油量不足	加油，加大油箱
8. 油箱结构不合理	改进结构，使油箱周围温升均匀
9. 蓄能器容量不足或有故障	换大蓄能器，修理蓄能器
10. 需要安装冷却器，冷却器容量不足，冷却器有故障，进水阀门工作不良，水量不足，油温自动调节装置有故障	安装冷却器，加大冷却器，修理冷却器的故障，修理阀门，增加水量，修理调温装置
11. 溢流阀遥控口节流过量，卸荷的剩余压力高	进行适当调整
12. 管路的阻力大	采用适当的管径
13. 附近热源影响，辐射热大	采用隔热材料反射板或变更布置场所；设置通风、冷却装置等，选用合适的工作油液

三、液压件常见故障及处理

液压泵常见故障及处理见表 6-6。

表 6-6　液压泵常见故障及处理

故障现象	原因分析		消除方法
一、泵不输油	1. 泵不转	（1）电动机轴未转动 ①未接通电源 ②电气线路及元件故障	检查电气并排除故障
		（2）电动机发热跳闸 ①溢流阀调压过高，超载荷后闷泵 ②溢流阀阀芯卡，阀芯中心油孔堵塞或溢流阀阻尼孔堵塞，造成超压不溢流 ③泵出口单向阀装反或阀芯卡而闷泵 ④电动机故障	①调节溢流阀压力值 ②检修阀芯 ③检修单向阀 ④检修或更换电动
		（3）泵轴或电动机轴上无连接键 ①折断 ②漏装	①更换键 ②补装键

续表

故障现象	原因分析		消除方法
一、泵不输油	1．泵不转	（4）泵内部滑动副卡 ①配合间隙太小 ②零件精度差，装配质量差，齿轮与轴同轴度偏差太大；柱塞头部卡；叶片垂直度差；转子摆差太大，转子槽有伤口或叶片有伤痕受力后断裂而卡 ③油液太脏 ④油温过高使零件热变形 ⑤泵的吸油腔进入脏物而卡	①拆开检修，按要求选配间隙 ②更换零件，重新装配，使配合间隙达到要求 ③检查油质，过滤或更换油液 ④检查冷却器的冷却效果，检查油箱油量并加油至油位线 ⑤拆开清洗并在吸油口安装吸油过滤器
	2．泵反转	电动机转向不对 ①电气线路接错 ②泵体上旋向箭头错误	①纠正电气线路 ②纠正泵体上旋向箭头
	3．泵轴仍可转动	泵轴内部折断 ①轴质量差 ②泵内滑动副卡	①检查原因，更换新轴 ②处理见本表（一）1（4）
	4．泵不吸油	（1）油箱油位过低 （2）吸油过滤器堵塞 （3）泵吸油管上阀门未打开 （4）泵或吸油管密封不严 （5）泵吸油高度超标准且吸油管细长并弯头太多 （6）吸油过滤器过滤精度太高，或通油面积太小 （7）油的黏度太高 （8）叶片泵叶片未伸出，或卡 （9）叶片泵变量机构动作不灵，使偏心量为零 （10）柱塞泵变量机构失灵，如加工精度差，装配不良，配合间隙太小，泵内部摩擦阻力太大，伺服活塞、变量活塞及弹簧芯轴卡，通向变量机构的个别油道有堵塞以及油液太脏，油温太高，使零件热变形等 （11）柱塞泵缸体与配油盘之间不密封（如柱塞泵中心弹簧折断）， （12）叶片泵配油盘与泵体之间不密封	（1）加油至油位线 （2）清洗滤芯或更换 （3）检查打开阀门 （4）检查和紧固接头处，紧固泵盖螺钉，在泵盖结合处和接头连接处涂上油脂，或先向泵吸油口灌油 （5）降低吸油高度，更换管子，减少弯头 （6）选择合的过滤精度，加大滤油器规格 （7）检查油的黏度，更换适宜的油液，冬季要检查加热器的效果 （8）拆开清洗，合理选配间隙，检查油质，过滤或更换油液 （9）更换或调整变量机构 （10）拆开检查，修配或更换零件，合理选配间隙；过滤或更换油液；检查冷却器效果：检查油箱内的油位并加至油位线 （11）更换弹簧 （12）拆开清洗重新装配
二、液压泵运转不良	1．吸空现象严重	（1）吸油过滤器有部分，堵塞，吸油阻力大 （2）吸油管距油面较近 （3）吸油位置太高或油箱液位太低 （4）泵和吸油管口密封不严 （5）油的黏度过高	（1）清洗或更换过滤器 （2）适当加长调整吸油管长度或位置 （3）降低泵的安装高度或提高液位高度 （4）检查连接处和结合面的密封，并紧固 （5）检查油质，按要求选用油的黏度

续表

故障现象		原因分析	消除方法
二、液压泵运转不良	1. 吸空现象严重	（6）泵的转速太高（使用不当） （7）吸油过滤器通过面积过小， （8）非自吸泵的辅助泵供油量不足或有故障 （9）油箱上空气过滤器堵塞 （10）泵轴油封失效	（6）控制在最高转速以下 （7）更换通油面积大的滤器 （8）修理或更换辅助泵 （9）清洗或更换空气过滤器 （10）更换
	2. 吸入气泡	（1）油液中溶解一定量的空气，在工作过程中又生成的气泡 （2）回油涡流强烈生成泡沫 （3）管道内或泵壳内存有空气 （4）吸油管浸入油面的深度不够	（1）在油箱内增设隔板，将回油经过隔板消泡后再吸入，油液中加消泡剂 （2）吸油管与回油管要隔开一定距离，回油管口要插入油面以下 （3）进行空载运转，排除空气 （4）加长吸油管，往油箱中注油使其液面升高
	3. 液压泵运转不良	（1）泵内轴承磨损严重或破损 （2）泵内部零件破损或磨损 ①定子环内表面磨损严重 ②齿轮精度低，摆差大	（1）拆开清洗，更换 ①更换定子圈 ②研配修复或更换
	4. 泵的结构因素	（1）困油严重产生较大的流量脉动和压力脉动 ①卸荷槽设计不佳 ②加工精度差 （2）变量泵变量机构工作不良（间隙过小，加工精度差，油液太脏等） （3）双级叶片泵的压力分配阀工作不正常。（间隙过小，加工精度差，油液太脏等）	①改进设计，提高卸荷能力 ②提高加工精度 （2）拆开清洗，修理，重新装配达到性能要求，过滤或更换油液 （3）拆开清洗，修理，重新装配达到性能要求，过滤或更换油液
	5. 泵安装不良	（1）泵轴与电动机轴同轴度差 （2）联轴器安装不良，同轴度差并有松动	（1）重新安装达到技术要求，同轴度一般应达到 0.1 mm 以内 （2）重新安装达到技术并用顶丝紧固联轴器
三、液压泵效率低	1. 容积效率低	（1）泵内部滑动零件磨损严重 ①叶片泵配油盘端面磨损严重 ②齿轮端面与侧板磨损严重 ③齿轮泵轴承损坏，使泵体孔磨损严重 ④柱塞泵柱塞与缸体孔磨损严重 ⑤柱塞泵配油盘与缸体端面磨损严重 （2）泵装配不良 ①定子与转子、柱塞与缸体、齿轮与泵体、齿轮与侧板之间的间隙太大 ②叶片泵、齿轮泵泵盖上螺钉拧紧力矩不匀或有松动 ③叶片和转子反装 （3）油的粘度过低（如用错油或油温过高）	（1）拆开清洗，修理和更换 ①研磨配油盘端面 ②研磨修理侧板或更换 ③更换轴承并修理 ④更换柱塞并配研到要求间隙，清洗后重新装配 ⑤研磨两端面达到要求，清洗后重新装配 ①重新装配，按技术要求选配间隙 ②重新拧紧螺钉并达到受力均匀 ③纠正方向重新装配 （3）更换油液，检查油温过高原因，提出降温措施
	2. 供油量不足	非自吸泵的辅助泵供油量不足或有故障	修理或更换辅助泵

续表

故障现象		原因分析	消除方法
四、压力不足或压力升不高	1. 漏油严重	（1）泵内部滑动零件磨损严重 ①叶片泵配油盘端面磨损严重 ②齿轮端面与侧板磨损严重 ③齿轮泵轴承损坏，使泵体孔磨损严重	（1）拆开清洗，修理和更换 ①研磨配油盘端面 ②研磨修理侧板或更换 ③更换轴承并修理
	2. 驱动机构功率过小	（1）电动机输出功率过小 ①设计不合理 ②电动机有故障 （2）机械驱动机构输出功率过小	①核算电动机功率，若不足应更换 ②检查电动机并排除故障 （2）核算驱动功率并更换驱动机构
	3. 泵排量选得过大或压力调得过高	造成驱动机构或电动机功率不足	重新计算匹配压力，流量和功率，使之合理
五、压力不稳定，流量不稳定	1. 泵有吸气现象	参见本表（二）1、2	参见本表（二）1、2
	2. 油液过脏	个别叶片在转子槽内卡住或伸出困难	过滤或更换油液
	3. 泵装配不良	（1）个别叶片在转子槽内间隙过大，造成高压油向低压腔流动 （2）个别叶片在转子槽内间隙过小，造成卡住或伸出困难 （3）个别柱塞与缸体孔配合间隙过大，造成漏油量大	（1）拆开清洗，修配或更换叶片，合理选配间隙 （2）修配，使叶片运动灵活 （3）修配后使间隙达到要求
	4. 泵的结构因素	参见本表（二）4	参见本表（二）4
	5. 供油量波动	非自吸泵的辅助泵有故障	修理或更换辅助泵
六、异常发热	1. 装配不良	（1）间隙选配不当（如柱塞与缸体、叶片与转子槽、定子与转子、齿轮与测板等配合间隙过小，造成滑动部件过热烧伤） （2）装配质量差，传动部分同轴度未达到技术要求，运转时有别劲现象 （3）轴承质量差，或装配时被打坏，或安装时未清洗干净，造成运转时别劲 （4）经过轴承的润滑油排油口不畅通 ①回油口螺塞未打开（未接管子） ②安装时油道未清洗干净，有脏物堵住 ③安装时回油管弯头太多或有压扁现象	（1）拆开清洗，测量间隙，重新配研达到规定间隙 （2）拆开清洗，重新装配，达到技术要求 （3）拆开检查，更换轴承，重新装配 ①安装好回油管 ②清洗管道 ③更换管子，减少管头
	2. 管路故障	（1）泄油管压扁或堵 （2）泄油管管径太细，不能满足排油要求 （3）吸油管径细，吸油阻力大	（1）清洗更换 （2）更改设计，更换管子 （3）加粗管径、减少弯头、降低吸油阻力
	3. 受外界条件影响	外界热源高，散热条件差	清除外界影响，增设隔措施
	4. 内部泄漏大，容积效率过低而发热	参见本表（三）1	参见本表（三）1

续表

故障现象		原因分析	消除方法
七、轴封漏油	1. 安装不良	（1）密封件唇口装反 （2）骨架弹簧脱落 ①轴的倒角不适当，密封唇口翻开，使弹簧脱落 ②装轴时不小心，使弹簧脱落 （3）密封唇部粘有异物 （4）密封唇口通过花键轴时被拉伤 （5）油封装斜了 ①沟槽内径尺寸太小 ②沟槽倒角过小 （6）装配时造成油封严重变形 （7）密封唇翻卷 ①轴倒角太小 ②轴倒角处太粗糙	（1）拆下重新安装，拆装时不要损坏唇部若有变形或损伤应更换 ①按加工图纸要求重新加工 ②重新安装 （3）取下清洗，重新装配 （4）更换后重新安装 ①检查沟槽尺寸，按规定重新加工 ②按规定重新加工 （6）检查沟槽尺寸及倒角 （7）检查轴倒角尺寸和粗糙度，可用砂布打磨倒角处，装配时在轴倒角处涂上油脂
	2. 轴和沟槽加工不良	（1）轴加工错误 ①轴颈不适宜，使油封唇口部位磨损，发热 ②轴倒角不合要求，使油封唇口拉伤，弹簧脱落 ③轴颈外表有车削或磨削痕迹 ④轴颈表面粗糙使油封唇边磨损加快 （2）沟槽加工错误 ①沟槽尺寸过小，使油封装斜 ②沟槽尺寸过大，油从外周漏出 ③沟槽表面有划伤或其他缺陷，油从外周漏出	①检查尺寸，换轴。油封处的公差常用 h8 ②重新加工轴的倒角 ③重新修磨，消除磨削痕迹 ④重新加工达到图纸要求 （2）更换泵盖，修配沟槽达到配合要求
	3. 油封本身有缺陷	油封质量不好，不耐油或对液压油相容性差，变质、老化、失效造成漏油	更换相适应的油封橡胶件
	4. 容积效率过低	参见本表（三）1	参见本表（三）1
	5. 泄油孔被堵	泄油孔被堵后，泄油压力增加，造成密封唇口变形太大，接触而增加，摩擦产生热老化，使油封失效，引起漏油	清洗油孔，更换油封
	6. 外接泄油管径过细或管道过长	泄油困难，泄油压力增加	适当增大管径或缩短泄油管长度
	7. 未接泄油管	泄油管未打开或未接泄油管	打开螺塞接上泄油管

任务实施

步骤一 分析基本回路组成

多缸工作顺序动作回路：开启电源时，首先夹紧缸工作，当工件夹紧的时候，滑台开始运动工作。

换向回路：滑台运动到终点时，发出信号使换向阀换向，滑台快速退回。

减压回路：夹紧缸夹紧时所需的油压要小于滑台工作时的油压。

保压回路：夹紧缸夹紧工件时需要保压，单向阀使油路保压。

节流调速回路：夹紧缸的调速，改变回油路上节流阀的开口而改变夹紧缸的速度。

容积调速回路：第一次工进时，由于进油油路流量的改变导致叶片泵泵油容积的改变。

快速运动回路：采用差动连接，快进的时候右腔油液进入左腔。

速度换接回路：一工进切换到二工进时，电磁换向阀 20 左位接入油路。

步骤二 分析液压系统图工作原理

1. 辅助部分的定位与夹紧

进油路：过滤网→变量泵 1→单向阀 2→节流阀 19→减压阀 20→单向阀 21→电磁换向阀 24（左位）→液压缸上腔。

回油路：液压缸下腔→电磁换向阀 24（左位）→油箱。

2. 通用滑台快进

进油路：过滤网→变量泵 1→单向阀 2→液动换向阀 3（左位）→行程阀 13（右位）→液压缸 14 左腔。

回油路：液压缸 14 右腔→液动换向阀 3（左位）→单向阀 6→行程阀 13（右位）→液压缸 14 左腔。

3. 第一次工作进给

进油路：过滤网→变量阀 1→单向阀 2→液动换向阀 3（左位）→调速阀 8→电磁换向阀 10→液压缸 14 左腔。

回油路：液压缸 14 右腔→液动换向阀 7（左位）→顺序阀 5→背压阀 4→油箱。

4. 第二次工作进给

进油路：过滤网→变量泵 1→单向阀 2→液动换向阀 3（左位）→调速阀 8→调速阀 9→液压缸 14 左腔。

回油路：液压缸 14 右腔→液动换向阀 3（左位）→顺序阀 5→背压阀 4→油箱。

5. 死挡块停留及动力滑台快退

进油路：过滤网→变量泵 1→单向阀 2→液动换向阀 3(右位）→液压缸 14 右腔。

回油路：液压缸 14 左腔→单向阀 12→液动换向阀 3（右位）→油箱

6. 动力滑台原位停止

当动力滑台快速退回到原始位置时，滑台上的挡块压下行程开关，使电磁线圈 1YA、2YA、电磁换向阀 20 断电，这时液控换向阀处于中位，液压缸 24 两腔封闭，滑台停止运动。液压泵处于卸荷状态。

7. 辅助部分松开

进油路：过滤网→变量阀 1→单向阀 2→节流阀 19→减压阀 20→单向阀 21→电磁换向阀 24（右位）→液压缸 23 下腔。

回油路：液压缸 23 上腔→电磁换向阀 24（右位）→油箱。

电磁铁动作顺序表见表 6–7。

表 6–7　电磁铁动作顺序表

动作名称	信号来源
定位与夹紧	启动
快进	1YA 通电
一工进	挡块压下行程阀
二工进	挡块压下行程开关，电磁换向阀 20 通电
停留	滑台靠在死挡块上
快退	压力继电器发出信号，1YA 断电，2YA 得电
停止	挡块压下终点开关，电磁换向阀 20 和 2YA 都断电
松开工件	4YA 得电

步骤三　分析此液压系统的特点

系统采用了“限压式变量叶片泵 – 调速阀 – 背压阀”式的容积节流进口调速回路，能保证稳定的进给速度、较好的速度刚性和较大的调速范围。

系统采用了限压式变量泵和差动连接液压缸来实现快进，功率利用比较合理。滑台停止运动时，换向阀使液压泵在低压下卸荷，减少能量损耗。

采用行程阀和顺序阀实现快进与工进之间的速度换接，不仅简化了油路，而且使动作可靠，换接精度高。至于两个工作进给之间的换接，则由于两个工作进给速度都比较低，采用电磁阀完全能保证换接精度

夹紧缸与滑台的动力都是由一个泵来提供，减压阀使夹紧缸与滑台压力不同。经济实用。

夹紧缸回油路上的节流阀不仅可以调速还起到平稳夹紧缸的作用。

动力滑台的行程范围及有关加工行程，主要靠装置在滑台上的行程挡块来保证和调速。加速过程中，滑台在死挡块处得停留时间可用延时继电器来调节。

步骤四　故障分析、排除或与改进

1. 夹紧缸速度调节失灵

（1）节流阀与减压阀顺序不合理。由 $Q=C\cdot A_t\cdot \Delta P_t$，$v=Q/A$ 可知，减压阀 ΔP 为定值，直接调节节流阀的通道面积，即可控制加紧缸的速度。当节流阀调节夹紧缸速度时，通过节流阀的油液流量改变，油压也会有适当的变化，之后油液又经过了减压阀。压力的变化导致减压阀 20 的变化，最后使调节后的流量又发生了改变，所以会造成夹紧缸速度调节失灵，如图 6–3 所示。

（2）节流阀出现故障。节流阀是一种最简单又是最基本的流量控制阀。它是借助于控制机构使阀芯相对于阀体孔运动，以改变阀口的通流面积从而调节输出流量的阀类。通过节流阀芯上下移动改变节流口的开口量，从而实现对流量的调节。当阀芯卡死或进出油口被堵住时，节流阀失效。

2. 进给缸二工进速度调节失灵

工作进给缸二工进是由于油液经过调速阀 12、调速阀 19。速度调节失灵是因为进入液压缸 24 左腔的流量相对于缸一工进没有改变。问题可能有两个方面，一方面是电磁换向阀 20 工作失效，无法置于左位。另一方面是调速阀 19 的开口比调速阀 12 的大，当电磁换向阀 20 置于左位时，进入液压缸的流量没有改变而导致缸二工进速度调节失灵。

改进方法：换一个新的电磁换向阀。置换调速阀，使调速阀 12 的开口大于调速阀 19 的开口。

3. 泵在卸荷时发热振动严重

泵卸荷时发热可能是由于泵的动力传递损耗太高了，叶片泵的叶片磨损严重；也可能是油液冷却的不够充分，卸荷时进入油箱的油又被油泵给抽上来了；在泵卸荷时，有困油现象，油液始终在泵中，无法进入油箱冷却。

改进方法：检查泵芯零件，若磨损或损坏则更换；通过油箱板分开漏油管、回油管和吸油管，将回油管安装在使其回油在吸入泵前需要经过最远流动距离之处；设置油路的卸荷回路，当需要卸荷时，使油回到油箱冷却（见图 6-4）。

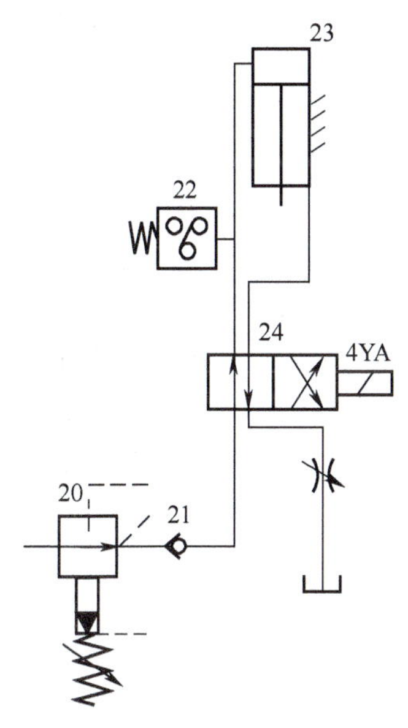

图 6-3 夹紧缸液压回路

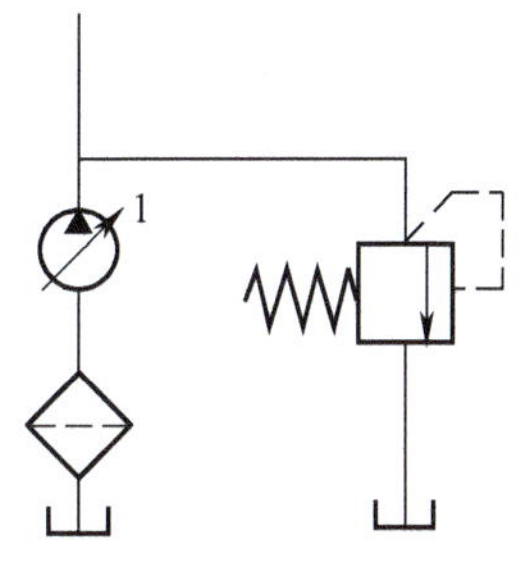

图 6-4 泵的卸荷回路

任务评价

根据表 6-8，对任务完成情况进行评价。

表 6-8 任务评价表

序号	评价项目	评价内容	参考分	评分标准	得分
1	分析回路	能正确分析整体回路由哪些基本回路组成	20	全面、准确讲解回路中的基本回路	

续表

序号	评价项目	评价内容	参考分	评分标准	得分
2	原理说明	准确识读回路，对回路陈述清晰，言简意赅	20	全面、准确讲解回路中各元器件名称及作用，正确解读回路的作用	
3	特点分析	正确分析此液压系统的特点	15	全面、准确地分析此液压系统的特点	
4	故障排除	故障分析、排除或与改进	20	能进行常见故障的排除	
5	系统调试过程	能解决系统调试中出现的问题	15	能采用正确的方法解决系统调试中出现的问题	
6	劳动保护及安全文明	爱护设备及工具；遵守安全文明生产规程；具有成本控制及环保意识	10	着装整洁；保持工作环境清洁；执行安全操作规程；具有节约意识	
7	时间	45 min		提前正确完成，每5分钟加2分；超过规定时间，每5分钟减2分	
总分					

知识拓展

一、液压系统的排气

长时间的运行，液压系统内积聚了一定的气体，为了避免气体对液压系统的机械性能造成不利影响，需要对液压系统进行排气处理，具体排气步骤和操作方法如下：

（1）断开储能开关 Fl，液压系统卸压至零，打开储能筒排气阀上的小螺栓并取下小螺栓，再松开储能筒上排气阀，不能取下，同时用内径为 14 mm 的聚氯乙烯透明塑料管套在排气阀上，并一直套到阀座的喇叭口上，塑料管的另一头塞进低压油箱的加油口，如图 6-5 ~ 图 6-8 所示。

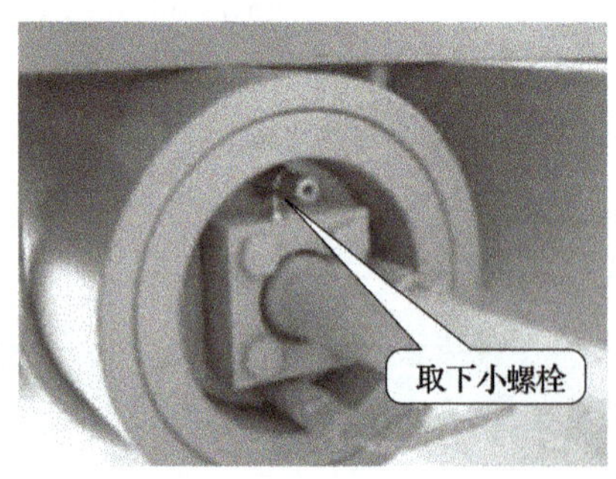

图 6-5　储能筒排气阀

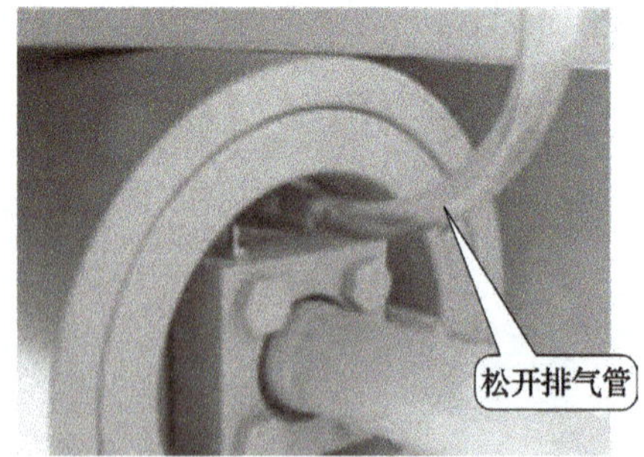

图 6-6　排气管连接（1）

（2）用同样的方法和程序连接液压缸以及防慢分装置排气阀。

（3）连接完毕后，合上储能开关 Fl，慢慢逆时针转动泄压阀小螺栓，直至泄压阀完全关闭。液压系统开始排气。

（4）观察相关排气口流出的液压油，直至无气泡为止。

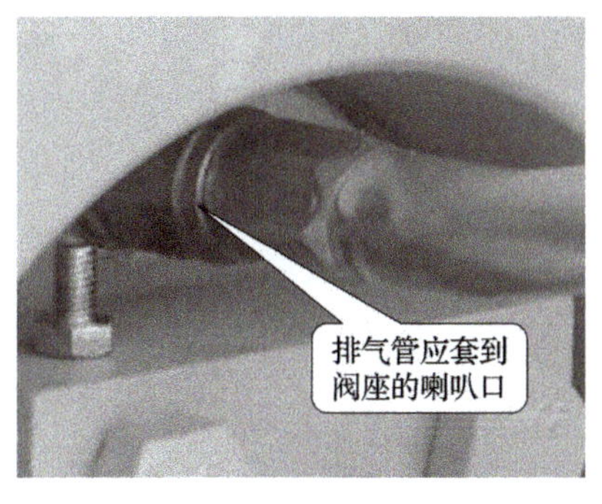

图 6-7　排气管连接（2）

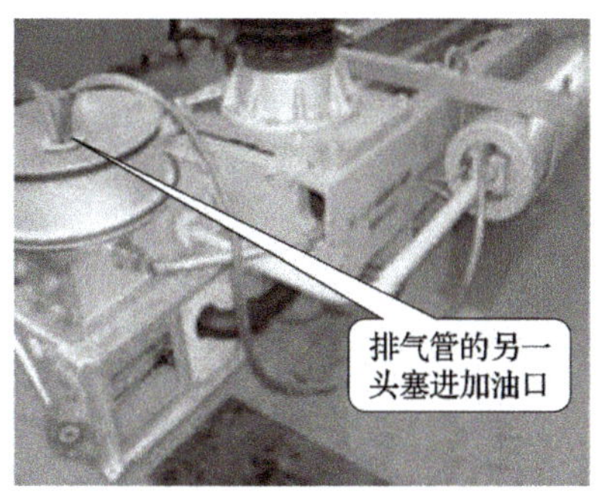

图 6-8　排气管连接（3）

（5）排气结束，拆除排气管：为了避免在拆除排气管时空气倒流进液压系统内，建议在油泵开启的情况下拆除，具体方法如下：顺时针转动泄压阀小螺栓，使泄压阀完全打开；关闭排气阀（带着排气管一起转动）；拆下排气管，把排气管内的油倒回油箱。

（6）盖好油箱盖，拧紧排气阀，装回小螺栓，清洁油迹，盖好排气阀黑盖。

（7）检查储能筒氮气预充压力、从零压开始的储能时间、分合分操作后的压力、重新储能的时间。

（8）检查结束，关闭泄压阀（逆时针松出小螺栓）并锁紧泄压阀小螺栓。

排气操作所需时间：根据液压系统内气体量的多少，所用的时间有所差异，以排尽气体为标准，一般情况为 1 ~ 2 小时。在实际的操作过程中，排气的同时，还需检查断路器相关的油压接点设定值，确认相关的油压接点动作值，以保证液压储能系统的正常运行。

二、危险控制及注意事项

（1）紧固排气阀小螺栓时，用力不得过大，避免拧断小螺栓。该小螺栓不起密封作用。

（2）紧固排气阀时，请适当用力以免密封圈过度变形而造成日后的漏油。

（3）在排气阀开启较小而卸压阀又完全关闭的情况下，会造成液压系统压力升高，存在液压油向外喷射而使排气管掉脱的可能，液压油有泄漏的风险。

（4）排气管的回油端需加以固定，回油时因液压油的重力作用而掉出油箱加油口，液压油有泄漏的风险。

（5）擦干清除油迹，以免影响运行检修人员对该部位是否存在泄漏的判断。

（6）登高作业有高空坠落的危险。

思考与练习题

1. 液压缸如何拆卸和装配？
2. 液压缸常见故障有哪些？应如何排除？
3. 液压马达与液压泵有何差异？
4. 液压系统的密封装置有哪些要求？密封装置的类型有哪些？各有什么特点？
5. 安装唇形密封圈时应注意什么问题？

项目7　气动基础知识及执行元件

尽管液压传动有许多优点，但在高净化、无污染的场合，比如食品、印刷、木材、纺织等工业环境下就不能使用，而气压传动设备就较为合适，因为压缩空气排出后基本不污染环境。在本项目中我们将认识气动的一些基础知识和讨论气压传动中的执行原件的结构特点。本项目包括1个工作任务，即认识气动平口钳。

认识气动平口钳

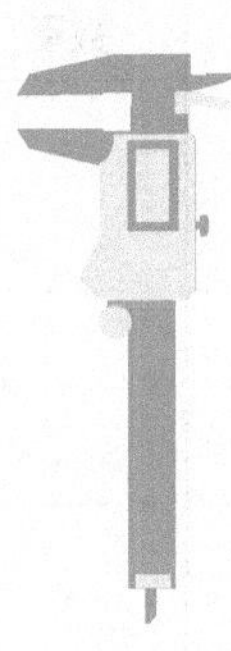

学习目标

一、基本目标

1. 了解常见的气源装置和气动辅助元件。
2. 理解并掌握常见气动元件和气动回路的结构特点及工作原理等。

二、提高目标

1. 能分析气动系统图。
2. 理解常见各种气动元件和气动回路的工作原理及作用。

任务描述

图 7-1 气动平口钳

气动平口钳（见图 7-1）是一种常用的夹紧装置，加工时用以自动夹紧工件，所夹工件的尺寸和夹紧力可根据需要进行调整，而这些要求都是通过气动系统来控制的。

本任务就是通过气动平口钳来了解气动系统的组成及各组成部分的具体作用。

任务分析

气动平口钳的气动控制系统与液压控制系统非常相似，通过气缸驱动活动钳口运动；调整气缸压力来调整夹紧力。气缸只是气动系统的一个组成部分，就像液压系统中的液压缸一样，除此之外，气动系统还包括哪些组成部分呢？它与液压系统又有哪些不同？让我们一起来学习一下。

所需器材

完成该项任务时，需要用到的器材如表 7-1 所示。

表 7-1 所需器材

件号	数量	名称	符号
1	1	双作用单出杆活塞缸	
2	1	二位五通单气控换向阀	4 2 5 3
3	1	旋钮式二位三通手动换向阀	2 1 3
4	1	气动二联件	
5	1	气源	
6	若干	气管	

必备知识

气压传动与控制技术简称“气动技术”，它是以空气压缩机为动力源，以压缩空气为工作介质进行能量传递或信号传递的工程技术，是实现各种生产控制、自动化作业的重要手段之一。

气压传动是以气体为介质，在密闭容器里进行能量的传递。

一、气压传动

1. 空气的组成和它的物理性能

空气的主要成分有氮气、氧气和一定量的水蒸气。

含水蒸气的空气称为湿空气，不含水蒸气的空气称为干空气。

空气的密度小，黏度较液体的黏度小很多，且随温度的升高而升高。

空气的压缩性和膨胀性远大于固体和液体的压缩性和膨胀性。

压缩空气一旦冷却下来，相对湿度将大大增加，到温度降到露点以后，水蒸气就要凝析出来。

2. 气压传动的组成部分

气压传动，是以压缩空气为工作介质进行能量传递和信号传递的一门技术。气压传动的工作原理是利用空压机把电动机或其他原动机输出的机械能转换为空气的压力能，然后在控制元件的作用下，通过执行元件把压力能转换为直线运动或回转运动形式的机械能，从而完成各种动作，并对外做功。由此可知，气压传动系统和液压传动系统类似，也是由四部分组成的，它们是：

（1）气源装置。它是获得压缩空气的装置。其主体部分是空气压缩机，它将原动机供给的机械能转变为气体的压力能。

（2）控制元件。它是用来控制压缩空气的压力、流量和流动方向的，以便使执行机构完成预定的工作循环，它包括各种压力控制阀、流量控制阀和方向控制阀等。

（3）执行元件。它是将气体的压力能转换成机械能的一种能量转换装置。它包括实现直线往复运动的气缸和实现连续回转运动或摆动的气马达或摆动马在等。

（4）辅助元件。它是保证压缩空气的净化、元件的润滑、元件间的连接及消声等所必需的，它包括过滤器、油雾器、管接头及消声器等。

3. 气压传动的优缺点

气动技术发展很快，它被广泛应用于机械、电子、轻工、纺织、食品、医药、包装、冶金、石化、航空、交通运输等各个工业部门。气动机械手、组合机床、加工中心、生产自动线、自动检测和实验装置等已大量涌现，它们在提高生产效率、自动化程度、产品质量、工作可靠性和实现特殊工艺等方面显示出极大的优越性。

1）气压传动的优点

（1）工作介质是空气，与液压油相比可节约能源，而且取之不尽、用之不竭。气体不易堵塞流动通道，用之后可将其随时排入大气中，不污染环境。

（2）空气的特性受温度影响小。在高温下能可靠地工作，不会发生燃烧或爆炸。且温度变化时，对空气的黏度影响极小，故不会影响传动性能。

（3）空气的黏度很小（约为液压油的万分之一），所以流动阻力小，在管道中流动的压力损失较小，所以便于集中供应和远距离输送。

（4）相对液压传动而言，气动动作迅速、反应快，一般只需 0.02 ~ 0.3 s 就可达到工作压力和速度。液压油在管路中流动速度一般为 1 ~ 5m/s，而气体的流速最小也大于 10m/s，有时甚至达到音速，排气时甚至达到超音速。

（5）气体压力具有较强的自保持能力，即使压缩机停机，关闭气阀，装置中仍然可以维持一个稳定的压力。液压系统要保持压力，一般需要能源泵继续工作或另加蓄能器，而气体通过自身的膨胀性来维持承载缸的压力不变。

（6）气动元件可靠性高、寿命长。电气元件可运行百万次，而气动元件可运行 2 000 万～ 4 000 万次。

（7）工作环境适应性好，特别是在易燃、易爆、多尘埃、强磁、辐射、振动等恶劣环境中，比液压、电子、电气传动和控制优越。

（8）气动装置结构简单，成本低，维护方便，过载能自动保护。

2）气压传动的缺点

（1）由于空气的可压缩性较大，气动装置的动作稳定性较差，外载变化时，对工作速度的影响较大。

（2）由于工作压力低，气动装置的输出力或力矩受到限制。在结构尺寸相同的情况下，气压传动装置比液压传动装置输出的力要小得多。气压传动装置的输出力不宜大于 10 ～ 40 kN。

（3）气动装置中的信号传动速度比光、电控制速度慢，所以不宜用于信号传递速度要求十分高的复杂线路中。同时实现生产过程的遥控也比较困难，但对一般的机械设备，气动信号的传递速度是能满足工作要求的。

（4）噪声较大，尤其是在超音速排气时要加消声器。

综上所述，气压传动与其他传动的比较见表 7–2。

表 7–2　气压传动与其他传动的比较

类型		操作力	动作快慢	环境要求	构造	负载变化影响	操作距离	无级调速	工作寿命	维护	价格
气压传动		中等	较快	适应性好	简单	较大	中距离	较好	长	一般	便宜
液压传动		最大	较慢	不怕振动	复杂	有一些	短距离	良好	一般	要求高	稍贵
电传动	电气	中等	快	要求高	稍复杂	几乎没有	远距离	良好	较短	要求较高	稍贵
	电子	最小	最快	要求特高	最复杂	没有	远距离	良好	短	要求更高	最贵
机械传动		较大	一般	一般	一般	没有	短距离	较困难	一般	简单	一般

二、气源装置

气压传动系统中的气源装置是为气动系统提供满足一定质量要求的压缩空气，它是气压传动系统的重要组成部分。由空气压缩机产生的压缩空气，必须经过降温、净化、减压、稳压等一系列处理后，才能供给控制元件和执行元件使用。而用过的压缩空气排向大气时，会产生噪声，应采取措施，降低噪声，改善劳动条件和环境质量。

1. 对气源装置的要求

对压缩空气的要求如下：

（1）要求压缩空气具有一定的压力和足够的流量。

（2）要求压缩空气有一定的清洁度和干燥度。

因此气源装置必须设置一些除油、除水、除尘，并使压缩空气干燥，提高压缩空气质量，进行气源净化处理的辅助设备。

2. 压缩空气站的设备组成及布置

压缩空气站的设备一般包括产生压缩空气的空气压缩机和使气源净化的辅助设备。图 7–2 是压缩空气站设备组成及布置示意图。

在图 7–2 中，1 为空气压缩机，用以产生压缩空气，一般由电动机带动。其吸气口装有空气过滤器以减少进入空气压缩机的杂质量。2 为后冷却器，用以降温冷却压缩空气，使净化的水凝结出来。3 为油水分离器，用以分离并排出降温冷却的水滴、油滴、杂质等。4 为贮气罐，用以贮存压缩空气，稳定压缩空气的压力并除去部分油分和水分。5 为干燥器，用以进一步吸收或排除压缩空气中的水分和油分，使之成为干燥空气。6 为过滤器，用以进一步过滤压缩空气中的灰尘、杂质颗粒。7 为贮气罐。贮气罐 4 输出的压缩空气可用于一般要求的气压传动系统，贮气罐 7 输出的压缩空气可用于要求较高的气动系统（如气动仪表及射流元件组成的控制回路等）。气动三大件的组成及布置由用气设备确定，图中未画出。

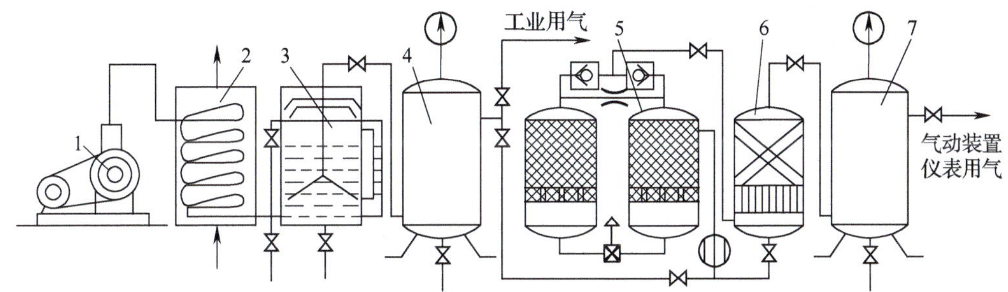

1- 空气压缩机；2- 后冷却器；3- 油水分离器；4、7- 贮气罐；5- 干燥器；6- 过滤器

图 7–2　压缩空气站设备组成及布置示意图

3. 空气压缩机的工作原理

气压传动系统中最常用的空气压缩机是往复活塞式，其工作原理如图 7–3 所示。当活塞 3 向右运动时，气缸 2 内活塞左腔的压力低于大气压力，吸气阀 9 被打开，空气在大气压力作用下进入气缸 2 内，这个过程称为“吸气过程”。当活塞向左移动时，吸气阀 9 在缸内压缩气体的作用下而关闭，缸内气体被压缩，这个过程称为压缩过程。当气缸内空气压力增高到略高于输气管内压力后，排气阀 1 被打开，压缩空气进入输气管道，这个过程称为“排气过程”。活塞 3 的往复运动是由电动机带动曲柄转动，通过连杆、滑块、活塞杆转化为直线往复运动而产生的。图中只表示了一个活塞一个缸的空气压缩机，大多数空气压缩机是多缸多活塞的组合。

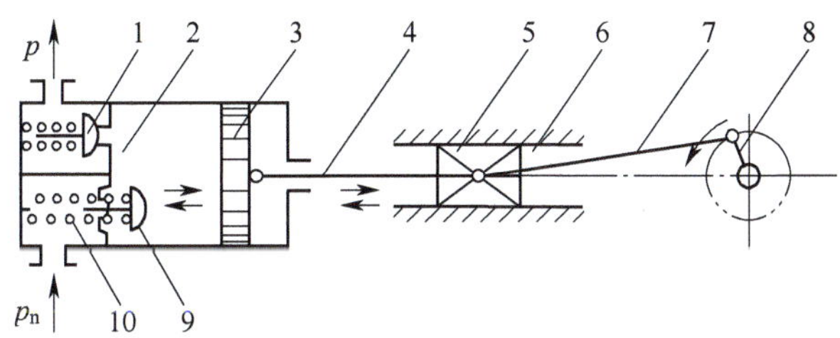

1- 排气阀；2- 气缸；3- 活塞；4- 活塞杆；5、6- 十字头与滑道；7- 连杆；8- 曲柄；9- 吸气阀；10- 弹簧

图 7–3　往复活塞式空气压缩机工作原理图

三、气动辅助元件

气动辅助元件分为气源净化装置和其他辅助元件两大类。

1. 气源净化装置组成部分

压缩空气净化装置一般包括：后冷却器、油水分离器、贮气罐、干燥器、过滤器等。

（1）冷却器。后冷却器安装在空气压缩机出口处的管道上。它的作用是将空气压缩机排出的压缩空气温度由 140℃ ~ 170℃降至 40℃ ~ 50℃。这样就可使压缩空气中的油雾和水汽迅速达到饱和，使其大部分析出并凝结成油滴和水滴，以便经油水分离器排出。后冷却器的结构形式有：蛇形管式、列管式、散热片式、管套式。冷却方式有水冷和气冷两种方式，蛇形管和列管式后冷却器的结构如图 7-4 所示。

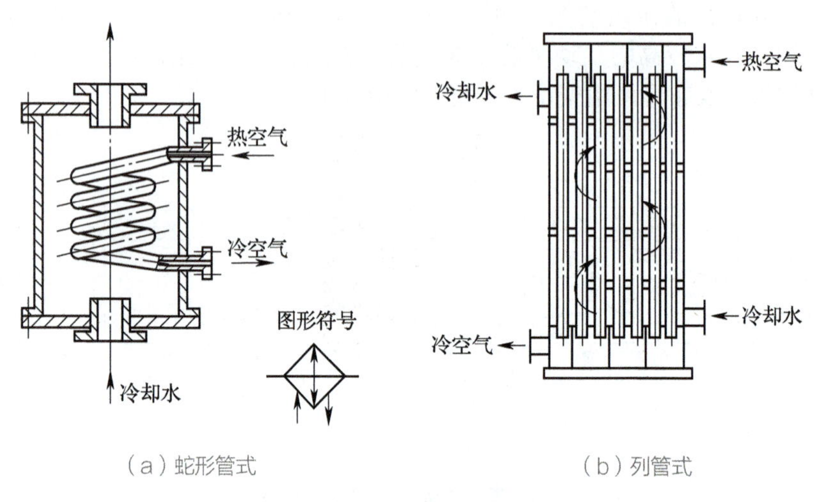

（a）蛇形管式　　（b）列管式

图 7-4　后冷却器

（2）油水分离器。油水分离器安装在后冷却器出口管道上，它的作用是分离并排出压缩空气中凝聚的油分、水分和灰尘杂质等，使压缩空气得到初步净化。油水分离器的结构形式有环形回转式、撞击折回式、离心旋转式、水浴式以及以上形式的组合使用等。图 7-5 所示为撞击折回并回转式油水分离器的结构形式及图形符号，它的工作原理是：当压缩空气由入口进入分离器壳体后，气流先受到隔板阻挡而被撞击折回向下（见图中箭头所示流向）；之后又上升产生环形回转，这样凝聚在压缩空气中的油滴、水滴等杂质受惯性力作用而分离析出，沉降于壳体底部，由放水阀定期排出。

为提高油水分离效果，应控制气流在回转后上升的速度不超过 0.3 ~ 0.5 m/s。

（3）贮气罐。贮气罐的主要作用是：

①储存一定数量的压缩空气，以备发生故障或临时需要应急使用；

②消除由于空气压缩机断续排气而对系统引起的压力脉动，保证输出气流的连续性和平稳性；

③进一步分离压缩空气中的油、水等杂质。

贮气罐一般采用焊接结构，以立式居多，其结构如图 7-6 所示。

（4）干燥器。经过后冷却器、油水分离器和贮气罐后得到初步净化的压缩空气，已满足一般气压传动的需要。但压缩空气中仍含一定量的油、水以及少量的粉尘。如果用于精密的气动装置、气动仪表等，上述压缩空气还必须进行干燥处理。

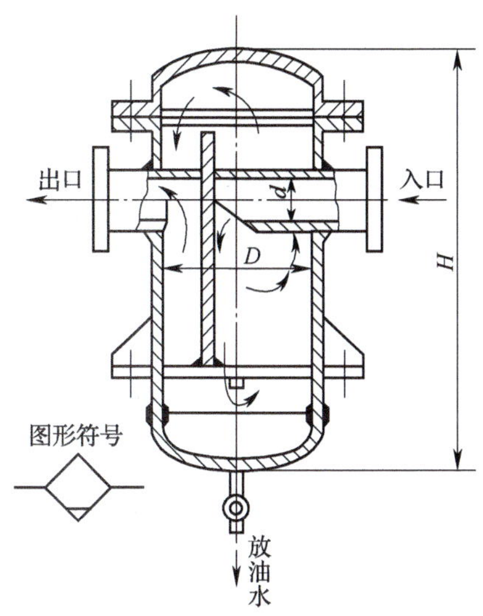

图 7-5 撞击折回并回转式油水分离器结构及图形符号

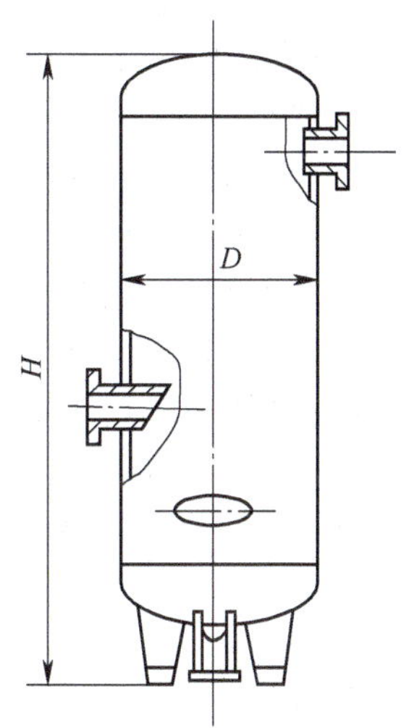

图 7-6 贮气罐结构图

压缩空气干燥方法主要采用吸附法和冷却法。

吸附法是利用具有吸附性能的吸附剂（如硅胶、铝胶或分子筛等）来吸附压缩空气中含有的水分，而使其干燥；冷却法是利用制冷设备使空气冷却到一定的露点温度，析出空气中超过饱和水蒸气部分的多余水分，从而达到所需的干燥度。吸附法是干燥处理方法中应用最为普遍的一种方法。吸附式干燥器的结构如图 7-7 所示。它的外壳呈筒形，其中分层设置栅板、吸附剂、滤网等。湿空气从管1进入干燥器，通过吸附剂 21、过滤网 20、上栅板 19 和下部吸附层 16 后，因其中的水分被吸附剂吸收而变得很干燥。然后，再经过钢丝网 15、下栅板 14 和过滤网 12，干燥、洁净的压缩空气便从输出管 8 排出。

（5）过滤器。空气的过滤是气压传动系统中的重要环节。不同的场合，对压缩空气的要求也不同。过滤器的作用是进一步滤除压缩空气中的杂质。常用的过滤器有一次性过滤器（也称简易过滤器，滤灰效率为 50% ~ 70%）和二次过滤器（滤灰效率为 70% ~ 99%）。在要求高的特殊场合，还可使用高效率的过滤器（滤灰效率大于 99%）。

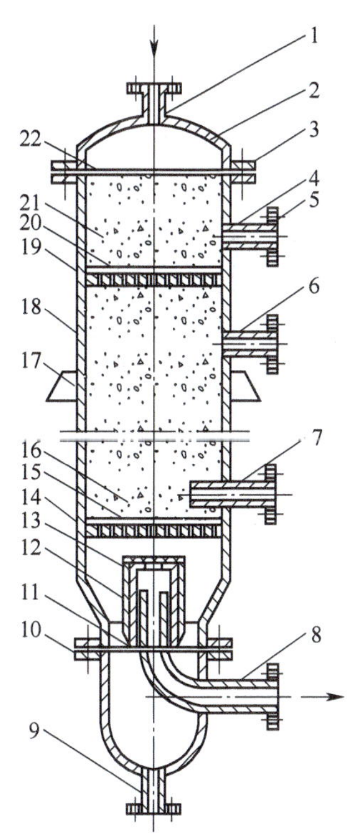

1- 湿空气进气管；2- 顶盖；3、5、10- 法兰；4、6- 再生空气排气管；7- 再生空气进气管；8- 干燥空气输出管；9- 排水管；11、22- 密封座；12、15、20- 钢丝过滤网；13- 毛毡；14- 下栅板；16、21- 吸附剂层；17- 支撑板；18- 筒体；19- 上栅板；

图 7-7 吸附式干燥器结构图

①一次过滤器。图 7-8 所示为一种一次过滤器的结构图及图形符号，气流由切线方向进入筒内，在离心力的作用下分离出液滴，然后气体由下而上通过多片钢板、毛毡、硅胶、焦炭、滤网等过滤吸附材料，干燥清洁的空气从筒顶输出。

②分水滤气器。分水滤气器滤灰能力较强，属于二次过滤器。它和减压阀、油雾器一起被称为气动三联件，是气动系统不可缺少的辅助元件。普通分水滤气器的结构及图形符号如图 7-9 所示。其工作原理如下：压缩空气从，输入口进入后，被引入旋风叶子 1，旋风叶子上有很多小缺口，使空气沿切线反向产生强烈的旋转，这样夹杂在气体中的较大水滴、油滴 / 灰尘（主要是水滴）便获得较大的离心力，并高速与存水杯 3 内壁碰撞，而从气体中分离出来，沉淀于存水杯 3 中，然后气体通过中间的滤芯 2，部分灰尘、雾状水被滤芯 2 拦截而滤去，洁净的空气便从输出口输出。挡水板 4 是防止气体漩涡将杯中积存的污水卷起而破坏过滤作用。为保证分水滤气器正常工作，必须及时将存水杯中的污水通过排水阀 5 放掉。在某些人工排水不方便的场合，可采用自动排水式分水滤气器。

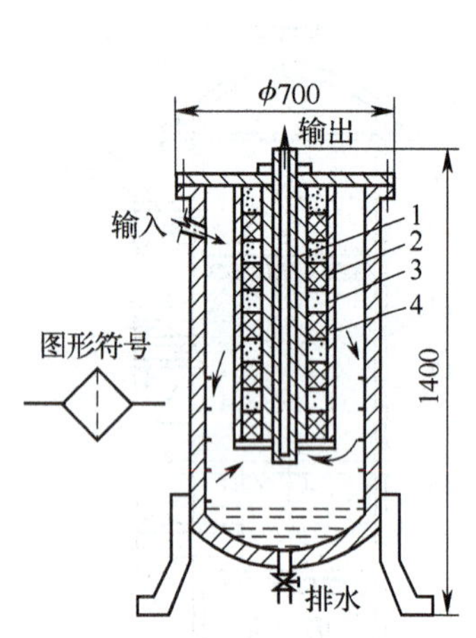

1-ϕ10 密孔网；2-280 目细钢丝网；3- 焦炭；4- 硅胶等

图 7-8 一次过滤器结构图及图形符号

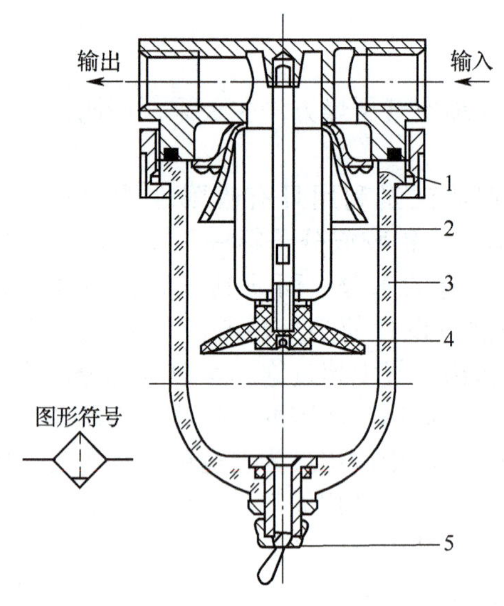

1- 旋风叶子；2- 滤芯；3- 存水杯；4- 挡水板；5- 手动排水阀

图 7-9 普通分水滤气器结构图及图形符号

存水杯由透明材料制成，便于观察工作情况、污水情况和滤芯污染情况。滤芯目前采用铜粒烧结而成。发现油泥过多，可采用酒精清洗，干燥后再装上，可继续使用。这种过滤器只能滤除固体和液体杂质。因此，使用时应尽可能装在能使空气中的水分变成液态的部位或防止液体进入的部位，如气动设备的气源入口处。

2. 其他辅助元件

（1）油雾器。油雾器是一种特殊的注油装置。它以空气为动力，使润滑油雾化后，注入空气流中，并随空气进入需要润滑的部件，达到润滑的目的。

图 7-10 是普通油雾器（又称一次油雾器）的结构简图。当压缩空气由输入口进入后，通过喷嘴 1 下端的小孔进入阀座 4 的腔室内，在截止阀的钢球 2 上下表面形

成压差，由于泄漏和弹簧3的作用，而使钢球处于中间位置，压缩空气进入存油杯5的上腔使油面受压，压力油经吸油管6将单向阀7的钢球顶起，钢球上部管道有一个方形小孔，钢球不能将上部管道封死，压力油不断流入视油器9内，再滴入喷嘴1中，被主管气流从上面小孔引射出来，雾化后从输出口输出。节流阀8可以调节流量，使滴油量在每分钟0 ~ 120滴内变化。

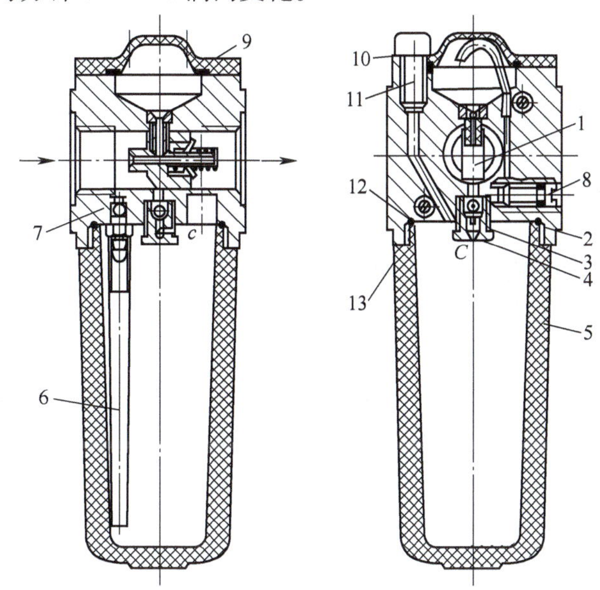

1- 喷嘴；2- 钢球；3- 弹簧；4- 阀座；5- 存油杯；6- 吸油管；7- 单向阀
8- 节流阀；9- 视油器；10、12- 密封垫；11- 油塞；13- 螺母、螺钉

图 7-10　普通油雾器（一次油雾器）结构简图

二次油雾器能使油滴在雾化器内进行两次雾化，使油雾粒度更小、更均匀，输送距离更远。二次雾化粒径可达5 μm。

油雾器的选择主要是根据气压传动系统所需额定流量及油雾粒径大小来进行。所需油雾粒径在50μm左右选用一次油雾器。若需油雾粒径很小可选用二次油雾器。油雾器一般应配置在滤气器和减压阀之后，用气设备之前较近处。

（2）消声器。在气压传动系统之中，气缸、气阀等元件工作时，排气速度较高，气体体积急剧膨胀，会产生刺耳的噪声。噪声的强弱随排气的速度、排量和空气通道的形状而变化。排气的速度和功率越大，噪声也越大，一般可达100 ~ 120 dB，为了降低噪声可以在排气口装消声器。

消声器就是通过阻尼或增加排气面积来降低排气速度和功率，从而降低噪声的。

气动元件使用的消声器一般有三种类型：吸收型消声器、膨胀干涉型消声器和膨胀干涉吸收型消声器。常用的是吸收型消声器。图7-11是吸收型消声器的结构简图及

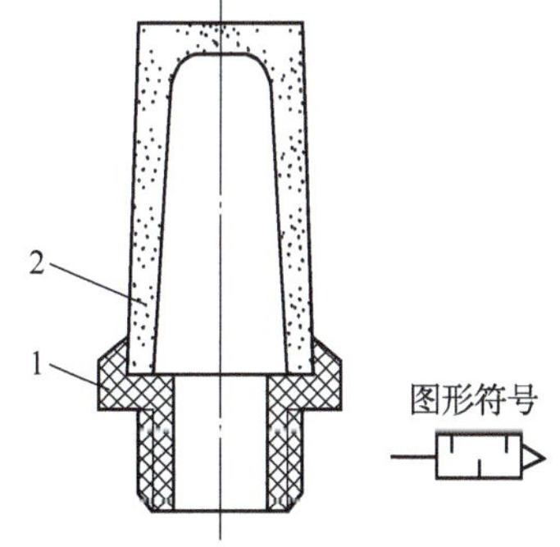

1- 连接螺丝；2- 消声罩

图 7-11　吸收型消声器结构简图及图形符号

图形符号。这种消声器主要依靠吸音材料消声。消声罩 2 为多孔的吸音材料，一般用聚苯乙烯或铜珠烧结而成。当消声器的通径小于 20 mm 时，多用聚苯乙烯作消音材料制成消声罩；当消声器的通径大于 20 mm 时，消声罩多用铜珠烧结，以增加强度。其消声原理是：当有压气体通过消声罩时，气流受到阻力，声能量被部分吸收而转化为热能，从而降低了噪声强度。

吸收型消声器结构简单，具有良好的消除中、高频噪声的性能。消声效果大于 20dB。在气压传动系统中，排气噪声主要是中、高频噪声，尤其是高频噪声，所以采用这种消声器是合适的。在主要是中、低频噪声的场合，应使用膨胀干涉型消声器。

（3）管道连接件。管道连接件包括管子和各种管接头。有了管子和各种管接头，才能把气动控制元件、气动执行元件以及辅助元件等连接成一个完整的气动控制系统，因此，实际应用中，管道连接件是不可缺少的。

管子可分为硬管和软管两种。如总气管和支气管等一些固定不动的、不需要经常装拆的地方，使用硬管。连接运动部件和临时使用、希望装拆方便的管路应使用软管。硬管有铁管、铜管、黄铜管、紫铜管和硬塑料管等；软管有塑料管、尼龙管、橡胶管、金属编织塑料管以及挠性金属导管等等。常用的是紫铜管和尼龙管。

气动系统中使用的管接头的结构及工作原理与液压管接头基本相似，分为卡套式、扩口螺纹式、卡箍式、插入快换式等。

四、气动三大件的安装次序

气动三大件（又称为气动三联件），就是过滤器、减压阀和油雾器的组件。但在有些有自润滑机能的气动原件厂家中，只需配备二联件即可（不需油雾器）。

1. 三大件中所用的减压阀的作用

气动三大件中所用的减压阀，起减压和稳压作用，工作原理与液压系统减压阀相同。

2. 气动三大件的安装次序

气动系统中气动三大件的安装次序如图 7-12 所示。目前新结构的三大件插装在同一支架上，形成无管化连接，如图 7-13 所示。其结构紧凑、装拆及更换元件方便，应用普遍。

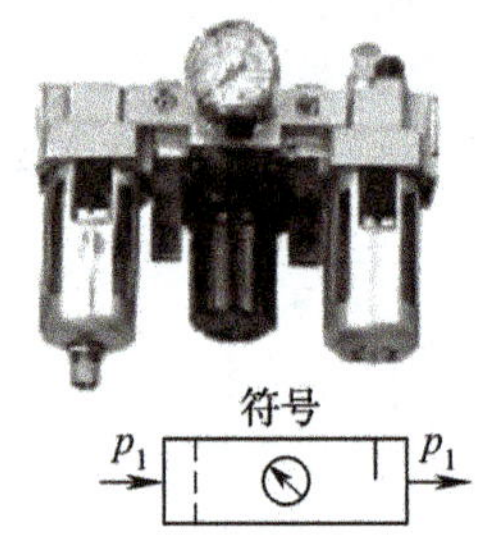

图 7-12 气动三大件的安装次序

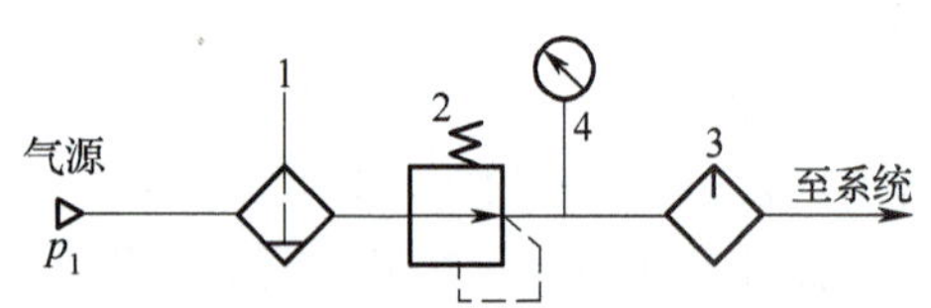

1- 空气过滤器；2- 减压阀；3- 油雾器；4- 压力表

图 7-13 气动三联件的结构图与职能符号

任务实施

根据气动平口钳的要求进行回路设计及在软件上模拟仿真，成功后方可进行回路搭建。

步骤一　气路控制原理分析

当旋转下按钮，按钮的左端接通回路，将压缩空气通向末端控制元件（方向控制阀），使方向控制阀（二位五通）的左端接通回路，气缸左端进入空气，活塞杆伸出，平口钳进行夹紧；当旋回按钮后，弹簧力使旋钮阀（二位三通）返回，方向控制阀的右端接通回路，气缸右端进入空气，活塞杆缩回，平口钳松开。

步骤二　回路搭建

按照图 7–14 所示气动平口钳系统回路图，选择元件和搭建回路，如图 7–14 所示。按图接好管线后，调试与检测气压，调试双作用气缸到位情况与步骤次序等，分析和解决在实训中出现不正常情况，根据要求记录下实训结果。

实训指导：

（1）元件在实训底板上安装的位置应与示意图所示的安装位置相一致；

（2）根据回路图，用塑料软管和它原件连接起来。

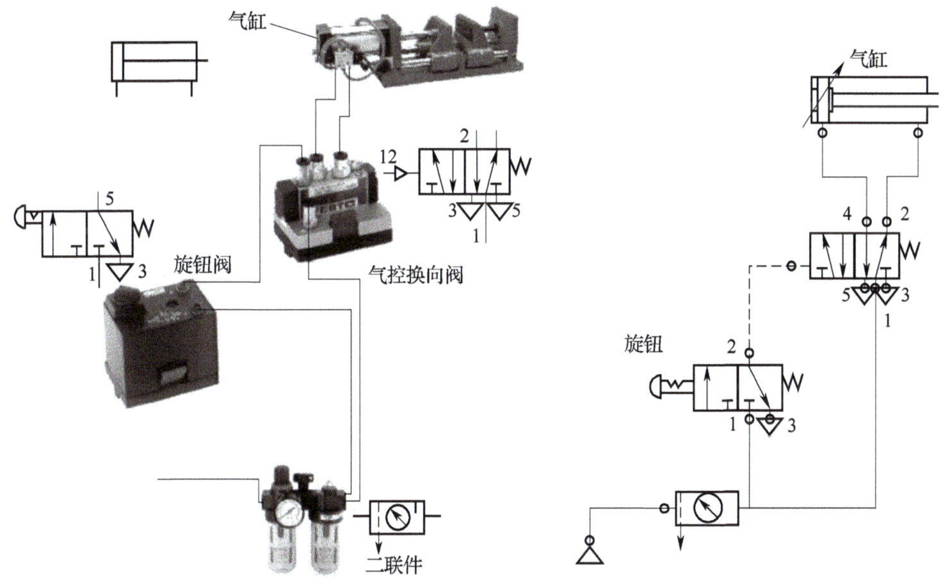

图 7–14　气动平口钳系统的组成

接通压缩空气，按动按钮，检查气缸的动作顺序是否正确。

温馨提示

熟悉实训设备（气源的开关、气压的调整、管线的插接等）的使用方法。

接通气源前，请再次检查元件的安装与固定是否牢固。

打开气源时，手握气源开关观察一段时间，防止因管路没接好被打出。

打开气源观察、记录运行情况，对使用中出现的问题进行分析和解决。

完成实训后，关闭气源，拆下管线和元件并放回原位，对破损、老化管线应及时处理。

任务评价

根据表 7–3，对任务完成情况进行评价。

表 7–3 任务评价表

序号	评价项目	评价内容	参考分	评分标准	得分
1	分析回路	能正确分析整体回路由哪些基本回路组成	15	全面、准确讲解回路中的基本回路	
2	原理说明	准确识读回路，对回路陈述清晰，言简意赅	10	全面、准确讲解回路中各元器件名称及作用，正确解读回路的作用	
3	特点分析	正确分析此气动系统的特点	10	全面、准确地分析此气动系统的特点	
4	回路搭建	能将设计的回路进行正确搭建	20	回路搭建正确，无泄漏现象，各阀初始位置调整正确，气缸速度合理	
5	故障排除	故障分析、排除或与改进	10	能进行常见故障的排除	
6	系统调试过程	能解决系统调试中出现的问题	15	能采用正确的方法解决系统调试中出现的问题	
7	劳动保护及安全文明	爱护设备及工具；遵守安全文明生产规程；具有成本控制及环保意识	10	着装整洁；保持工作环境清洁；执行安全操作规程；具有节约意识	
8	团队合作	与他人的协作精神	10	能自我调控好学习情绪，善于与人沟通，积极参与小组活动，与教师、同学之间合作态度好	
9	时间	45 分钟		提前正确完成，每 5 分钟加 2 分；超过规定时间，每 5 分钟减 2 分	
总分					

知识拓展

空气压缩机维护与保养

空气压缩机的日常维护与保养事项如下：

（1）保持机器的清洁。

（2）储气罐的放水阀每日打开一次排除油水。在湿气较重的地方，请每 4 小时打开一次。

（3）润滑油液位每天检查一次，确保空压机的正常润滑。

（4）空气滤清器应每天清理或更换一次滤芯。

（5）不定期检查各部位螺钉的松紧程度。

（6）润滑油最初运转50小时或一周后更换新油，以后每300小时换新油一次（使用环境较差者应每150小时换一次油），每运转36小时加油一次。

（7）空气压缩机使用500小时（或半年）后将气阀拆出清洗。

（8）每年将机器各部件清洁一次。

（9）应定期检查所有的防护革、警告标志等安全防护装置。

（10）应定期检查空压机的压力释放装置、停车保护装置，检查压力表（半年一次）、安全阀的灵敏性，确保空压机处于正常工作状态。

（11）应定期检查受高温的零部件，如阀、气缸盖、排气管道，清除附着在内壁上的油垢和积碳物。运转时，严禁触摸这些高温部件。

思考与练习题

1．图7-14中采用了二位三通旋钮阀，若改为二位二通旋钮阀是否可行？为什么？

2．图7-14中采用了二位三通旋钮阀，若采用二位三通按钮阀是否可行？在使用中有什么区别？

项目 8　气动单缸控制回路设计

本项目主要讨论单气缸控制回路的设计与组建，具体分为 5 个工作任务，即直接控制回路设计、快速回路设计、压力回路设计、非接触式信号控制回路设计和气控逻辑回路设计。

直接控制回路设计

学习目标

一、基本目标

❶ 认识直接控制回路常用组成元件，理解其工作原理。

❷ 能看懂直接控制回路图，理解其工作原理与特点。

❸ 能够进行回路的安装与调试，实现预定功能。

二、提高目标

❶ 能根据具体工作要求进行回路设计。

❷ 理解常见各种气动压力控制阀、流量控制阀、方向控制阀的工作原理和作用。

❸ 能利用仿真软件进行回路的设计、分析与仿真调试。

任务描述

针对图 8–1 所示送料装置示意图，设计一个手动送料回路，实现将工件单件地向前输送的功能。要求：采用手动按钮按一下，气缸运动一次，使工件都向前移动一个位置。

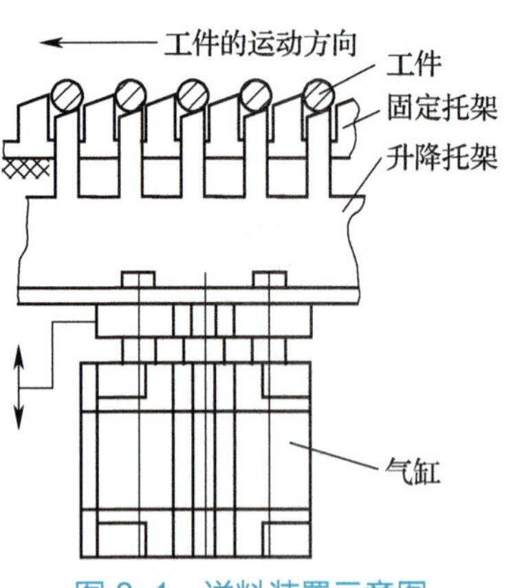

图 8–1 送料装置示意图

任务分析

本装置所送物料体积不大、速度要求不高、输送距离较短，且要求经济实惠，可选用单作用气缸作为执行元件，采用直接手动控制方式启动送料。

选用单作用气缸的手动控制送料系统如图 8–2 所示。这种方式只需一个控制元件（手控换向阀）就能实现对单作用气缸的控制。优点是使用的元件较少；缺点是控制的可靠性和稳定性差，控制的功率小；一般适用于要求不高的简单控制场合。

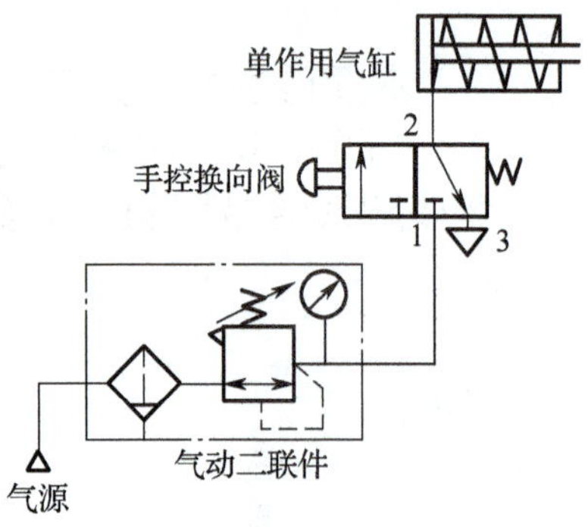

图 8–2 送料装置手动控制回路图

所需器材

完成该项任务时，需要用到的器材如表 8–1 所示。

表 8–1 所需器材

件号	数量	名称	符号
1	1	单作用活塞缸	
2	1	按钮式二位三通换向阀（初始位置为常断）	
3	1	气动二联件	
4	1	气源	
5	若干	软管	

必备知识

一、认识回路中的执行元件

1. 单作用气缸简介

单作用气缸实物图及图形符号如图 8–3 所示。

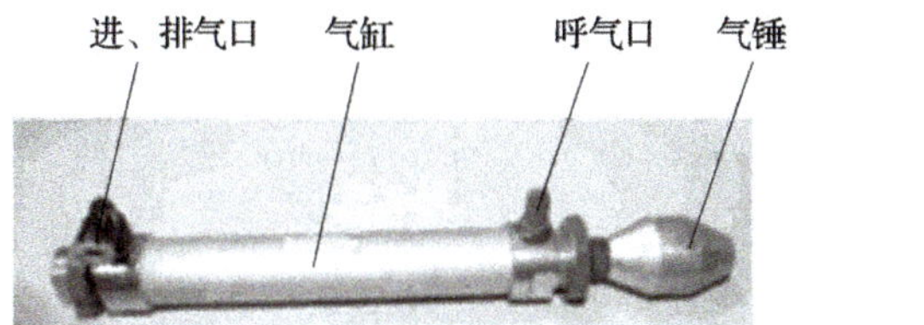

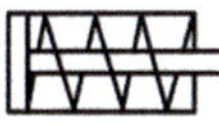

图 8-3　单作用气缸实物图及图形符号

单作用气缸的工作过程（见图 8-4）：当压缩空气从进、排气口进入，作用于活塞腔，此时压缩空气的推力大于弹簧的反作用力，而气缸有杆腔内由于呼气口连通大气不构成阻力；使活塞杆伸出。当进、排气口一直保持足够的压缩空气，活塞杆就一直处于伸出状态。当外部压缩空气撤去，缸内的压缩空气从进、排气口排出时，在复位弹簧的作用下，活塞杆缩回。

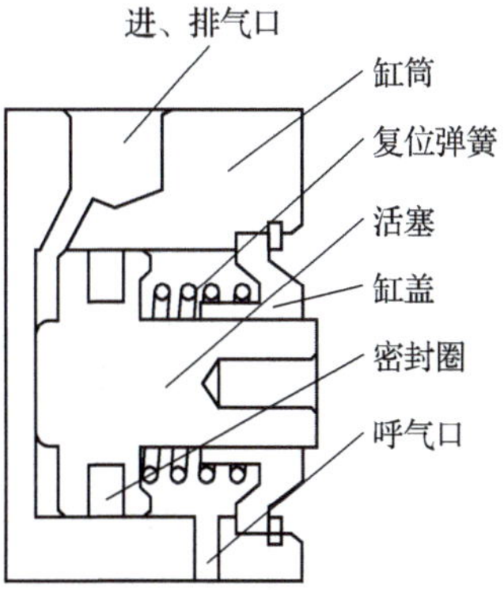

进、排气口
缸筒
复位弹簧
活塞
缸盖
密封圈
呼气口

图 8-4　单作用气缸结构图

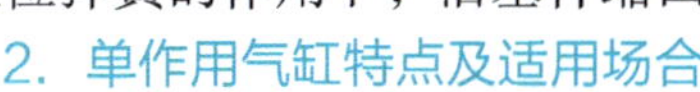

2. 单作用气缸特点及适用场合

单作用气缸的结构简单，耗气少，由于缸体内安装复位弹簧使得气缸有效行程减少；但由于复位弹簧的反作用力会随着压缩行程的增大而增大，使得活塞杆最后的输出力大大减小，所以单作用气缸多用于行程短，对活塞杆输出力和运动速度要求不高的场合。

二、组建回路所需元件

1. 控制元件的作用

（1）控制调节压缩空气的流动方向（称为方向控制阀）；

（2）控制调节压缩空气的压力大小（称为压力阀）；

（3）控制调节压缩空气的流量（称为流量阀）。

2. 方向控制阀

1）单向阀

单向阀是气流只能向一个方向流动而不能反向流动的阀，可防止气动回路中气流逆流的现象，防止气动回路误动作，保持气动夹紧装置的夹紧力不变。单向阀的工作原理、结构及图形符号如图 8-5 所示，与液压阀中的单向阀基本相同。

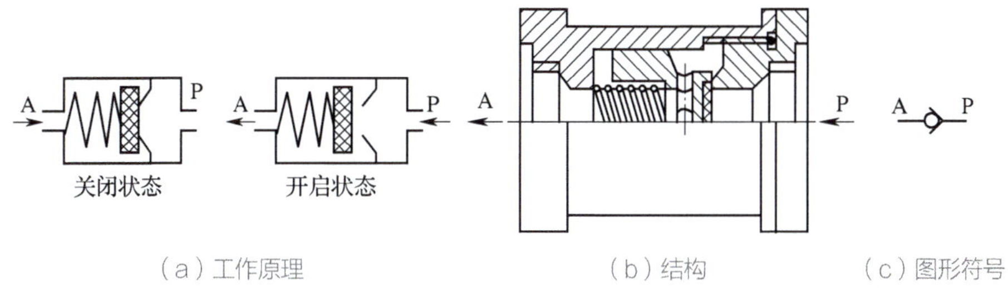

（a）工作原理　（b）结构　（c）图形符号

图 8-5　单向阀的工作原理、结构及图形符号

2）手控换向阀

（1）手控换向阀实物图及图形符号如图 8-6 所示。

（2）手控换向阀结构及工作过程如图 8-7、图 8-8 所示。

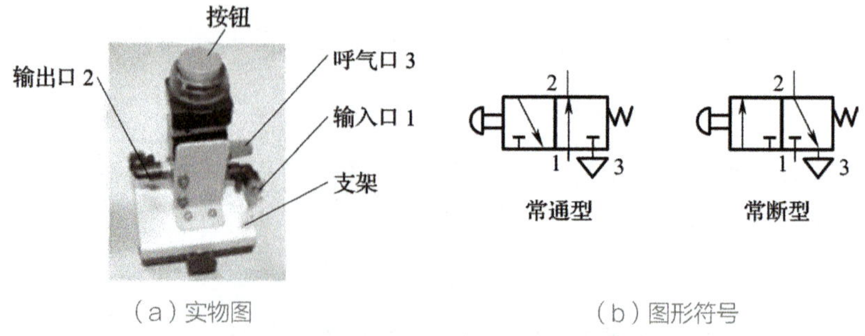

（a）实物图　　（b）图形符号

图 8-6　手控换向阀实物图及图形符号

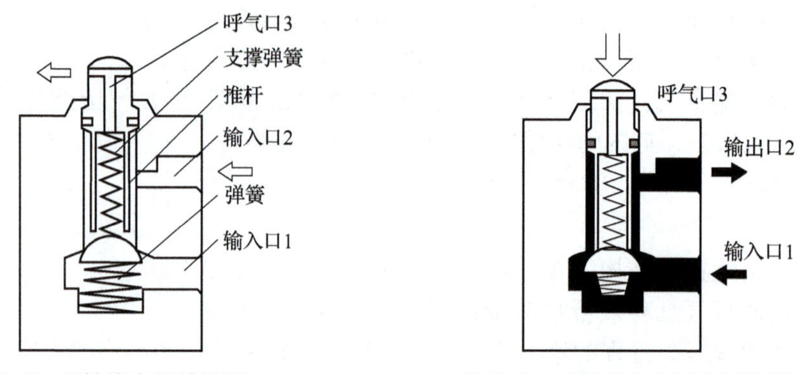

图 8-7　手控换向阀结构图　　图 8-8　手控换向阀工作过程图

对于常断型手控换向阀来说，按钮未按下时，换向阀处于右位，即零位或静止位，此时输入口 1 关闭，输出口 2 与呼吸口 3 接通。

按钮按下时，换向阀工作于左位，此时输入口 1 与输出口 2 接通，呼吸口 3 被关闭。释放按钮，换向阀在弹簧的作用下右移——复位即右位。由于此换向阀有两个位置（左位和右位）和三个气口（输入口 1、输出口 2 和呼气口 3），所以此种换向阀称为二位三通换向阀。常通型手动换向阀动作过程与此相反。

对于换向阀来说，所谓的“位”指的是为了改变流体方向，阀芯相对于阀体所具有的不同工作位置，表现在图形符号中，即图形中有几个方格就有几位；所谓的“通”指的是换向阀与系统相连的接口，有几个接口即为几通。

（3）手控换向阀特点及适用场合。手控换向阀的行程短，流阻小，阀芯始终受进气压力，所以密封性好，但增加了阀芯换向时所需的操纵力。适用于小规格、中低气压和使用频率较低、动作速度较慢的场合。手控换向阀在手控系统中，一般用来直接操纵气动执行机构，在自动化和半自动化系统中，多作为信号阀使用。

3. 压力控制阀

1）减压阀

减压阀是气动系统中的压力调节元件。气动系统的压缩空气一般是由压缩机将空气压缩，储存在储气罐内，然后经管路输送给气动装置使用。储气罐的压力一般比设备实际需要的压力高，并且压力波动也较大。在一般情况下，需采用减压阀来得到的压力减压并稳定到一个定值，并且稳定的供气。

减压阀按调节压力的方式分为直动式和先导式两种。

（1）直动式减压阀。直动式减压阀用调节钮直接调节调压弹簧来调节阀的出口

压力。直动式减压阀符号图如图 8-9 所示。

（2）先导式减压阀。与直动式减压阀相比，该阀增加了喷嘴挡板放大环节。提高了对阀芯控制的灵敏度，也就提高了阀的稳压精度。

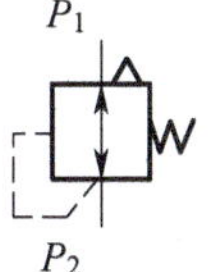

（a）直动式减压阀

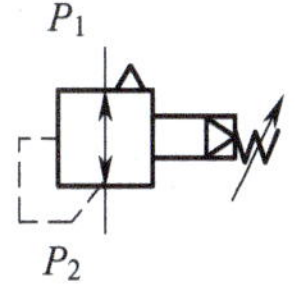

（b）先导式减压阀

图 8-9 直动式减压阀符号图

4. 辅助元件

辅助元件主要有油雾器、气管接头和软管等。

任务实施

步骤一 气路控制原理分析

控制回路图如图 8-2 所示，气源通过气动二联件的过滤和减压送到手动换向阀输入口 1，由于使用了常断型手动换向阀，此时输入口 1 关闭，输出口 2 与呼气口 3 接通（手动换向阀处于零位状态），单作用气缸在弹簧的作用下缩回。

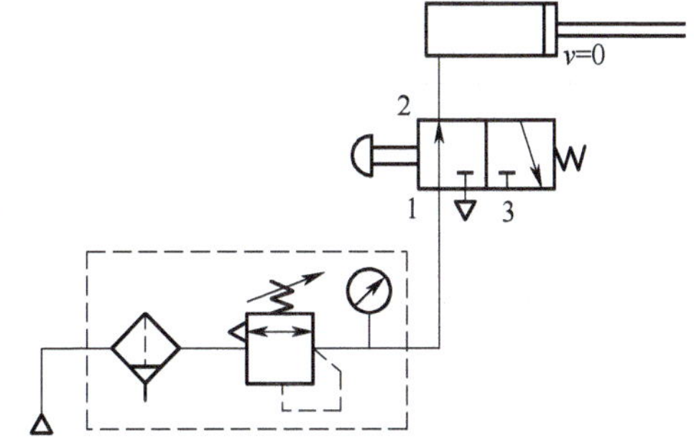

图 8-10 送料装置图（手动按钮按下时）

当按下按钮时，如图 8-10 所示，手动换向阀工作在左位，则输入口 1 与输出口 2 接通，呼气口 3 关闭，压缩空气从入口 1 到出口 2 进入单作用气缸的进气口推动活塞动作，活塞杆伸出，将工件从料槽库中送出。

当释放按钮，手动换向阀在弹簧的作用下复位，手动换向阀重新处于零位状态，单作用气缸的进气口与大气接通失去推动力，同时在复位弹簧的作用下缩回，为下一步送料做好准备。

温馨提示

在活塞杆伸出过程中按钮不能松开，直到活塞杆伸到位。否则，活塞杆不能到前位，这与双作用气缸不同。

步骤二 回路搭建训练

按照图 8-2 所示手动控制回路图连接器材，如图 8-11 所示。按图接好管线后，调试气压，调试单作用气缸到位情况等，分析和解决在实训中出现不正常情况，根据后面要求记录实训结果。

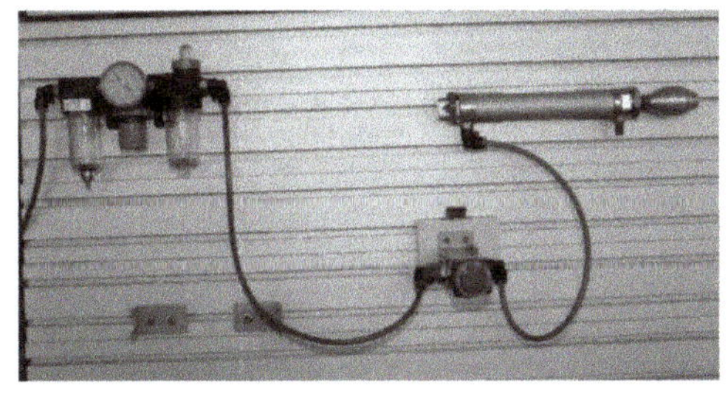

图 8-11 送料装置手动控制回路连接图

注意事项：

（1）熟悉实训设备（气源的开关、气压的调整、管线的插接等）的使用方法。

（2）检查元件的安装与固定是否牢固。

（3）打开气源时，手握气源开关观察一段时间，防止因管路没接好被打出。

（4）打开气源观察、记录运行情况，对使用中出现的问题进行分析和解决。

（5）完成实训后，关闭气源，拆下管线和元件并放回原位，对破损、老化管线应及时处理。

步骤三　过程记录

根据实训现象，填写进、排气和气缸活塞杆的动作情况（见表 8–2）。

表 8–2　实验现象记录表

	手控换向阀输入口	手控换向阀输出口	手控换向阀呼气口	气缸进、排气口	气缸呼气口	气缸活塞杆
按下按钮						
释放按钮						

任务评价

根据表 8–3，对任务完成情况进行评价。

表 8–3　任务评价表

序号	评价项目	评价内容	参考分	评分标准	得分
1	分析回路	能正确分析整体回路由哪些基本回路组成	15	全面、准确讲解回路中的基本回路	
2	原理说明	准确识读回路，对回路陈述清晰，言简意赅	10	全面、准确讲解回路中各元器件名称及作用，正确解读回路的作用	
3	特点分析	正确分析此气动系统的特点	10	全面、准确地分析此气动系统的特点	
4	回路搭建	能将设计的回路进行正确搭建	20	回路搭建正确，无泄漏现象，各阀初始位置调整正确，气缸速度合理	
5	故障排除	故障分析、排除或与改进	10	能进行常见故障的排除	
6	系统调试过程	能解决系统调试中出现的问题	15	能采用正确的方法解决系统调试中出现的问题	
7	劳动保护及安全文明	爱护设备及工具；遵守安全文明生产规程；具有成本控制及环保意识	10	着装整洁；保持工作环境清洁；执行安全操作规程；具有节约意识	
8	团队合作	与他人的协作精神	10	能自我调控好学习情绪，善于与人沟通，积极参与小组活动，与教师、同学之间合作态度好	
9	时间	45 分钟		提前正确完成，每 5 分钟加 2 分；超过规定时间，每 5 分钟减 2 分	
总分					

知识拓展

一、单作用气缸

单作用气缸除了在实训中所见外，还有图 8-12 所示磁环短行程型气缸、扁平型气缸，以及图 8-13 所示双活塞杆气缸与气动手指等。

图 8-12 磁环短行程型气缸、扁平型气缸

图 8-13 双活塞杆气缸与气动手指

二、手控换向阀

手控换向阀种类也很多，有手控的（见图 8-14）、脚控的（见图 8-15），有带自锁的、不带自锁的之分。

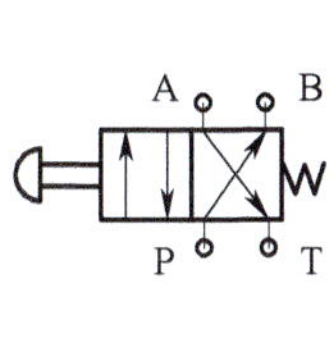

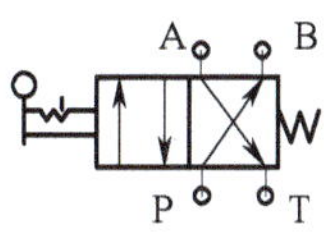

图 8-14 按钮式换向阀、手杆换向阀（带锁式）

图 8-15 脚控式换向阀

思考与练习题

1. 试分析在活塞杆伸出过程中按钮为什么不能松开？松开后有什么后果。
2. 试用常通型手动换向阀作为控制元件画出原理图，结果有什么不同？
3. 试分析手动送料的优、缺点。

快速回路设计

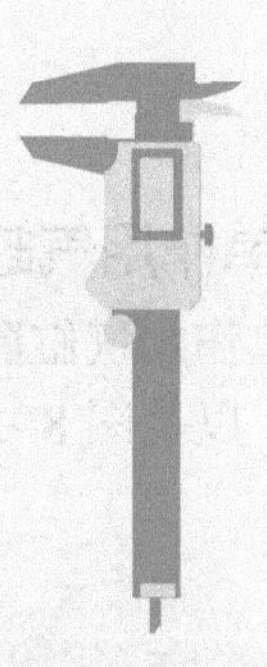

学习目标

一、基本目标

❶ 认识快速排气回路常用组成元件，理解其工作原理。

❷ 能看懂间接控制回路图，理解其工作原理与特点。

❸ 能够分析进气调速回路和排气调速回路的优缺点。

二、提高目标

❶ 能根据具体工作要求进行回路设计。

❷ 理解常见各种气动压力控制阀、流量控制阀、方向控制阀的工作原理和作用。

❸ 能利用仿真软件进行回路的设计、分析与仿真调试。

任务描述

图 8-16 所示为折边装置示意图。这是一个肘式压力装置，借助于铰接装置进行冲压。通过操作两个相同的按钮开关，使气缸快速冲下，带动冲模到达工件并用一定的可调节的力（作用在无杆腔的压力）冲压金属工件后，气缸的活塞杆自动缓慢退回到初始位置。并且只有当气缸的活塞杆回到初始位置时，才能开始新的运动。气缸两端的压力由压力表指示。

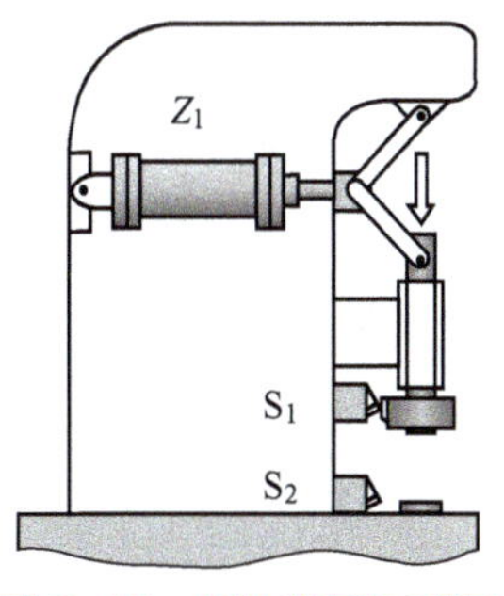

图 8-16　折边装置示意图

同时为适应加工不同材料与厚度的工件要求，系统工作压力应可以调节。试根据以上工作要求，设计出该系统的控制回路。

任务分析

本回路的设计中要注意以下几点：

（1）为了迅速地向前运动，回路采用快速排气阀；

（2）通过操作两个按钮开关，使压力装置运动。回路有逻辑关系；

（3）如果气缸未回到初始位置时，即使按下按钮气缸也不能有动作；

（4）系统工作压力应该可以调节。

（5）气缸退回的速度要可调。

根据以上要求，组建的参考回路如图 8-17 所示。这个回路采用了两个手动按钮

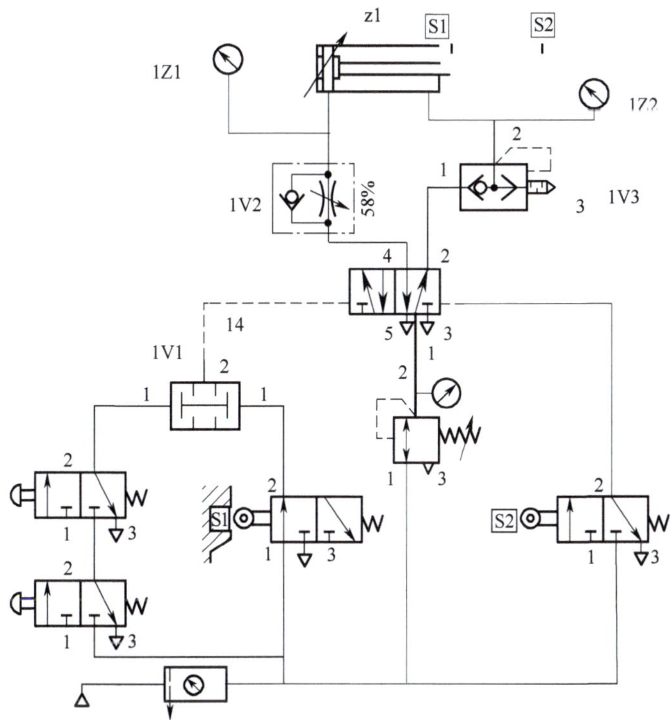

图 8-17　肘式压力装置气动控制回路图

阀的串联式接法（也是一种与的逻辑功能），并且与一个检测位置用的行程阀用双压阀并联，获得了又一个与的逻辑功能；主控制阀采用了一个双气控（5/2）二位五通换向阀，此换向阀有脉冲功能，只要有一个脉冲信号，就将进行换向；在气缸的排气端安装了一个快速排气阀，提高了气缸前冲的速度。选择使用了一个单向节流阀，进行排气节流调整。

所需器材

完成该项任务时，需要用到的器材如表 8-4 所示。

表 8-4　所需器材

件号	数量	名称	符号
1	1	双作用活塞缸	
2	2	按钮式二位三通换向阀（初始位置为常断）	
3	1	双压阀	
4	1	减压阀	
5	1	双气控（5/2）二位五通换向阀	
6	1	单向节流阀	
7	1	快速排气阀	
8	2	滚轮式行程阀	
9	1	压力表	
10	1	气动二联件	
11	1	气源	
12	若干	软管	

必备知识

一、气动逻辑控制元件简介

1. 或门型梭阀

在气压传动系统中，当两个通路 P_1 和 P_2 均可能与通路 A 相通，而不允许 P_1 与 P_2 相通时，就要采用或门型梭阀。

如图 8–18 所示，梭阀相当于两个单向阀组合的阀，由于阀芯如织布梭子一样来回运动，因而称为梭阀，其逻辑作用是“或门”。梭阀有两个进气口 P_1 和 P_2，一个出口 A，其中 P_1 和 P_2 都可与 A 口相通、但 P_1 和 P_2 不相通。当通路 P_1 进气时，将阀芯推向右边，通路 P_2 被关闭，于是气流从 P_1 进入通路 A，如图 8–18（a）所示；反之，气流则从 P_2 进入 A，如图 8–18（b）所示。

当 P_1、P_2 同时进气时，则先加入侧或信号压力高侧的气信号通过 A 输出，另一侧则就自动关闭。仅当 P_1 和 P_2 都无信号输入时，A 才无信号输出。图 8–18（c）所示为梭阀的图形符号。

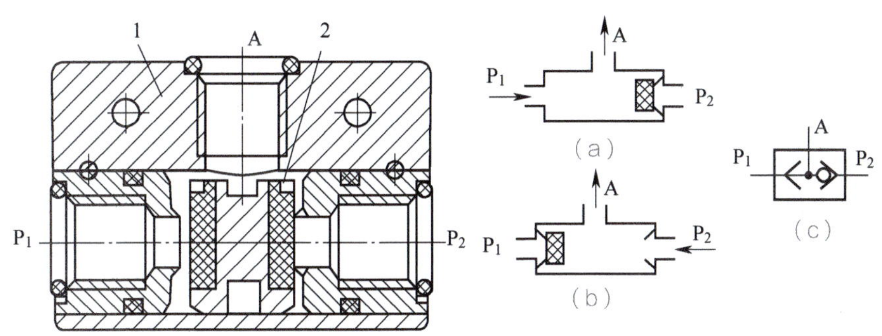

1– 阀座；2– 阀芯

图 8–18 或门梭阀的结构原理与符号图

梭阀在气动系统中应用较广，它可将控制信号有次序地输入控制执行元件，常见的手动与自动控制的并联回路中就常用到梭阀。

2. 梭阀在手动 – 自动换向回路中的应用

如图 8–19 为梭阀在手动 – 自动换向回路中的应用实例。

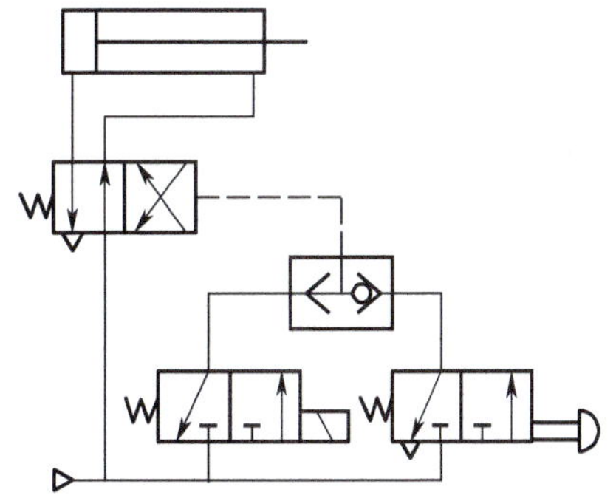

图 8–19 梭阀在手动 – 自动换向回路中的应用

3. 双压阀

双压阀，适用于互锁回路中。图 8–20 所示为与门型梭阀的结构与工作原理图，其应用回路如图 8–21 所示。它有 P_1 和 P_2 两个输入口和一个输出口 A。只有当 P_1、P_2 同时有输入时，A 才有输出，否则 A 无输出；当 P_1 或 P_2 单独通气时，阀芯就被推至相对端，封闭截止型阀口；当 P_1 和 P_2 同时通气时，哪端压力低，A 口就和哪端相通，另一端关闭，其逻辑关系为“与”，图形符号如图中所示。

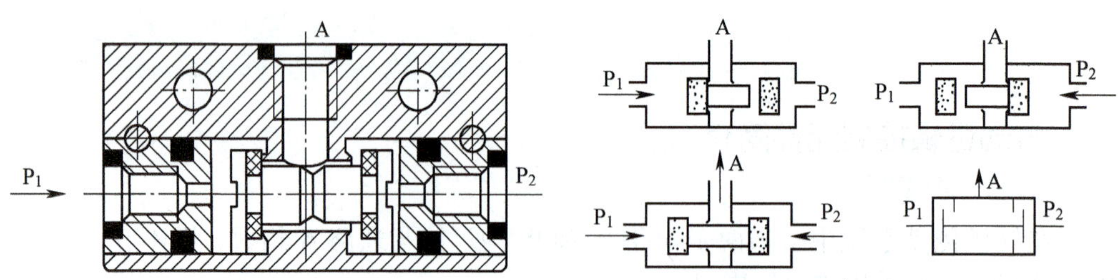

图 8-20 与门型梭阀的结构与工作原理图

温馨提示

或门型梭阀和与门型梭阀的区别要从输入和输出关系来判断。

二、快速排气阀

1. 快速排气阀在气动控制回路中有什么作用

快速排气阀简称快排阀，它是为加快气缸运动速度作快速排气用的。图 8-22（a）所示为快速排气阀的一种结构形式。当压缩空气进入进气口 P，使膜片 1 向下变形，打开 P 与 A 的通路，同时关闭排气口 O；当 P 口没有压缩空气进入时，在 A 口和 P 口压差作用下，膜片向上恢复，关闭 P 口，使 A 口通过 O 口快速排气。图 8-22（b）所示为快速排气阀的图形符号。

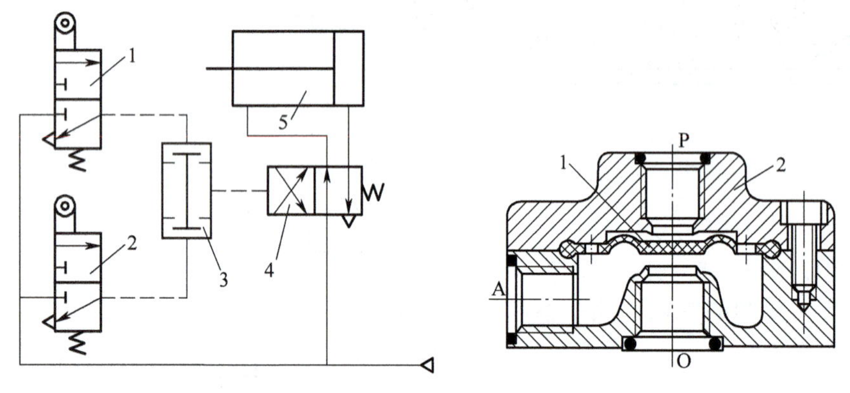

A
P
O

1、2- 行程阀；3- 双压阀；4- 换向阀；5- 气缸

1- 膜片；2- 阀体

（a）结构原理图 （b）图形符号

图 8-21 与门型梭阀应用回路

图 8-22 膜片式快速排气阀

快速排气阀一般在气缸速度要求较高（如 1 000 mm/s 以上）的时候使用，如果不使用快速排气阀的回路，为适应其高速度，必须选择具有大排气量的配管和气动元件，此时使用快排阀就可以提高经济性。也就是说快速排气阀是为了在设计高速气缸回路时省钱用的。

2. 快速排气阀在气动控制回路的应用

图 8-23 为快速排气阀在气动控制回路的一种应用。

三、气动换向控制阀

换向型方向控制阀（简称换向阀）的功用是改变气流通道，使气体流动方向发生变化，从而改变气动执行元件的运动方向。下面介绍几种常用的换向阀。

1. 气压控制换向阀

气压控制换向阀是利用气体压力来使主阀阀芯移动换向，从而使气体改变流向的一种控制阀。按常用控制方式有加压控制和差压控制两种。

加压控制是指施加在阀芯控制端的压力逐渐升高到一定值时，使阀芯迅速移动换向的控制。图 8–24（a）是二位三通加压控制换向阀的图形符号。

差压控制是指阀芯采用气压复位或弹簧复位的情况下，利用阀芯两端受气压作用的面积不等而产生的轴向力之差值，使阀芯迅速移动换向的一种控制方式。图 8–24（b）是二位五通的差压控制换向阀的图形符号，当没有控制信号 K 时，P 与 A 相通，B 与 O_2 相通；当有控制信号 K 时，P 与 B 相通，A 与 O_1 相通。

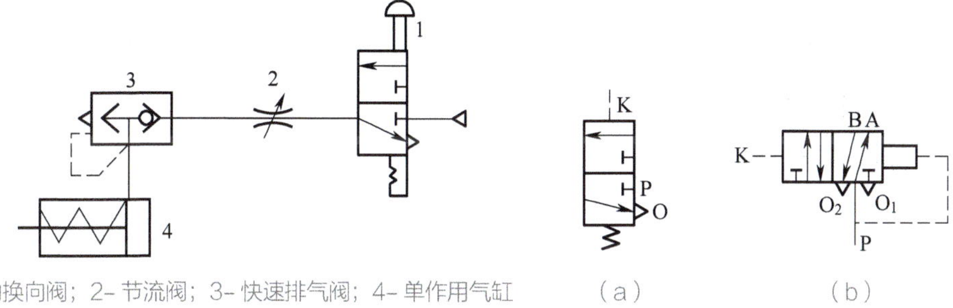

图 8–23 快速排气阀应用回路　　图 8–24 气压控制换向阀图形符号

2. 电磁控制换向阀（电磁阀）

气压传动中的电磁控制换向阀与液压传动中的电磁控制换向阀一样，也由电磁铁控制部分和主阀两部分组成。图 8–25（a）所示为二位三通电磁阀处于原始状态，图 8–25（b）为通电状态，图 8–25（c）为该阀的图形符号。

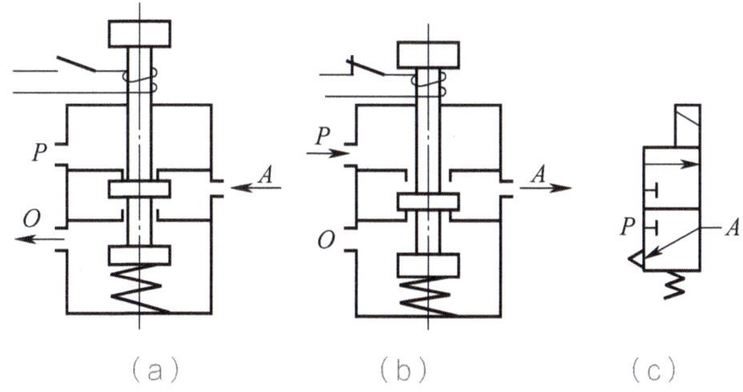

图 8–25 二位三通电磁阀

3. 先导式电磁阀（电 – 气换向阀）

先导式电磁阀由电磁先导阀和主阀两部分组成，其工作原理与液压传动中的电液换向阀类似，因而它又可称为电 – 气换向阀。按照该类换向阀有无专门的外接控制油口，可分为外控式和内控式两类。图 8–26（a）是二位三通先导式电磁阀（内控式)，图示位置工作腔 A 通过 O 腔排气，当通电时衔铁被吸往上，压缩空气经阀杆中间孔到活塞皮碗上腔，把阀芯压下，使进气腔 P 和工作腔 A 相通，切断排气腔 O。图 8-26（b）为二位三通先导式电磁阀的图形符号。图 8-27 为二位五通先导式换向阀（外控式）的工作原理图和图形符号。

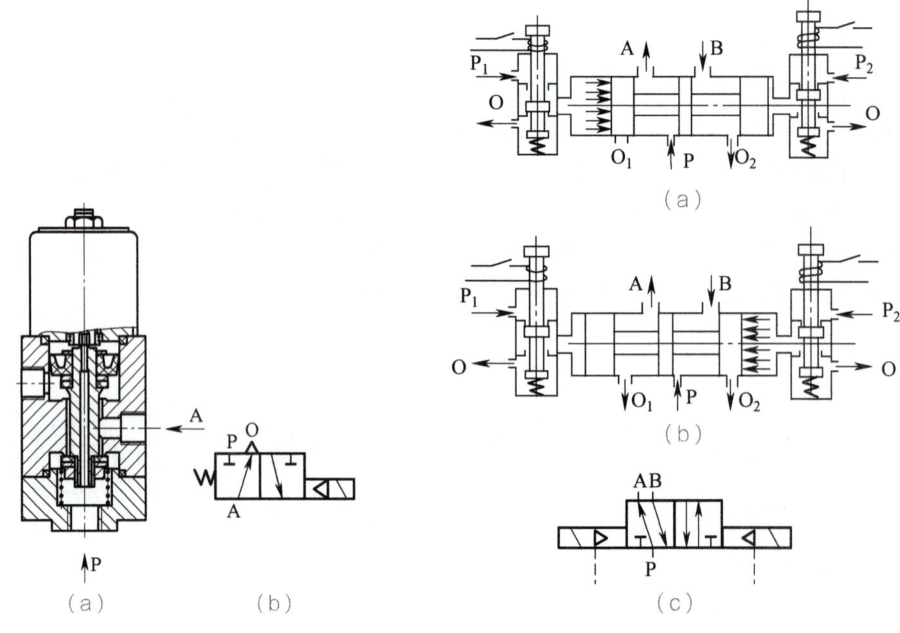

图 8-26　二位三通先导式电磁阀（内控式）　　图 8-27　双电磁铁先导式换向阀工作原理

任务实施

步骤一　气路控制原理的分析

肘式压力装置的气动控制回路如图 8-17 所示，气源通过气动二联件的过滤和减压送到气压控制换向阀的右位；气体通过快速排气阀（快速排气阀的阀芯右移，将排气口（3）关闭）进入活塞缸的有杆腔，此时气缸在初始状态（活塞未出去状态）。而此时控制回路的状态是：行程阀 S_1 检测气缸是否到位，而二个手动换向阀未按下，所以双压阀 $1V_1$ 的输出口（2）没有信号输出，双气控（5/2）二位五通换向阀不换向，处于初始位置。

当同时按下二个手动换向阀，并且行程阀 S_1 检测到气缸在初始状态，双压阀 $1V_1$ 的输出口（2）得到输出信号，输出信号的气体使双气控（5/2）二位五通换向阀换向到左位，压缩空气进入气缸的活塞腔，而有杆腔的气体通过快速排气阀 1V3（快速排气阀的阀芯左右移，将进气口（1）关闭）直接进入大气，使气缸快速运动。对被加工的工件进行冲压。

任务完成后，活塞杆到达最前端位置，活塞杆压下行程阀 S_2 的滚轮，使双气控（5/2）二位五通换向阀换向到右位，气缸活塞杆返回，返回的速度可由单向调速节流阀 $1V_2$ 调整。两个压力表 $1Z_1$、$1Z_2$ 分别检测活塞缸两腔的压力。

温馨提示

在回路搭建时注意各元器件的正确选择和连接。

使用两个手动换向阀的目的是为了安全，所以在操作时必须是一人操作，不要将手夹入活塞杆前。或门型梭阀和与门型梭阀的区别要从输入和输出关系来判断。

步骤二　回路搭建训练

1. 直接控制回路与间接控制回路的选择

直接控制：通过人力或机械外力直接控制换向阀换来实现执行元件动作控制。

间接控制：指执行元件由气控换向阀来控制动作，人力、机械外力等外部输入信号只是用来控制气控换向阀的换向，不再直接控制执行元件动作。

直接控制适用于简单、并且供气量不大的气动回路；间接控制适用于较复杂、并且供气量有一定要求的气动回路。间接控制适应信号处理元件的组建，所以工业实际应用中都是采用间接控制的手段来组建气动回路。

2. 回路操作步骤：

（1）根据弯角装置气动系统控制回路图，找出正确的元器件；

（2）合理布局，在操作台上完成弯角装置控制系统回路的连接；

（3）按钮的选用时，当气缸活塞在松开按钮时应自动返回，所以换向阀选用常断型手动按钮带有弹簧自动复位式按钮。

（4）终端控制元件选用二位五通气动控制换向阀（带有弹簧自动复位）；

（5）检查单作用气缸和手动换向阀活动是否灵活，气路是否畅通；检查管线有无破损、老化；

（6）检验连接的回路与分析的动作是否一致；

3. 任务中的注意事项

（1）熟悉实训设备（气源的开关、气压的调整、管线的插接等）的使用方法；

（2）元件的安装与固定是否牢固；

（3）打开气源时，手握气源开关观察一段时间，防止因管路没接好被打出；

（4）打开气源观察、记录运行情况，对使用中出现的问题进行分析和解决；

（5）完成实训后，关闭气源，拆下管线和元件并放回原位，对破损、老化管线应及时处理。

4. 安全操作注意事项

（1）注意人身、设备安全；

（2）不要带负载启动（三联件上的减压阀旋钮旋松）；

（3）系统压力不超过 0.8 MPa；

（4）元件选择正确，管路连接可靠；

（5）合作完成此任务；

（6）注意观察、发现、总结操作中出现的问题。

任务评价

根据表 8-5，对任务完成情况进行评价。

表 8-5 任务评价表

序号	评价项目	评价内容	参考分	评分标准	得分
1	分析回路	能正确分析整体回路由哪些基本回路组成	15	全面、准确讲解回路中的基本回路	
2	原理说明	准确识读回路，对回路陈述清晰，言简意赅	10	全面、准确讲解回路中各元器件名称及作用，正确解读回路的作用	
3	特点分析	正确分析此气动系统的特点	10	全面、准确地分析此气动系统的特点	
4	回路搭建	能将设计的回路进行正确搭建	20	回路搭建正确，无泄漏现象，各阀初始位置调整正确，气缸速度合理	
5	故障排除	故障分析、排除或与改进	10	能进行常见故障的排除	
6	系统调试过程	能解决系统调试中出现的问题	15	能采用正确的方法解决系统调试中出现的问题	
7	劳动保护及安全文明	爱护设备及工具；遵守安全文明生产规程；具有成本控制及环保意识	10	着装整洁；保持工作环境清洁；执行安全操作规程；具有节约意识	
8	团队合作	与他人的协作精神	10	能自我调控好学习情绪，善于与人沟通，积极参与小组活动，与教师、同学之间合作态度好	
9	时间	45 分钟		提前正确完成，每 5 分钟加 2 分；超过规定时间，每 5 分钟减 2 分	
总分					

知识拓展

一、冲击气缸回路

冲击气缸回路如图 8-28 所示，阀 1 得电，冲击气缸下腔由快速排气阀 2 通大气，阀 3 在气压作用下切换，气罐 4 内的压缩空气直接进入冲击气缸，使活塞以极高的速度运动，该活塞所具有的动能转换成很大的冲击力输出，减压阀 5 调节冲击力的大小。

二、安全保护回路

（1）双手操作回路。图 8-29 为双手操作回路示意图，只有同时按下两个启动手动换向阀，气缸才动作，对操作人员的手起到安全保护作用。应用在冲床、锻压机床上。

（2）互锁回路。图 8-30 为互锁回路的示意图，该回路利用梭阀 1、2、3 和换向阀 4、5、6 实现互锁，防止各缸活塞同时动作，保证只有一个活塞缸有动作。

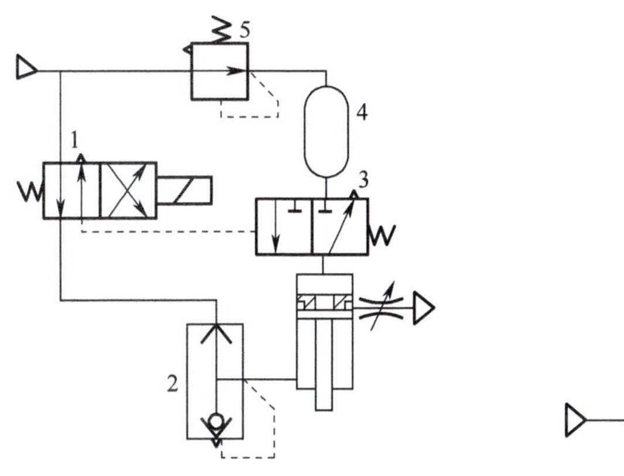

图 8-28　冲击气缸回路图

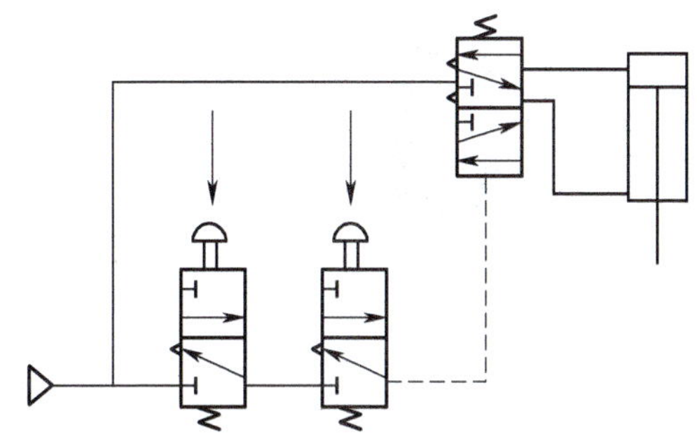
图 8-29　双手操作回路示意图

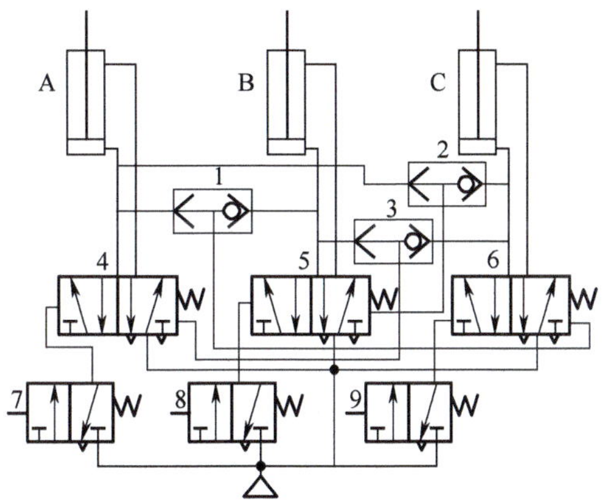

图 8-30　互锁回路示意图

思考与练习题

1. 由空气压缩机产生的压缩空气，能不能直接用于气压系统？
2. 气压传动能否使气缸实现准确的速度控制和很高的定位精度？
3. 气动减压阀可以控制其哪个口的压力基本恒定？
4. 一个典型的气动系统由哪几个部分组成？
5. 什么是气动三大件？气动三大件的连接次序如何？
6. 在气压传动中，什么场合应安装消声器？
7. 根据图 8-31，组建气动回路。要求：当按钮按下时，双作用气缸活塞杆伸出。一旦按钮释放，气缸将回缩。

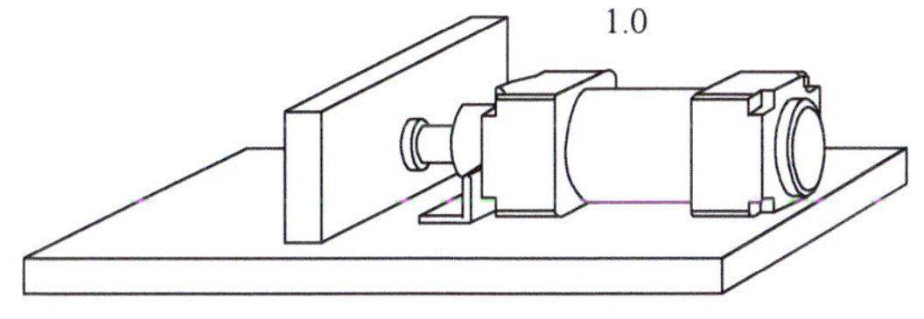

图 8-31　夹紧装置示意图

任务3 压力回路设计

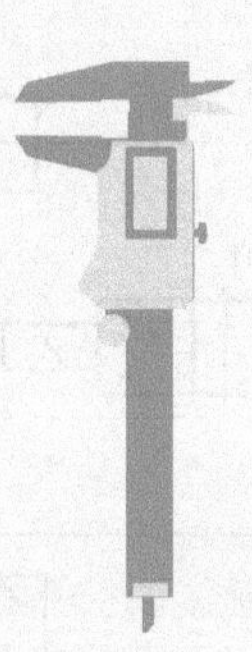

学习目标

一、基本目标

❶ 认识压力控制回路常用组成元件，理解其工作原理。

❷ 能看懂压力控制回路图，理解其工作原理与特点。

❸ 能够分析带记忆功能的双稳阀回路和间接控制回路的优缺点。

二、提高目标

❶ 能根据具体工作要求进行回路设计。

❷ 理解各种常见气动压力控制阀、流量控制阀、方向控制阀的工作原理和作用。

❸ 能利用仿真软件进行回路的设计、分析与仿真调试。

任务描述

如图 8–32 所示的气动塑料焊接机，用双作用气缸将电热焊接压铁压在塑料板片上，将塑料板片焊接成形。按下按钮开关使气缸做前向冲程运动，用带有压力表的压力调节阀将最大气缸压力调至 P=4 bar。回程运动只有在气缸达到前端位置，且活塞后部压力达到 P=300 kPa=3 bar 才能发生。

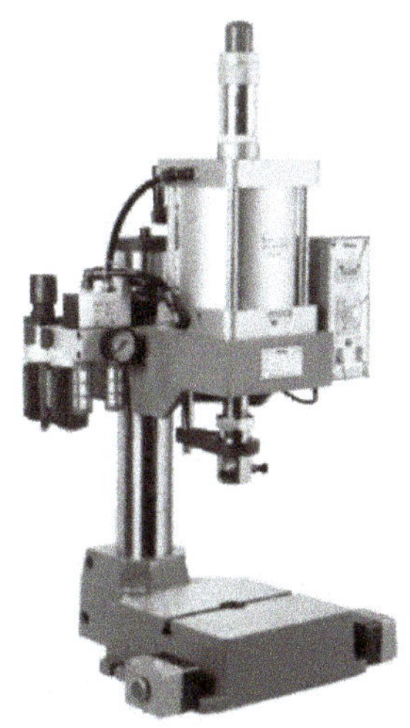

图 8–32 气动塑料焊接机

气缸的压缩空气进给受到节流控制，可调节节流阀使得压力在气缸活塞杆达到前端位置后 3 s 才增至 P=3 bar。塑料板片重叠在一起通过焊接压铁随着压力的增加而加热焊接。重新启动必须在气缸回到尾端位置约 t_2=2 s 后才能动作。定位开关可将二位五通阀运动过程切换到连续循环工作状态。

任务分析

本回路的设计中要注意以下几点：

（1）气缸下行速度可调，气缸行程可调，也可按客户要求定做；

（2）只需调整气压调压阀，就能达到所需要的压装力，简单方便；

（3）另增加发热模具及智慧温控仪，适用于热压成型、烙印、压凸等工艺；在气动回路设计中可不在考虑相关问题；

（4）具有自动计时和压装时间设定功能。

根据以上要求，组建的参考回路如图 8–33 所示。这个回路采用了二个手动阀通过梭阀并联的接法（一个按钮用于单次循环，一个旋钮用于连续循环）；延时阀与行程阀串联使气缸回到尾端位置 2 s 后才能动作。压力顺序阀与行程阀串联使气缸达到前端位置且活塞后部压力达到 3 bar 才能返回。主控制阀采用了一个双气控（5/2）二位五通换向阀，此脉冲换向阀只要有一个脉冲信号，就将进行换向；主回路装有一个带有压力表的压力调节阀将最大气缸压力调至 P=4 bar。气缸的压缩空气进给受到节流控制，使得气缸活塞杆达到前端位置时间为 3 s。

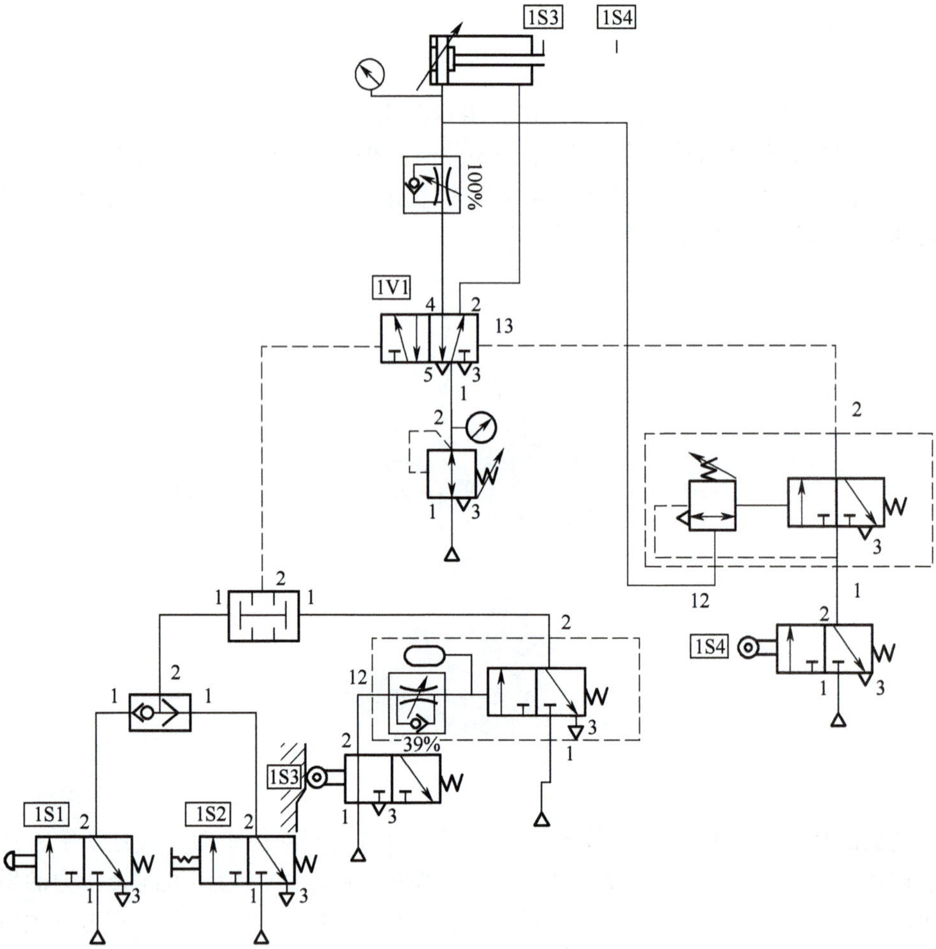

图 8-33 气动塑料焊接机气动控制回路图

所需器材

完成该项任务时，需要用到的器材如表 8-6 所示。

表 8-6 所需器材

件号	数量	名称	符号
1	1	双作用活塞缸	
2	1	按钮式二位三通换向阀（初始位置为常断）	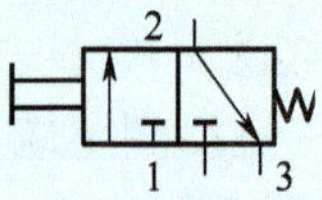
3	1	旋钮式二位五通换向阀	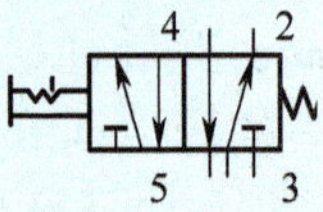

续表

件号	数量	名称	符号
4	1	梭阀	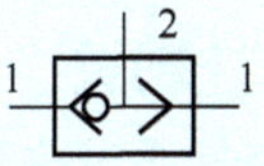
5	1	双压阀	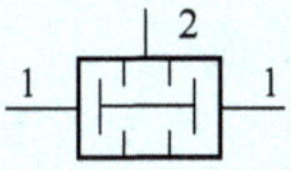
6	1	延时阀（常开式）	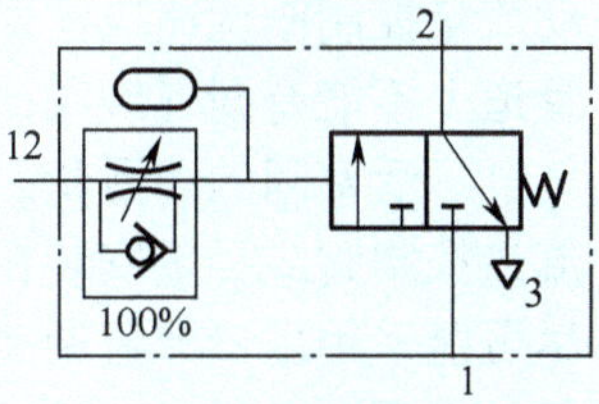
7	2	滚轮式行程阀	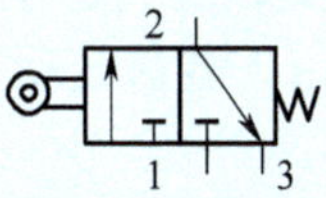
8	1	双气控弹簧复位（5/2）二位五通换向阀	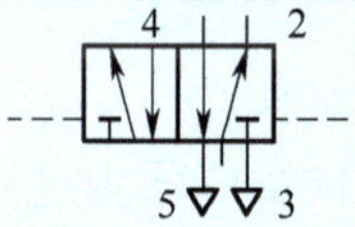
9	1	减压阀	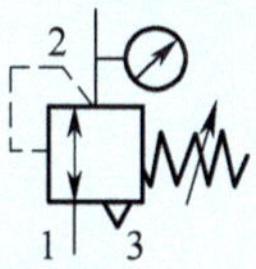
10	1	单向节流阀	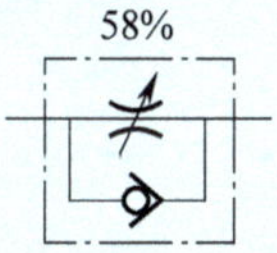
11	1	压力顺序阀	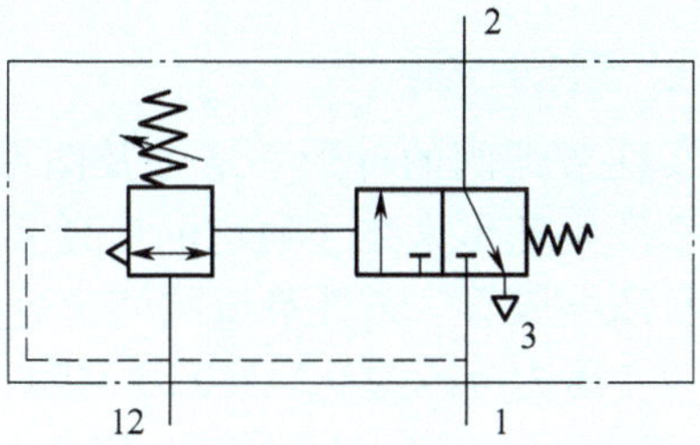
12	1	压力表	
13	1	气动二联件	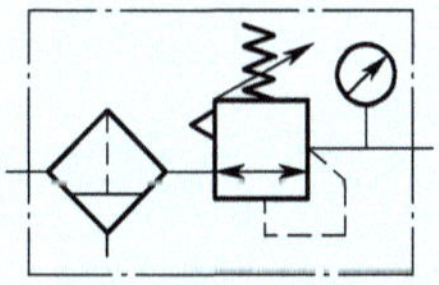
14	1	气源	
15	若干	软管	

必备知识

一、气动流量控制阀

流量控制阀是通过改变阀的通流面积来实现流量控制的元件。流量控制阀包括节流阀、单向节流阀、排气节流阀、柔性节流阀等。应用气动流量控制阀对气动执行元件进行调速，比用液压流量控制阀调速要困难、因气体具有压缩性。

用气动流量控制阀调速应注意以下几点，以防产生爬行：

（1）管道上不能有漏气现象；

（2）气缸、活塞间的润滑状态要好；

（3）流量控制阀应尽量安装在气缸或气马达附近；

（4）尽可能采用出口节流调速方式；

（5）外加负载应当稳定。若外负载变化较大，应借助液压或机械装置（如气液联动）来补偿由于载荷变动造成的速度变化。

1. 认识节流阀

节流阀原理很简单，它通过改变阀的通流面积来调节流量。节流口的形式有多种。常用的有针阀型、三角沟梢型和圆柱斜切型等。图 8-34 为针阀型阀口结构的节流阀。两个方向都能作为进气口或出气口。

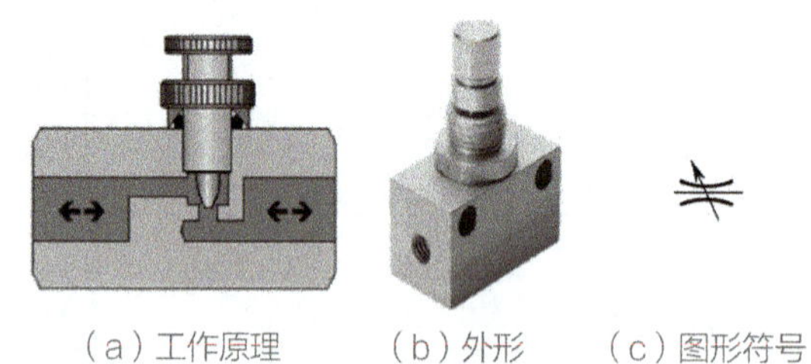

（a）工作原理　（b）外形　（c）图形符号

图 8-34　针阀型节流阀工作原理、外形及图形符号

2. 柔性节流阀

柔性节流阀的外形、结构及图形符号如图 8-35 所示，依靠阀杆夹紧柔韧的橡胶管 2 产生变形来减小通道的口径实现节流调速作用的，也可以利用气体压力来代替阀杆压缩胶管。柔性节流阀结构简单，压力降小，动作可靠性高，对污染不敏感，通常工作压力范围为 0.3 ～ 0.63 MPa。其工作原理是依靠阀杆夹紧柔韧的橡胶管。

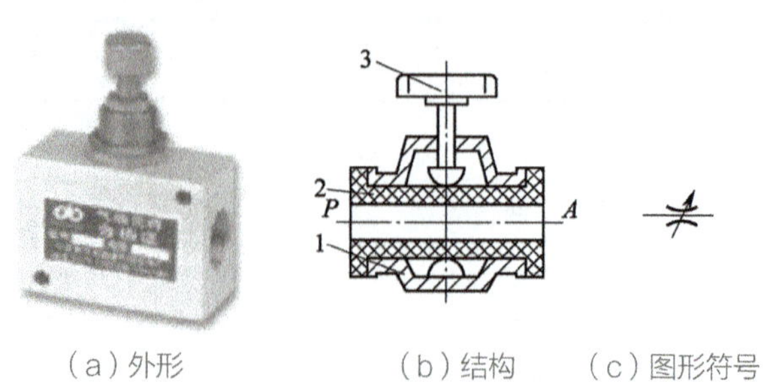

（a）外形　（b）结构　（c）图形符号

图 8-35　柔性节流阀的外形、结构及图形符号

3. 排气节流阀

排气节流阀是通过对气缸排气量的调节来达到控制气缸速度的流量调节阀。排气节流阀安装在系统的排气口处限制气流的流量，一般情况下还具有减小排气噪声的作用，所以常称排气消声节流阀。图 8-36 为排气节流阀的外形及结构原理。节流口的排气经过由消声材料制成的消声套，在节流的同时减少排气噪声，排出的气体一般通入大气。

图 8-37 所示为带消声器的排气节流阀在气动回路中的应用。

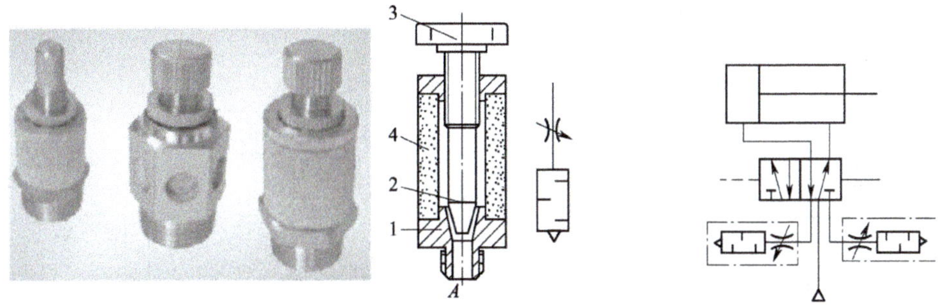

1- 阀座；2- 阀芯；3- 旋钮；4- 消声套

图 8-36 排气节流阀

图 8-37 带消声器的排气节流阀应用回路

4. 单向节流阀

单向节流阀是由单向阀和节流阀并联组合而成的组合式控制阀，如图 8-38 所示。

图 8-39 所示为单向节流阀工作原理。其节流阀口为针型结构。当气流由 P 至 A 正向流动时，单向阀在弹簧和气压作用下关闭，气流经节流阀节流后流出；而当由 A 至 P 反向流动时，单向阀打开，节流阀不起节流作用。

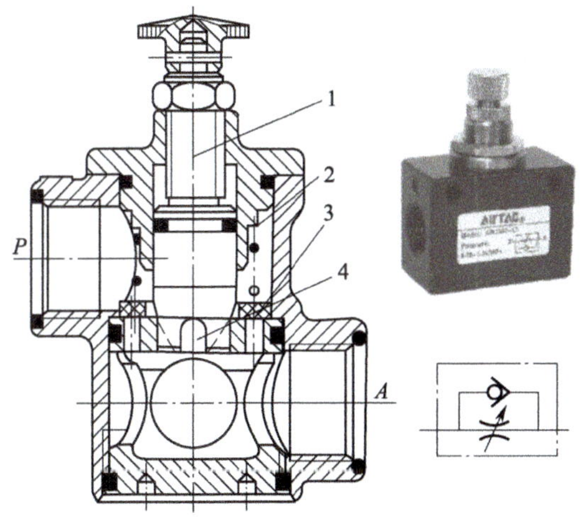

1- 调节杆；2- 弹簧；3- 单向阀；4- 节流口

图 8-38 单向节流阀

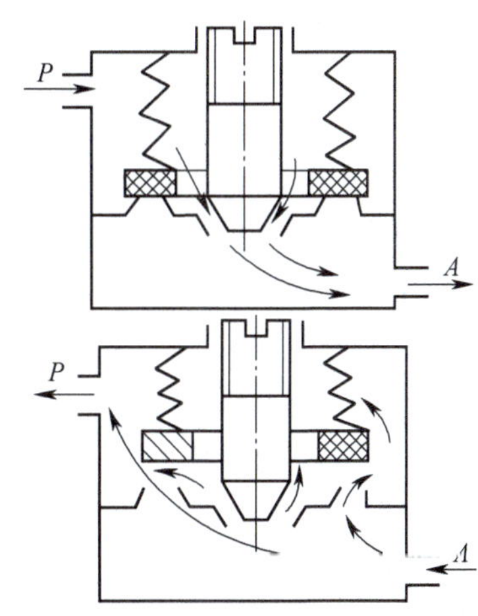

图 8-39 单向节流阀工作原理

二、进气节流与排气节流

气动系统所使用的功率一般都不大，所以速度调节的方法主要是节流调速。与液压传动系统相似，有进口、出口节流调速。在气动系统中常称进气节流调速和排气节流调速，如图 8-40 所示。

1. 单作用气缸的节流调速回路

图 8-41 所示分别为采用单作用缸时的双向节流调速和单向节流调速回路。图 8-41（a）所示为由两个相对安装的单向节流阀来分别控制活塞杆的伸出与缩回速度；图 8-41（b）所示为活塞杆伸出时可调速，缩回时缸内气体经快速排气阀排气，活塞杆快速退回。

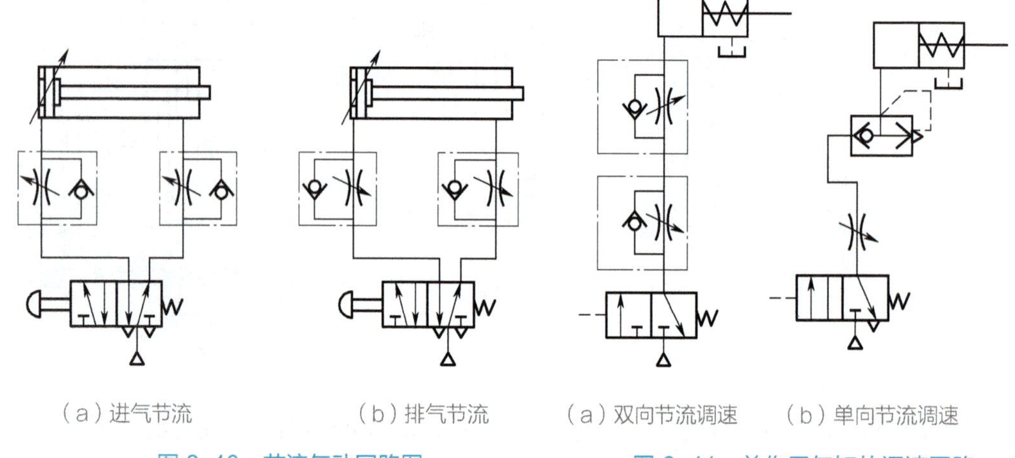
（a）进气节流　（b）排气节流

图 8-40　节流气动回路图

（a）双向节流调速　（b）单向节流调速

图 8-41　单作用气缸的调速回路

2. 双作用气缸的节流调速回路

图 8-42 所示为双作用气缸的双向调速回路。图 8-42（a）所示为采用单向节流阀，图 8-42（b）所示为采用排气节流阀。

上述调速回路适用于负载变化不大的场合。当负载突然增大时，由于气体的可压缩性，将迫使缸内的气体压缩，活塞运动速度减慢；反之，当负载突然减小时，缸内原来被压缩的气体将膨胀，活塞运动速度加快，称为气缸的“自走”现象。因此，要求气缸具有准确而平稳的运动速度时，可以采用比例流量阀加反馈来改善调控性能，或者采用气液相结合的调速方式。

3. 排气节流调速回路

图 8-43 所示为排气节流调速回路。图 8-43（a）是利用两个单向节流阀来实现气缸活塞杆伸出和退回两个方向的速度控制，气流经单向阀进气，通过节流阀节流排气。图 8-43（b）是由带有消声器的排气节流阀实现排气节流的速度控制，排气节流阀安装在主控阀的排气口处。

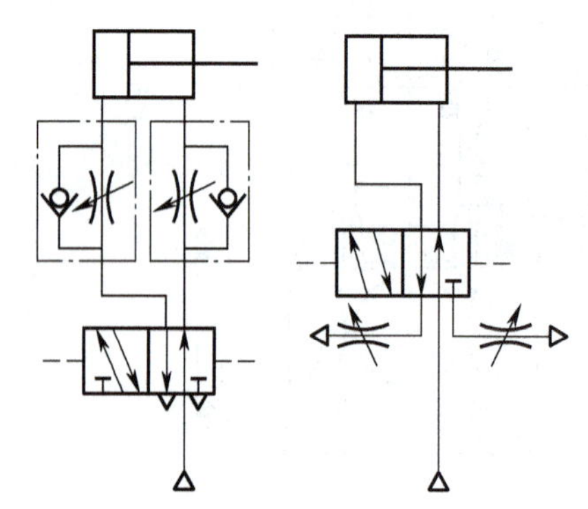
（a）采用单向节流阀　（b）采用排气节流阀

图 8-42　双作用气缸的双向调速回路

4. 气液联动调速回路

图 8-44 所示为利用气液转换器的调速回路，回路中执行元件是低压液压缸，其活塞杆伸出或退回的速度通过调节节流阀的流量来控制。这种速度控制方法在气压传动中应用广泛。它是以气压作动力，利用气液转换器或气液阻尼缸把气压传动变为液压传动，控制执行机构的速度。

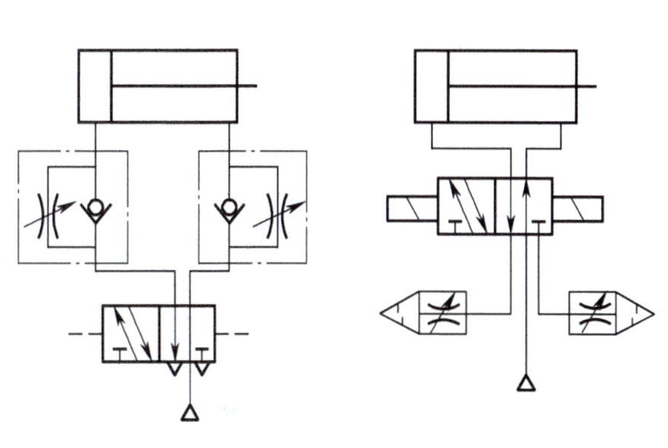

（a）两个节流阀　　（b）带消声器的排气节流阀

图 8-43　排气节流调速回路

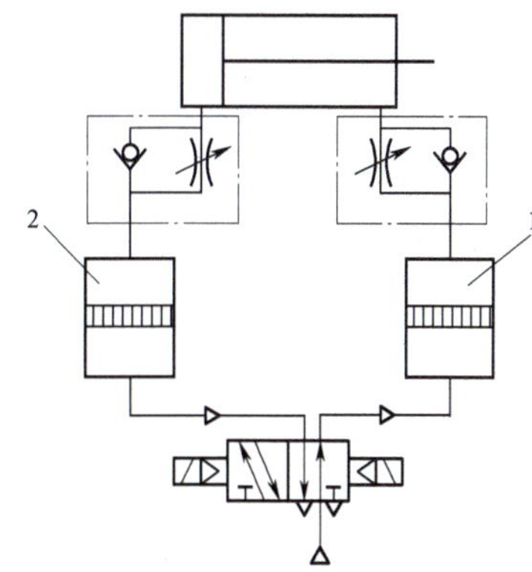

1、2- 气液转换器

图 8-44　利用气液转换器调速回路

5. 进气节流的不足之处主要表现为：

（1）当负载方向与活塞运动方向相反时，活塞运动易出现不平稳现象，即“爬行”现象。

（2）当负载方向与活塞运动方向一致时，由于排气经换向阀快排，几乎没有阻尼，负载易产生“跑空”现象，使气缸失去控制。

所以进气节流，多用于垂直安装的气缸的供气回路中。在水平安装的气缸的供气回路中一般采用排气节流调速的回路。

6. 排气节流调速回路具有下述特点：

（1）气缸速度随负载变化较小，运动较平稳。

（2）能承受与活塞运动方向相同的负载（反向负载）。

温馨提示

以上的讨论，适用于负载变化不大的情况。当负载突然增大时，由于气体的可压缩性，就将迫使气缸内的气体压缩，使活塞运动速度减慢；反之，当负载突然减小时，气缸内被压缩的空气，必然膨胀，使活塞运动加快，这称为气缸的“自走”现象。因此在要求气缸具有准确而平稳的速度时（尤其在负载变化较大的场合），就要采用气液相结合的调速方式了。

问题讨论：

（1）速度控制阀只要能完成回路性能，那么它的安装是可以安放在任意位置的？

以上所述不可行，应把速度控制阀安装在气缸附近。若安装在离气缸较远的地方，则调节会不稳定。

（2）当气缸是在垂直安装的情况下，进气节流对使用中有什么影响？如何改进？

进行垂直安装的情况下，进气节流会使气缸因自重而下落，如图 8-45（b）所示，所以需对排气节流进行如图 8-45（a）所示的组合。

（3）速度控制回路中单向节流阀串联情况下使用时，二个串联的单向节流阀有没有前后位置要求？

串联的单向节流阀若先进行调速，再通过单向阀，将会使速度控制不稳定。所以速度控制阀的串联应采用图 8-46（a）所示的回路。

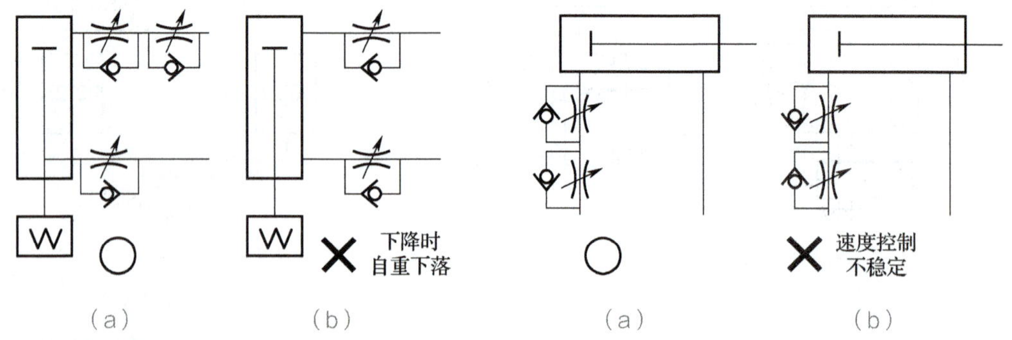

图 8-45　垂直安装情况下，排气节流回路组建　　图 8-46　串联单向节流阀调速回路

三、认识相应的压力控制回路

1. 认识压力顺序阀

顺序阀的作用是依靠气路中压力的大小来控制机构按顺序动作，常用来控制气缸的顺序动作，顺序阀的工作原理如图 8-47 所示。当压缩空气由 P 口进入时，若作用在活塞上的力小于弹簧力时，阀口关闭。当作用于活塞上的力大于弹簧力时，活塞被顶起，压缩空气经腔体由 A 口流出。

顺序阀常与单向阀并联结合成一体，称为单向顺序阀。单向顺序阀的工作原理如图 8-48（a）所示，当压缩空气由 P 口进入时，若作用在活塞上的力小于弹簧力时，阀关闭。当作用于活塞上的力大于弹簧力时，活塞被顶起，压缩空气经腔体由 A 口流出，进入其他控制元件或执行元件，此时单向阀关闭。

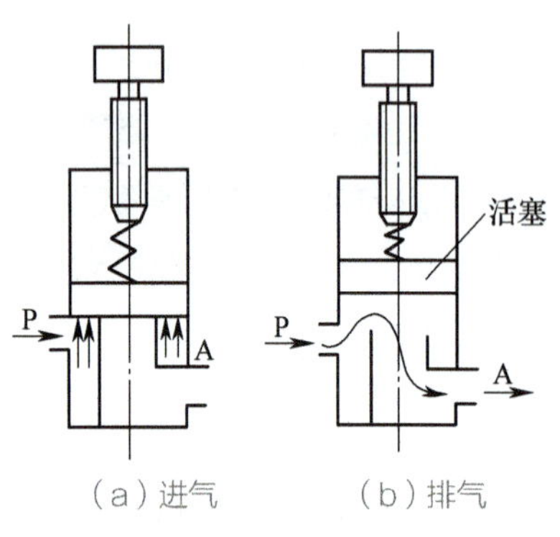

图 8-47　顺序阀的工作原理

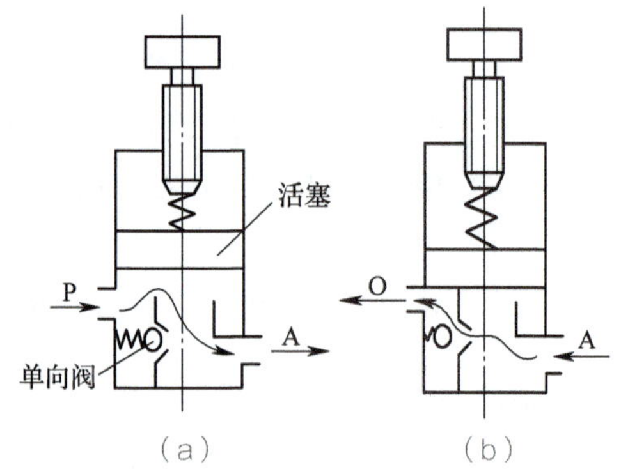

图 8-48　单向顺序阀的工作原理

如图 8-48（b）所示，当切换气源时，顺序阀关闭，此时在气体压力差作用下，打开单向阀，压缩空气由 A 口经单向阀流入左腔，经 P 口向外流出。

在气动系统中，顺序阀通常安装在需要某一特定压力的场合，以便完成某一操作。只有达到需要的操作压力后，顺序阀才有气信号输出。压力顺序阀的具体结构如图 8-49 所示。

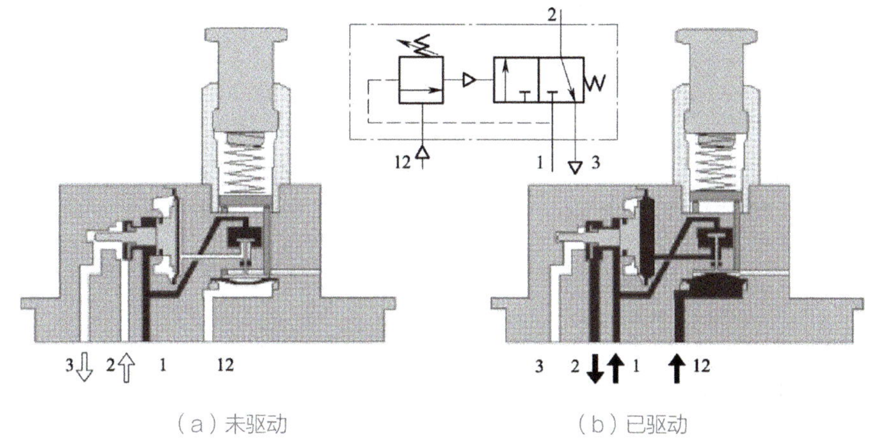

（a）未驱动　　（b）已驱动

图 8-49　压力顺序阀结构图

2. 顺序阀的应用

图 8-50 为用顺序阀控制两个气缸顺序动作的原理图。

图 8-51 所示为双作用气缸气动回路上顺序阀的应用。当驱动按钮阀动作时，气缸伸出并对工件进行加工。只要达到预定压力，压力顺序阀导通使换向阀换位，双作用气缸的有杆腔进气，气缸返回。此顺序阀的预定压力可调。

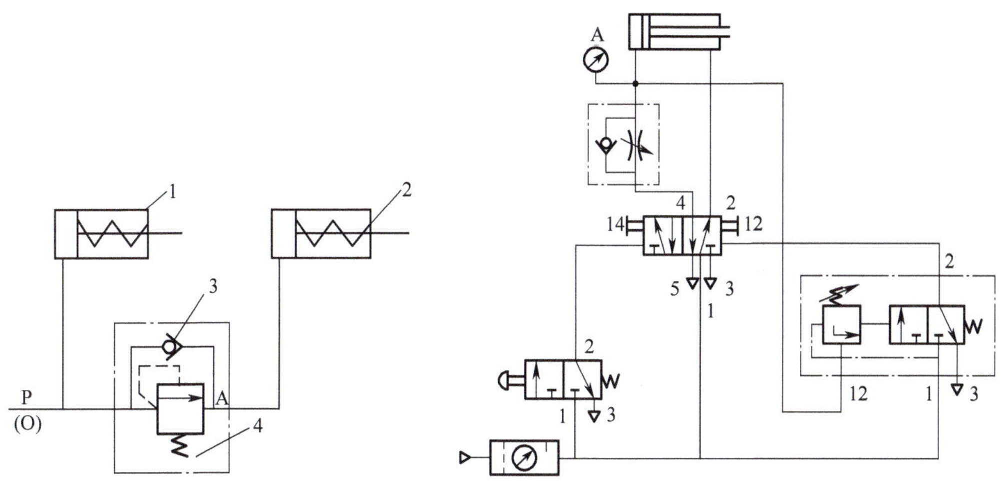

图 8-50　顺序阀双气缸应用回路　　图 8-51　顺序阀双作用气缸应用回路

3. 认识气动延时阀

图 8-52 所示为二位三通气动延时换向阀的结构原理。它是由延时控制部分和换向主阀部分组成。常态时，当无气控信号 K 时，弹簧的作用使阀芯 2 处在左端位置，

P 与 A 相通。当从 K 口通入气控信号时，气体通过可调节流阀 4（气阻）使气容腔 1 充气，由于节流后的气流量较小，气容中气体的压力增长缓慢，经过一定时间后，当气容内的压力达到一定值时，通过阀芯压缩弹簧使阀芯向右动作，换向阀换向；气控信号消失后，气容中的气体通过单向阀快速卸压，当压力降到某值时，阀芯左移，换向阀换向。调节节流阀可调节延时的长短。这种阀的延时时间在 0 ~ 20 s 范围内，常用于易燃、易爆等不允许使用时间继电器的场合。

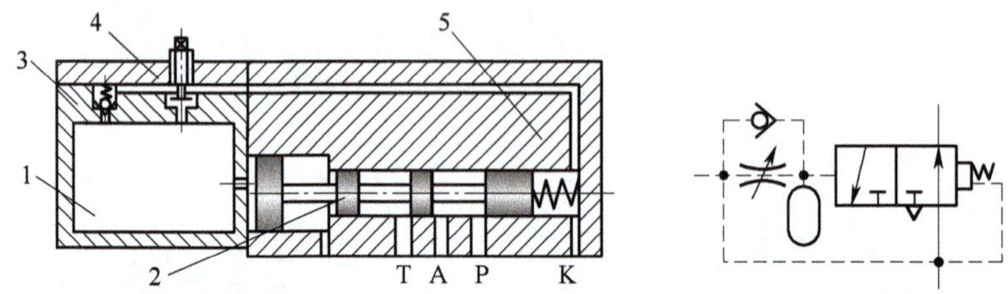

1- 气容；2- 阀芯；3- 单向阀；4- 节流阀；5- 阀体

图 8-52　二位三通气动延时换向阀结构原理

温馨提示

气动延时阀分别有延时断开与延时闭合，所以在使用时要注意到元器件的选择与回路的设计组建。

4．延时阀应用回路

图 8-53（a）所示为延时阀的应用回路（是一个压注机的使用回路）。按下手动阀 A，汽缸下压工件，工件受压时间长短是由 B、C、D 组成的延时阀来调整完成的。

图 8-53（b）所示是用两个延时阀的时间控制式循环往复动作回路。

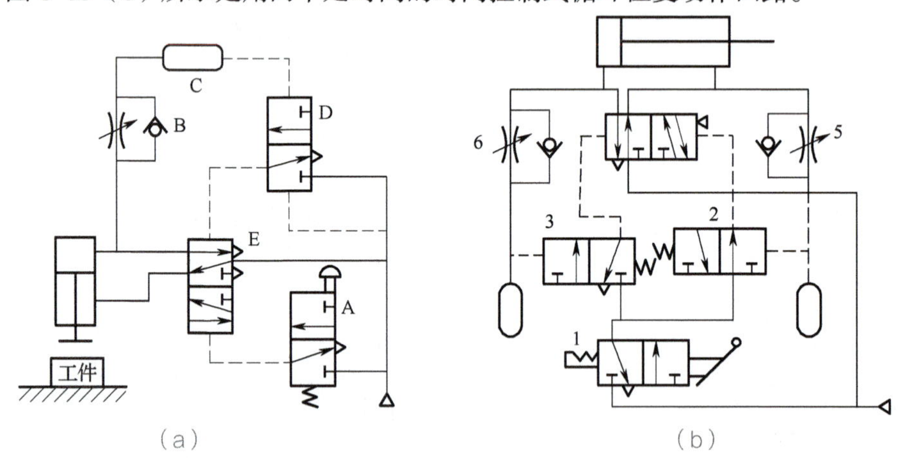

图 8-53　延时阀回路

任务实施

步骤一　气路控制原理的分析

气动塑料焊接机的气动控制回路如图 8-33 所示，当气缸在初始位置时，主控阀

1V1 处于右位，同时滚轮行程阀 1S3 被压下，延时器工作。如按下按钮开关 1S2 或 1S3 则主控阀切换至左位，气缸伸出，气缸完全伸出后压下滚轮行程阀 1S4，这时活塞腔的压力逐渐上升。当达到顺序阀的调定压力 3 bar 时顺序阀动作，将主控阀切换至右位，使气缸缩回。（调节节流阀将活塞伸出时间控制在 3 s）；重新压下 1S3，将压力信号加在延时器上，（将延时器时间调至 2 s）2 s 之后压力信号加在双压阀右端，新的循环即可开始。

步骤二　回路搭建训练

1. 回路中 1S1 与 1S2 有什么区别？它们在回路中的作用分析

回路中 1S1 与 1S2 主要是控制方式不同。1S1 是一个按钮阀，按下，二位三通换向阀接通；手松开，二位三通换向阀在弹簧力作用下断开。1S2 是一个二位五通旋钮式换向阀，按下后，手离开，二位五通换向阀不会自动返回。

所以按下 1S1 换向阀，回路只运行一次；按下 1S2（定位开关）二位五通换向阀，回路将切换到连续循环工作状态。

2. 回路操作步骤

（1）根据气动塑料焊接机系统控制回路图，找出正确的元器件。

（2）在实脸台上，搭建该气动控制回路。

（3）顺序阀的选用时，当气缸活塞到位后达到 3bar 时顺序阀动作，所以顺序阀选用常断型带有弹簧自动复位式。

（4）终端控制元件选用二位五通气动控制换向阀（带有自动记忆功能）。

（5）检查双作用气缸和手动换向阀活动是否灵活，气路是否畅通；各压缩空气端口的名称以及各气缸开关的名称是否正确；回路是否被可靠连接；管线有无破损、老化。

（6）接入压缩空气，检验连接的回路与分析的动作是否一致。

（7）调节气缸的速度，使气缸的运动既平稳又能易于观察（无急进现象）。

（8）调节末端位置缓冲块，使得气缸刚好到达末端位置。

（9）调节气缸开关的位置。

（10）关闭压缩气源。

3. 任务中的注意事项

（1）熟悉实训设备（气源的开关、气压的调整、管线的插接等）的使用方法；

（2）元件的安装与固定是否牢固；

（3）打开气源时，手握气源开关观察一段时间，防止因管路没接好被打出；

（4）打开气源观察、记录运行情况，对使用中出现的问题进行分析和解决；

（5）完成实训后，关闭气源，拆下管线和元件并放回原位，对破损、老化管线应及时处理。

4. 安全操作注意事项

（1）气动系统即便切断了任何动力源之后。内部也会蓄积一定的能量。在拆卸气动系统之前，应当完个释放这部分能量，以确保安全。

（2）不要带负载启动（三联件上的减压阀旋钮旋松）。

（3）系统压力不超过 0.8 MPa。

（4）元件选择正确，管路连接可靠；换向阀各控制口连接正确，不能随意互换。
（5）一定要在关闭气源后再插拔管路。
（6）合作完成此任务。
（7）注意观察、发现、总结操作中出现的问题。
（8）实训结束后，按照片要求整理、存放元件。
（9）复原实训台，并保持实训室卫生、整洁。

步骤三　方案评估

在起始位置，气缸应当处于缩回状态。为此，必须正确识别气缸的位置和各个轴的活塞杆；必须找到这些轴的末端位置开关，并将这些开关与正确的末端位置相对应。

1. 自我评价

在起始位置时气缸是否处于正确的末端位置？
这些气缸的速度是否恒定？

2. 外部评价

这些气缸的控制是否正确？
气缸开关的分配是否正确？

任务评价

根据表 8–7，对任务完成情况进行评价。

表 8–7　任务评价表

序号	评价项目	评价内容	参考分	评分标准	得分
1	分析回路	能正确分析整体回路由哪些基本回路组成	15	全面、准确讲解回路中的基本回路	
2	原理说明	准确识读回路，对回路陈述清晰，言简意赅	10	全面、准确讲解回路中各元器件名称及作用，正确解读回路的作用	
3	特点分析	正确分析此气动系统的特点	10	全面、准确地分析此气动系统的特点	
4	回路搭建	能将设计的回路进行正确搭建	20	回路搭建正确，无泄漏现象，各阀初始位置调整正确，气缸速度合理	
5	故障排除	故障分析、排除或与改进	10	能进行常见故障的排除	
6	系统调试过程	能解决系统调试中出现的问题	15	能采用正确的方法解决系统调试中出现的问题	
7	劳动保护及安全文明	爱护设备及工具；遵守安全文明生产规程；具有成本控制及环保意识	10	着装整洁；保持工作环境清洁；执行安全操作规程；具有节约意识	
8	团队合作	与他人的协作精神	10	能自我调控好学习情绪，善于与人沟通，积极参与小组活动，与教师、同学之间合作态度好	

续表

序号	评价项目	评价内容	参考分	评分标准	得分
9	时间	45 分钟		提前正确完成，每5分钟加2分；超过规定时间，每5分钟减2分	
总分					

知识拓展

转　换　器

转换器是将电、液、气信号相互间转换的辅件，用来控制气动系统工作。气动系统中的转换器主要有气→电、电→气和气→液等。图 8–54 所示为气－液直接接触式转换器。

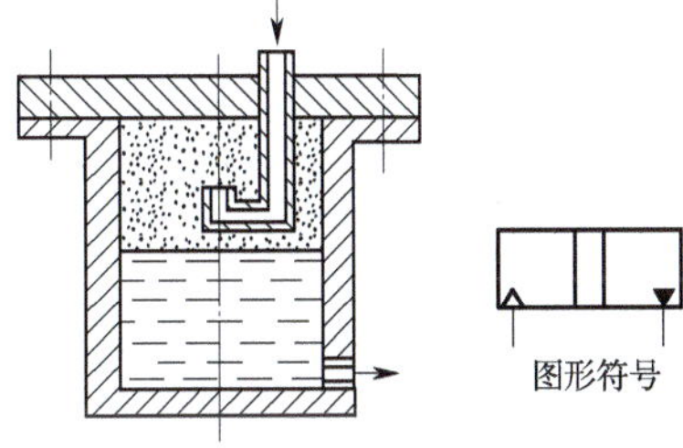

图 8–54　气－液直接接触式转换器

当压缩空气由上部输入管输入后，经过管道末端的缓冲装置使压缩空气作用在液压油面上，因而液压油即以压缩空气相同的压力，由转换器主体下部的排油孔输出到液压缸，使其动作。气－液转换器的储油量应不小于液压缸最大有效容积的 1.5 倍。

思考与练习题

1．总结一下气动塑料焊接机的特点有哪些？

解答：（1）机械启动方式采用双按钮开关（或脚踏开关）设计；

（2）气缸下行速度可调，气缸行程可调，也可按客户要求定做；

（3）只需调整气压调压阀，就可达到所需要的压装力，简单方便；

（4）单柱型左右前三面开放式设计，轻巧不占空间，结构简单，极少维修，生产效率高；

（5）可另增加发热模具及智慧温控仪，适用于热压成型、烙印、压凸等工艺。

2．如何系统压力调节？

解答：试压，如压力太小，可调通过调节二联件上的减压阀，将调压器上端轻轻往上拉，按顺时针可将压力调大，顺时针则相反，直到调节到理想的压力，再将减压阀上的调节部位往下压（即可锁上），以免压力变动。

3．根据图 8–55，组建气动回路。并分析研究回路；要求说明各元件的名称和作用？在什么情况下气缸会有动作？采用的是何种调速回路？

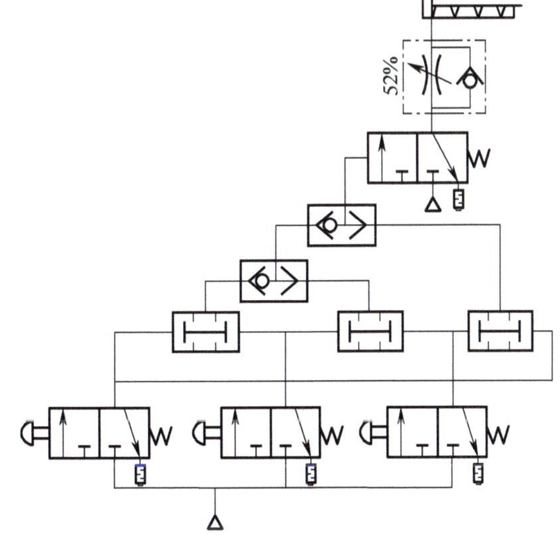

图 8–55　气动逻辑回路

任务 4 非接触式信号控制回路设计

学习目标

一、基本目标

❶ 认识非接触式气动元件，理解其工作原理。

❷ 能看懂气动接近开关控制回路图，理解其工作原理与特点。

❸ 能够进行气动接近开关控制回路的安装与调试，实现预定功能。

二、提高目标

❶ 能根据具体工作要求进行回路设计。

❷ 理解常见气动放大器的工作原理作用。

❸ 能利用仿真软件进行回路的设计、分析与仿真调试。

任务描述

针对图 8-56 所示的气动送料机构示意图，设计一个气动送料回路，将料仓中的工件推送到输送带上。要求：按动一个按钮后，一个气缸的活塞杆将从落料仓中落下的工件推到传送带上。

当活塞杆将从落料仓中落下的工件推送到传送带后，能自动地返回。并且只有当气缸的活塞杆返回到后端终点位置时，新的运动才可能开始。

另外：由于料仓中有工件，所以不能用机械式信号元件来检测气缸活塞杆的头部和工件（信号元件必须是“非接触式”的）。

气缸的工作速度在两个方向上应该可以无级地调节。

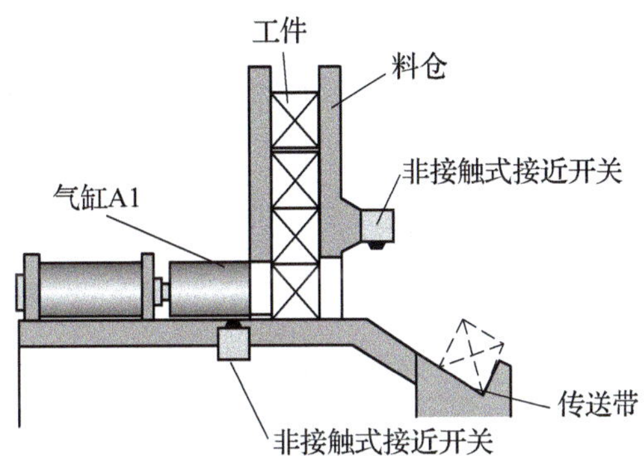

图 8-56 气动送料机构示意图

任务分析

本装置运动行程不大（推送后，工件自动由斜面滑下）、速度要求不高、可选用双作用气缸作为执行元件，在运动过程中的要求如下：

按下一个手动换向控制阀，气缸伸出工作；当气缸完全伸出到达前端终点位置时，需要有一个非接触式感应装置将信号传递到换向阀，使气缸能自动回缩。

当气缸的活塞杆返回到后端终点位置时，新的运动才可能开始。

选择应用二个反射式喷嘴来达到非接触式感应，但是反射式喷嘴产生的信号较弱，所以再需要采用与之配对的二位三通 2 级放大器。

对于气缸在两个方向上应该可以无级地调节，需要采用单向调整节流阀，使气缸的工作速度在两个方向上都能无级调。

最终搭建的气动送料机构参考回路如图 8-57 所示。这种方式采用了间接控制的手段，应用了二个反射式喷嘴来来实现对双作用气缸的位置检测，再用二个与反射式喷嘴相配的二位三通 2 级放大器，实现对主控阀的控制。回路设计简洁；稳定性较好。缺点是反射式喷嘴的安装位置必须认真进行调试方可实现回路的正常运行。

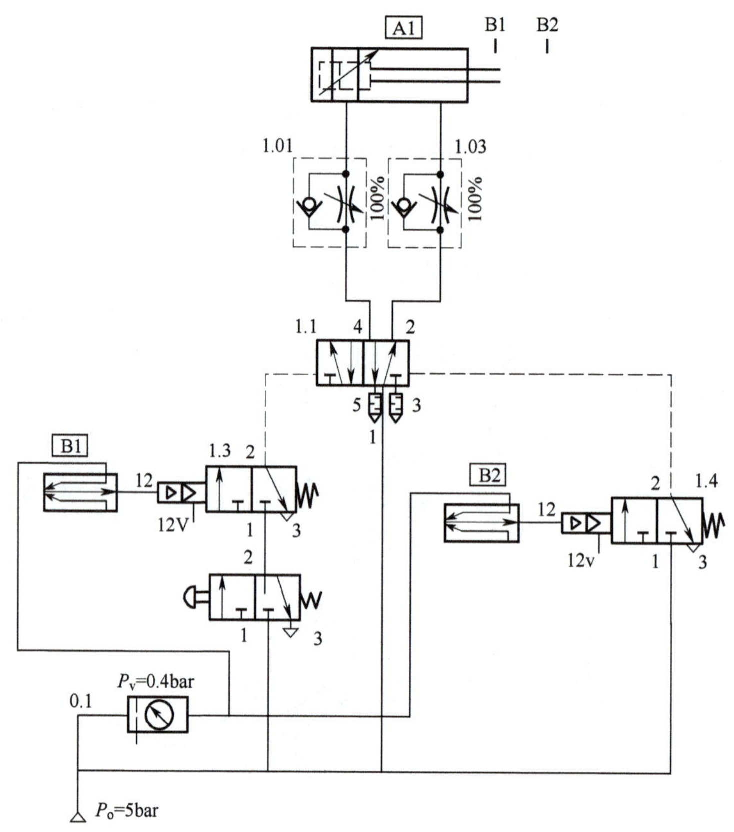

图 8-57 气动送料机构参考回路图

所需器材

完成该项任务时，需要用到的器材如表 **8-8** 所示。

表 8-8 所需器材

件号	数量	名称	符号
1	1	双作用单出杆活塞缸	
2	1	可调单向节流阀	100%
3	1	带压力表和分水过滤器的调压阀，调压范围 0 ~ 1 bar	

续表

件号	数量	名称	符号
4	1	双气控（5/2）二位五通脉冲式换向阀	
5	1	按钮式（3/2）二位三通换向阀，初始位置常断	
6	1	反射式喷嘴	
7	2	（3/2）二位三通放大器	
8	1	气源分配器	
9	视需要	软管	

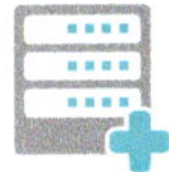

必备知识

一、回路中的控制元件

1. 反射式气动传感器工作原理

反射式气动传感器是利用气流反射的原理，建立传感器测量气室内压力随测量喷嘴与被测工件之间间隙不同而改变的特性，将尺寸量或位移量转化为气压变化信号，从而实现几何量测量。

图 8–58 为反射式气路系统原理框图，图 8–59 为反射式气动传感器的工作原理示意图。由空气压机 1 传来的压缩空气分别经过过滤器 2 和稳压阀 3 之后，输出恒定的压力 P_S，进入由外径为 D_o、内径为 D_i 的环形气隙 4 向外喷射，形成环形射流。当传感器前没有物体或与被侧工件 5 距离较远（$S>L$，S 为测量间隙或距离，L 为最大测量距离）时，环形射流沿轴线形成一个封闭区域，封闭区城内压力 P_0 呈负压（即 P_0 小于大气压力）：当气动传感器前方有被测工件 5 进入传感器测量范围时，传感器的流场发生变化，由子一部分气流被反射进入接收管 6（其直径为 D），使得封闭区城内的气体压力 P_0 增加到正压（P_0 大于大气压力），并随着测量间隙 S 的减小而增大。压力表 7 测得的压力 P_0 与测量喷嘴工件表面之间间隙的函数关系为：$P_0=f(S)$。

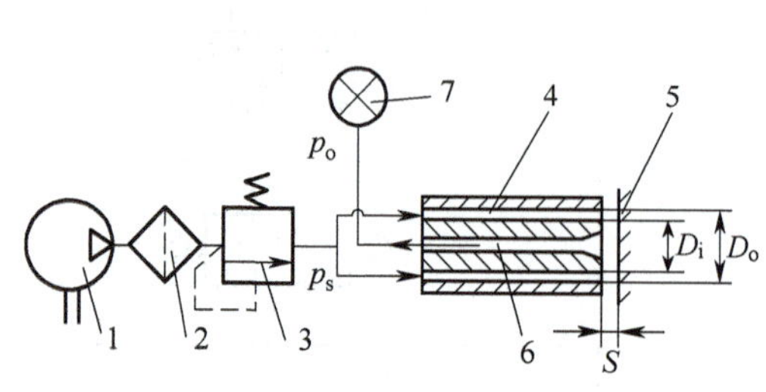

图 8-58 反射式气路系统原理框图

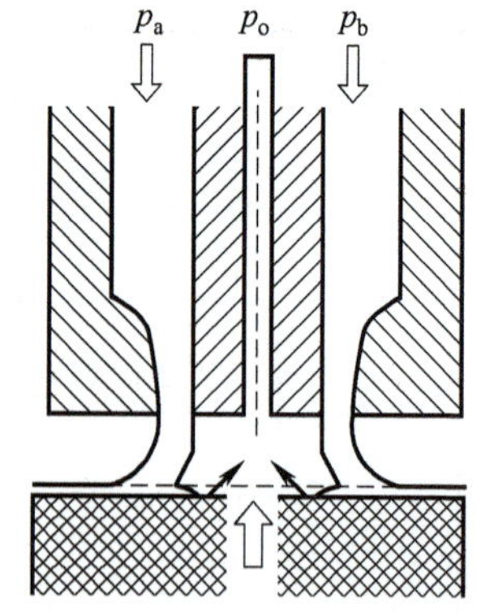

图 8-59 反射式气动传感器工作原理

为分析问题的方便，可作如下近似：

在封闭区城内（包括接收管内），各处压力均等于 P_0；

在所研究的测量范围内，不考虑环形射流的卷吸作用。

2. 反射式气动传感器结构

根据反射式气动传感器的工作原理，可知反射式气动传感器的结构。其示意图如图 8-60 所示。可分析出对反射式气动传感器测量特性，对它影响较大的参数主要包括结构参数和气体参数。当在测量范围内有物体遮住时，环形射流沿轴线形成一个封闭区域，使传感器的流场发生变化，接收管（出气口）得到信号。

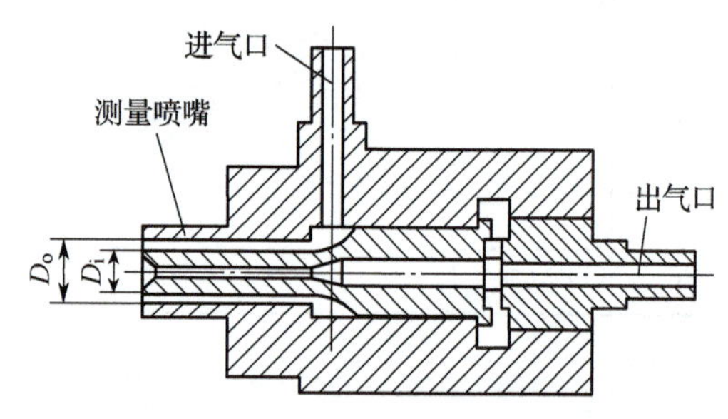

图 8-60 反射式气动传感器结构示意图

反射式气动传感器的安装需注意与被测工件距离应为 2 ~ 3 mm。因为输出信号为低压信号，必须配合放大器使用。因为放大器必须供给低压以获得高水准的放大率，故在一般放大器符号中同时亦须有供硬度接口。

3. 带二级压力放大器的（3/2）二位三通换向阀

该阀有 3 个阀口，2 个阀芯位置，两端通过气动放大级（例如：采集非接触式反射喷嘴的信号）进行气控操纵。

该阀为座阀结构，阀体和放大器头为铝合金材质，密封件为丁苯橡胶，带 ϕ4 mm 快插接头。

气动放大器的定义为能将小功率信号转换成大功率输出的装置。它实际上是气动功率放大器安装在通往执行机构的气路中接收定位器出口的压力信号，提供很大的流量给执行机构，用于提高阀门的动作速度。它是高流量比例继动器，专门用于将输入的压力信号按比例放大成相对应的具有高流量的压力输出，对于输入压力控制信号要求经常从低流量到高流量转换的操作系统特别适用。气动放大器是气动切断阀重要附件之一。气动放大器是接收安装在气动控制阀上的定位器的输出压力，以相同压力给执行机构输入大流量的气源，加快控制阀动作速度的装置。

4. 气动放大器的特征与原理

气动放大器原理如图 8-61 所示。它以稳定的 1:1 压力供气，速度快，准确性高。通过旁通调节，提高控制阀的动作安全性。对于定位器的微小输入信号压力变化反应非常敏感，并能提供大流量气源给执行机构。内置 100 μm 滤网，防止异物进入。

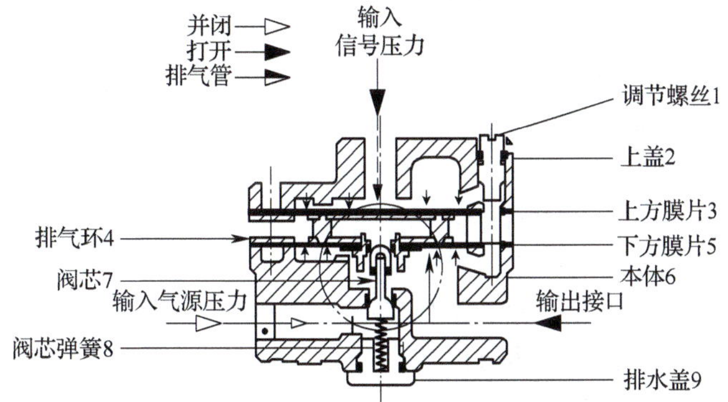

图 8-61　气动放大器原理图

从减压阀输入气源压力（Supply），信号接口端输入信号压力（Input Signal），那么上方膜片 3 受到压力，使膜片组合件向下移动，同时阀芯 7 也会向下移动。这时输入压力通过阀芯底座通路流入到输出接口（Output）并输入到执行机构。当输出压力增加到和信号压力相同时，阀芯 7 重新上升，最终信号压力和输出压力保持相同。相反，输出压力大于信号压力，则膜片组合件向上移动，输出压力会通过阀芯上方空隙向排气环 4 排气。根据信号压力而变化的输出压力的灵敏度可以通过调节螺丝 1 进行调解，通过调节可以改善系统的稳定性。

简单地说就是当挡板靠近喷嘴时，气动功率放大器的背压升高，背压升高带动锥阀动作，从而输出增大，反之亦然。气源是通过两路进入气动功率放大器的，一路是通过恒节流孔进入其背压室，另一路是直接进入与输出相连的气室。

任务实施

步骤一　气路控制原理分析

气动送料机构控制回路图如图 8-57 所示，气源通过气动二联件的过滤和减压送到手动换向阀输入口 1，由于使用了常断型手动按钮阀换向阀 0.1，此时输入口 1 关闭，输出口 2 与呼气口 3 接通（手动换向阀处于零位状态），双作用气缸在初始位置。只有将按钮阀按下后，方能进行气缸的操作。

在满足下列逻辑条件的情况下，气动送料机构的双作用气缸开始伸出：按动启动按钮（S0）同时反射式气动传感器（B1）检测到气缸 A1 在初始位置。

当气缸的活塞杆到达前端终点位置（反射式气动传感器 B2 检测到）的情况下，气缸的活塞杆自动返回到后端终点。

二位五通脉冲换向阀作为控制气缸的主控元件。气缸活塞杆的工作速度在气缸伸出和缩回时在单向调速节流阀的作用下可进行双向无级调速（采用了排气节流调速方式)。

步骤二　回路搭建

按照图 8-57 所示控制回路图连接器材。决定元件在实训底板上的安装位置，根据回路图，用塑料软管和附件将元件连接起来。接好管线后，调节调压阀。查看气缸活塞杆的头部和反射式喷嘴之间的距离应为 2 ~ 3 mm。径向接通压缩空气；检查逻辑功能；注意检查压力是否标准压力并且压力放大器上的低压管路是否安装好。低压调压阀上的压力应设定为 p_e=0.4 bar。调试双作用气缸到位情况等，分析和解决在实训中出现的不正常情况，根据要求记录实训结果。

注意事项：

(1) 熟悉实训设备（气源的开关、气压的调整、管线的插接等）的使用方法。

(2) 检查元件的安装与固定是否牢固。

(3) 打开气源时，手握气源开关观察一段时间，防止因管路没接好被打出。

(4) 打开气源观察、记录运行情况，对使用中出现的问题进行分析和解决。

(5) 完成实训后，关闭气源，拆下管线和元件并放回原位，对破损、老化管线应及时处理。

步骤三　过程记录

根据实训现象，填写进、排气和气缸活塞杆的动作情况（见表 8-9）。

表 8-9　实验现象记录表

按下按钮 S0 并满足什么条件气缸伸出	反射式喷嘴在多少距离下有信号	若双稳阀 1.1 初始时不在右如何位，应如何解决	哪个调速调整回缩速度	如何知晓回路现在的工作压力

随堂小练习

1. 反射式喷嘴在气动系统中被用作________元件? 反射式喷嘴工作在低压下，________为0.3 ~ 0.5 bar，因此，反射式喷嘴输出的信号也是一个________，在用于标准压力范围之前，必须________。

2. 本次任务中带压力表和分水过滤器的调压阀，调压范围是________。

3. 在实现回路的检测气缸活塞杆的头部信号时，为什么不用机械式信号元件来检测气缸活塞杆的头部和工件?

任务评价

根据表 8-10，对任务完成情况进行评价。

表 8-10 任务评价表

序号	评价项目	评价内容	参考分	评分标准	得分
1	分析回路	能正确分析整体回路由哪些基本回路组成	15	全面、准确讲解回路中的基本回路	
2	原理说明	准确识读回路，对回路陈述清晰，言简意赅	10	全面、准确讲解回路中各元器件名称及作用，正确解读回路的作用	
3	特点分析	正确分析此气动系统的特点	10	全面、准确地分析此气动系统的特点	
4	回路搭建	能将设计的回路进行正确搭建	20	回路搭建正确，无泄漏现象，各阀初始位置调整正确，气缸速度合理	
5	故障排除	故障分析、排除或与改进	10	能进行常见故障的排除	
6	系统调试过程	能解决系统调试中出现的问题	15	能采用正确的方法解决系统调试中出现的问题	
7	劳动保护及安全文明	爱护设备及工具；遵守安全文明生产规程；具有成本控制及环保意识	10	着装整洁；保持工作环境清洁；执行安全操作规程；具有节约意识	
8	团队合作	与他人的协作精神	10	能自我调控好学习情绪，善于与人沟通，积极参与小组活动，与教师、同学之间合作态度好	
9	时间	45 分钟		提前正确完成，每 5 分钟加 2 分；超过规定时间，每 5 分钟减 2 分	
总分					

知识拓展

1. 气动调节阀执行机构发生振荡的解决方法

（1）确认定位器中先导阀侧面的负载弹簧是否脱落，如果脱落请重新安装。

（2）确认气动调节阀执行机构体积是否过小，如果执行机构过小，则需加装节流孔，减少输入到执行机构的气流量来解决。

（3）确认阀门摩擦力是否过大，是否均匀。如果阀门摩擦力过大，则需要更换更大尺寸的执行机构，如阀门摩擦力不均匀，则需更换阀门。

2. 气动调节阀定位器线性不好的调整方法

（1）确认定位器安装位置是否正确，特别是直行程定位器，确认阀门开到 50% 时，反馈杆要处于水平位置，阀杆连接棒安装在与阀门行程值要同的反馈杆刻度值上。

（2）确认零点和量程设定是否正确。确认零点是否过低，量程是否过高，特别是零点，零点设定不正确的话，量程也不会准确，因此首先要设置好零点。

3. 气动调节阀定位器给信号不动作原因分析

（1）确认减压阀是否正常供气，输入压力标示大于气动调节阀门全开或全关所需的最大压力。

（2）确认定位器零位、量程调节是否偏向某一方向，特别是确认零点设定是否过高或过低。

4. 气动调节阀滞后性过大解决方法

（1）气动调节阀反馈杆上的固定弹簧过于松懈会产生滞后现象，请调节反馈杆弹簧，消除反馈杆与阀杆连接棒之间的间距。

（2）角行程定位器需要确认反馈杆与直径机构之间的连接是否牢固，如有松动，请将反馈杆上的螺丝拧紧。

思考与练习题

1. 试分析在活塞杆伸出过程中按钮 S0 松开后有什么后果，为什么？

2. 若我们在实训时将两个单向调速节流阀装成一正一反，会对回路有什么影响？

3. 试分析反射式喷嘴的优缺点。

任务5 气控逻辑回路设计

学习目标

一、基本目标

❶ 认识逻辑控制回路常用组成元件，理解其工作原理。

❷ 能看懂逻辑控制回路图，理解其工作原理与特点。

❸ 能够进行逻辑回路的安装与调试，实现预定功能。

二、提高目标

❶ 能根据具体工作要求进行回路设计。

❷ 理解常见各种气动双压阀（与阀）、梭阀（或阀）的工作原理作用。

❸ 能利用仿真软件进行回路的设计、分析与仿真调试。

任务描述

针对图 8-62 所示工业标记机示意图，设计一个手动运动回路，实现标记功能。要求：随意按下两个手动换向控制阀其中之一，气缸伸出工作。当气缸到位后压下行程阀，并同时按下回退按钮控制阀时气缸方可缩回。气缸工作压力为 4 bar。

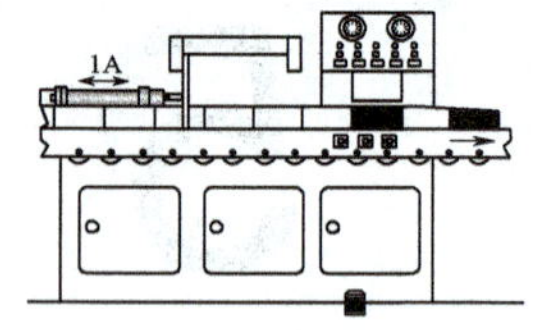

图 8-62　工业标记机示意图

任务分析

本装置运动行程不大、速度要求不高、可选用双作用气缸作为执行元件，但在运动过程中有逻辑关系要求：随意按下两个手动换向控制阀其中之一，气缸伸出工作，需要有“或”的功能。当气缸到位后压下行程阀，并同时按下回退按钮控制阀时气缸方可缩回，需要有“与”的功能。考虑到控制回路的逻辑要求，宜采用间接控制方式启动气缸，对主回路的换向阀也采用记忆阀为好。

选用的标记机控制系统气动回路如图 8-63 所示。这种方式需二种逻辑控制元件来实现对双作用气缸的控制。回路设计简洁，稳定性好。缺点是气缸不能自动回退，必须以手动的方式方可缩回。

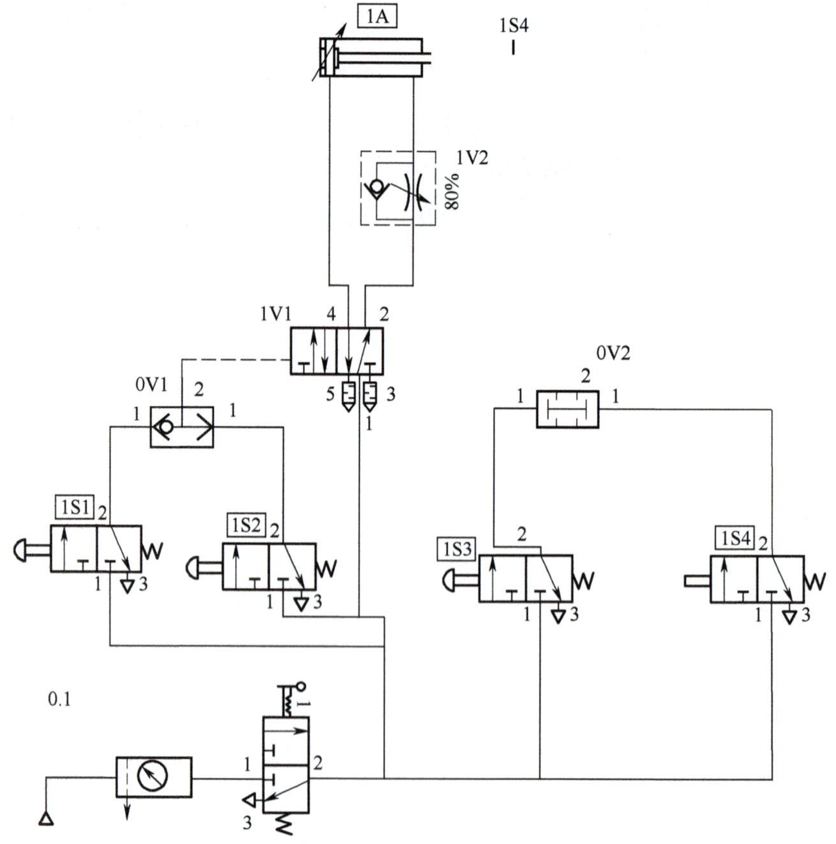

图 8-63　工业标记机气动参考回路图

所需器材

完成该项任务时，需要用到的器材如表 8-11 所示。

表 8-11　所需器材

件号	数量	名称	符号
1	1	双作用单出杆活塞缸	
2	1	单向调整节流阀	100%
3	1	二位五通气控换向阀	4 2 5 3
4	1	或阀（梭阀）	2 1 1
5	1	与阀（双压阀）	2 1 1
6	3	二位三通手动按钮阀	2 1 3
7	1	二位三通行程阀	2 1 3
8	1	气源分配器	
9	1	二位三通手动旋钮阀	2 1 3
10	1	气动三联件	
11	视需要	软管	

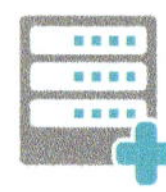

必备知识

1. 与阀（双压阀）

气动逻辑元件是用压缩空气为介质，通过元件的可动部件（如膜片、阀芯）在气控信号作用下动作，改变气流方向以实现一定逻辑功能的气体控制元件。实际上气动方向控制阀也具有逻辑元件的各种功能，所不同的是它的输出功率较大，尺寸大。而气动逻辑元件的尺寸较小，因此在气动控制系统中广泛采用各种形式的气动逻辑元件（逻辑阀）。

与门型梭阀又称双压阀，结构原理如图 8–64 所示。该阀只有两个输出口 P_1 和 P_2 同时进气时，A 口才有输出；这种阀也是相当于两个单向阀的组合。当 P_1 或 P_2 单独有输入时，阀芯被推向右端或左端，此时 A 口无输出；只有当 P_1 和 P_2 同时有输入时，A 口才有输出。当 P_1 和 P_2 同时通气时，哪端压力低，A 口就和哪端相通，另一端关闭，其逻辑关系为“与”，图形符号如图 8–64 所示。

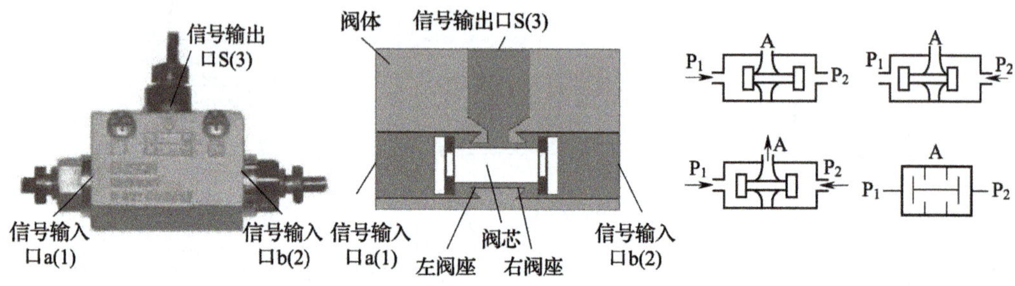

图 8–64　双压阀基本结构

作用：变换阀芯在阀体内的相对工作位置，使阀体各气口连通或断开，从而控制执行元件的换向或启停。

与门型梭阀的应用很广泛，图 8–65 为该阀在钻床控制回路中的应用。

2. 气控换向阀

按作用结构原理，气控换向阀可分为：加压控制、卸压控制、差压控制和延时控制四种。而最普遍使用是加压控制气控阀，如图 8–66 所示。

单气控换向阀（两位阀），是在阀的一端开有控制信号口，另一端设有复位弹簧。在没有气信号时，阀芯在弹簧或弹簧加气压的作用下处于原始位置。当有控制信号时，阀芯被气控信号推到另一端（切换），这时阀就输出或切换输出压缩气体；在控制气信号消失后，阀芯在弹簧的作用下回复到原始位置。

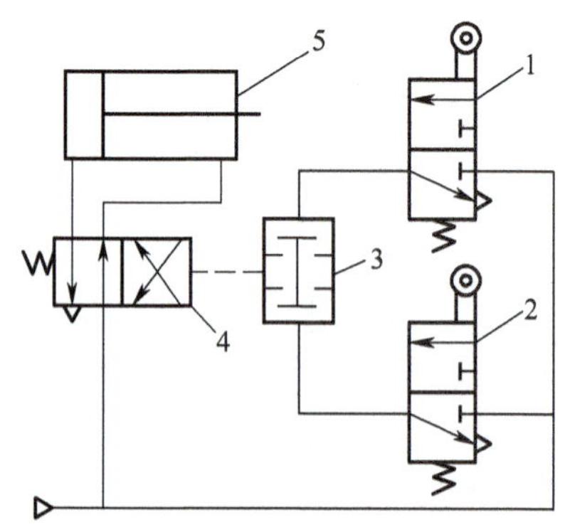

1、2- 行程阀；3- 与门型梭阀；
4- 换向阀；5- 钻孔缸

图 8–65　与门型梭阀应用回路

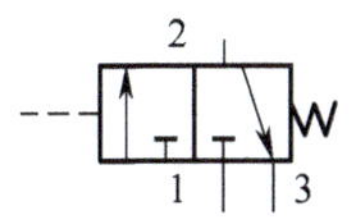

（a）单气控换向阀

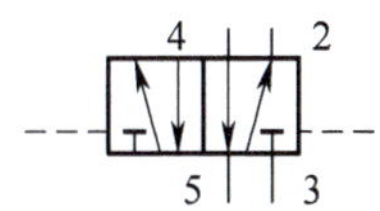

（b）双气控二位阀

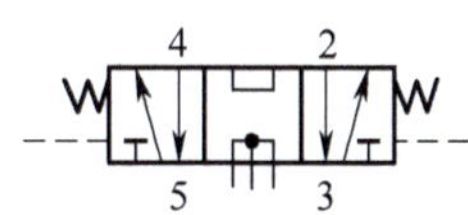

（c）双气控三位阀

图 8-66　加压控制换向阀

双气控换向阀（两位阀），就是在两端都开有控制信号口，当交替引入气控信号，控制主阀切换工作。当阀的右端无信号左端引入气信号时，阀芯被推到右端（切换）；当阀的左端无信号右端引入气信号时，阀芯被推到左端（切换）。双气控阀有记忆功能，即在控制信号撤销后，阀芯就保持在原有信号下的工作状态（不存在复位）。

温馨提示

双气控换向阀在工作时，阀的两端不能同时引入控制信号。

对于双气控的三位五通阀（三位置及以上阀）来说，双气控阀除两端还有中位，两端交替引入气控信号时和两位阀左右切换的作用相同；但在两端控制信号都撤销后，阀芯不停留在任何一端，而回复到原有的中间位置工作状态。

这就是单气控阀和双气控阀结构在作用上和应用上的不同。

3. 气源分配器

气源分配器实物图如图 8-67 所示，它是现场分散安装气动仪表与仪表空气总管相连接的中间桥架，常用的是 6 联的，有 6 个出气口，1 个进气口。在插接塑料管路后，压缩空气从此流出。

阀体为经阳极氧化处理的铝合金，进气口为 $\phi 6$ mm 快插接头，每一个出气口均为 $\phi 4$ mm 快插接头。

使用时软管应先尽量剪平并插到进气口或出气口底部，然后往外拉一下气管以保证连接成功。卸管时，尽量压下按钮，同时将管子沿轴线方向拉出。

图 8-67　气源分配器实物图

温馨提示

将软管插到气源分配器出气口时，一定要插到底部才能打开单向阀，否则将无气流流出。

任务实施

步骤一　气路控制原理分析

控制回路图如图 8-72 所示，气源通过气动二联件的过滤和减压送到手动换向阀输入口 1，由于使用了常断型手动旋钮阀换向阀，此时输入口 1 关闭，输出口 2 与呼气口 3 接通（手动换向阀处于零位状态），双作用气缸在初始位置。只有将旋钮阀转动后，方能进行气缸的操作。

在满足下列逻辑条件的情况下，工业标记机的双作用气缸（1A）开始伸出：按动启动按钮（1S1）或者辅助按钮（1S2）。

当气缸的活塞杆到达前端终点位置（1S4）并按动确认按钮（1S3）的情况下，气缸的活塞杆应该返回到后端终点。

二位五通脉冲换向阀作为控制气缸的主控元件。在气缸伸出时在单向调速节流阀的作用下可进行无级调速（采用了排气节流调速方式）；气缸返回时不能进行调速。

步骤二　回路搭建

按照图 8-72 所示手动控制回路图将相关元件连接。确定元件在实训底板上的安装位置，根据回路图，用塑料软管和附件将元件连接起来。接好管线后，调节调压阀。接通压缩空气，检查逻辑功能，调试双作用气缸到位情况等，分析和解决在实训中出现的不正常情况，根据要求记录实训结果。

注意事项：

（1）熟悉实训设备（气源的开关、气压的调整、管线的插接等）的使用方法。

（2）检查元件的安装与固定是否牢固。

（3）打开气源时，手握气源开关观察一段时间，防止因管路没接好被打出。

（4）打开气源观察、记录运行情况，对使用中出现的问题进行分析和解决。

（5）完成实训后，关闭气源，拆下管线和元件并放回原位，对破损、老化管线应及时处理。

步骤三　过程记录

根据现象，填写进、排气和气缸活塞杆的动作情况（见表 8-12）。

表 8-12　动作情况记录表

	梭阀输出口	双压阀输出口	1V1 换向阀位置	气缸进气口	气缸排气口	气缸活塞杆
按下按钮 1S1						
按下按钮 1S2						
同时按下按钮 1S1 和 1S2						
行程阀 1S4 到位						
按下回程按钮 1S3						
1S3 与 1S4 同时到位						

随堂小练习

1. 若需对这个工业标记机气动回路进行双向调速控制，应该在__________位置安装________元件。采用_________方式为好。

2. 双压阀在回路中实现了什么逻辑功能？若没有双压阀时，采用气动信号元件的怎样连接也能实现它的功能？

3. 在实现回路的排气节流调速时，安装中如何确定单向调速节流阀的安装方向？

任务评价

根据表 8-13，对任务完成情况进行评价。

表 8-13 任务评价表

序号	评价项目	评价内容	参考分	评分标准	得分
1	分析回路	能正确分析整体回路由哪些基本回路组成	15	全面、准确讲解回路中的基本回路	
2	原理说明	准确识读回路，对回路陈述清晰，言简意赅	10	全面、准确讲解回路中各元器件名称及作用，正确解读回路的作用	
3	特点分析	正确分析此气动系统的特点	10	全面、准确地分析此气动系统的特点	
4	回路搭建	能将设计的回路进行正确搭建	20	回路搭建正确，无泄漏现象，各阀初始位置调整正确，气缸速度合理	
5	故障排除	故障分析、排除或与改进	10	能进行常见故障的排除	
6	系统调试过程	能解决系统调试中出现的问题	15	能采用正确的方法解决系统调试中出现的问题	
7	劳动保护及安全文明	爱护设备及工具；遵守安全文明生产规程；具有成本控制及环保意识	10	着装整洁；保持工作环境清洁；执行安全操作规程；具有节约意识	
8	团队合作	与他人的协作精神	10	能自我调控好学习情绪，善于与人沟通，积极参与小组活动，与教师、同学之间合作态度好	
9	时间	45 分钟		提前正确完成，每 5 分钟加 2 分；超过规定时间，每 5 分钟减 2 分	
总分					

知识拓展

气动中应用单个梭阀或双压阀可实现单个的逻辑功能外，还可采用多个梭阀或双压阀实现多个逻辑功能。图 8-68 和图 8-69 所示分别为梭阀和双压阀的多个逻辑功能的实现。

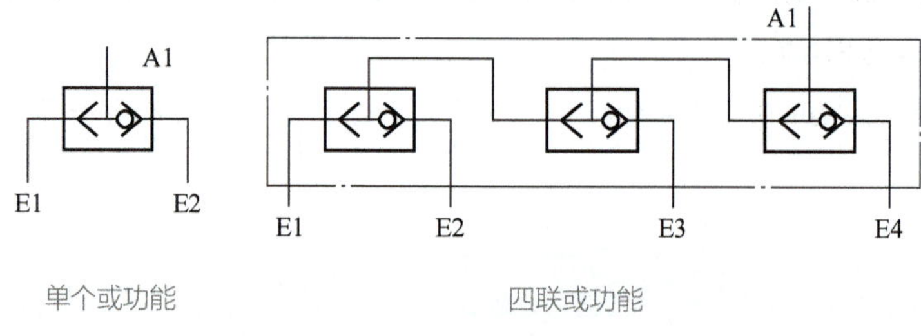

图 8-68　梭阀的单个和四联功能图

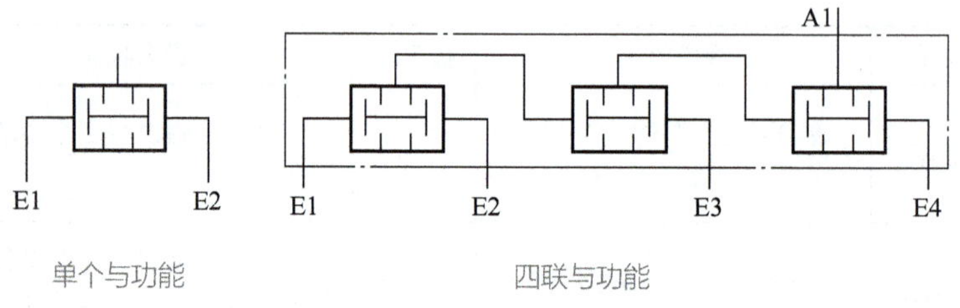

图 8-69　双压阀的单个和四联功能图

思考与练习题

1．试分析在活塞杆伸出过程中按钮为什么不能松开？松开后有什么后果？

2．若在实训时没有梭阀及双压阀，能否用其他方法实现回路的搭建？结果有什么不同？

3．试分析手动送料的优缺点。

4．简述气动逻辑控制的特点及应用。

项目 9　气动双缸控制回路设计

本项目主要要求能根据具体工作要求进行气动双缸回路设计，包括 2 个工作任务，即多步序控制回路设计、带障碍信号的控制回路设计。通过学习，大家能够了解顺序动作控制回路和连接回路以及运行两个气动执行元件的控制系统。

任务 1　多步序控制回路设计

学习目标

一、基本目标

❶ 认识多步序控制回路常用组成元件，理解其工作原理。

❷ 能看懂多步序控制回路图，理解其工作原理与特点。

❸ 能够进行多步序控制回路的安装与调试，实现预定功能。

二、提高目标

❶ 能根据具体工作要求进行回路设计。

❷ 理解常见各种气动压力控制阀、流量控制阀、方向控制阀的工作原理作用。

❸ 能利用仿真软件进行回路的设计、分析与仿真调试。

任务描述

针对图 9-1 所示流水线上的工件输送装置示意图，设计一个手动送料回路：当工件从右侧第一条传送带运送到 A1 升降气缸上时，A1 升降气缸将工件上举至与左侧的第二条传送带等高的位置；接着气缸 A2 推送气缸将工件推送到第二条传送带上。

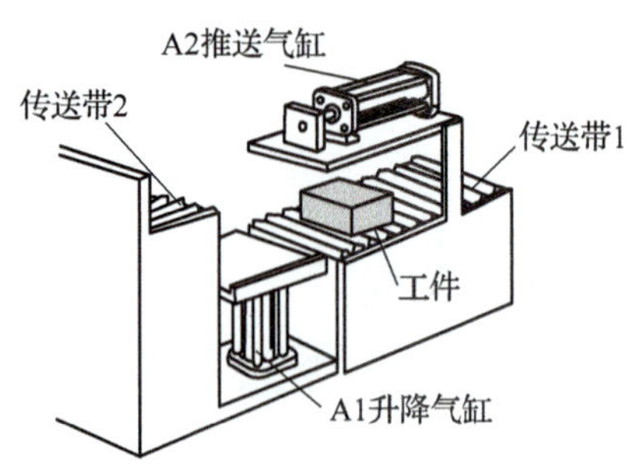

图 9-1 双气缸送料装置示意图

任务分析

本回路设计要求中，速度要求不高、可选用双作用气缸作为执行元件，但在运动过程中有一定的逻辑关系要求：

首先按下手动换向控制阀，A1 升降气缸伸出工作并保持在伸出的位置上，一直到 A2 推送气缸将工件送到传送带 2 上后，气缸 A1 才能向下运动。

为了防止在气缸 A2 没有完全缩回时，A1 气缸向上运动，将工件夹在 A2 的活塞杆与升降工作台之间，所以在设计时需要使 A2 推送气缸确定到达后端位置时，才能进行下一步新的送料运动。

考虑到控制回路的要求，采用间接控制方式启动气缸，对主回路的换向阀采用双稳阀，两个气缸活塞杆的伸出速度采用排气节流的形式，可以无级调速。

双气缸送料装置气动系统如图 9-2 所示。这种方式只需一个控制元件（手控换

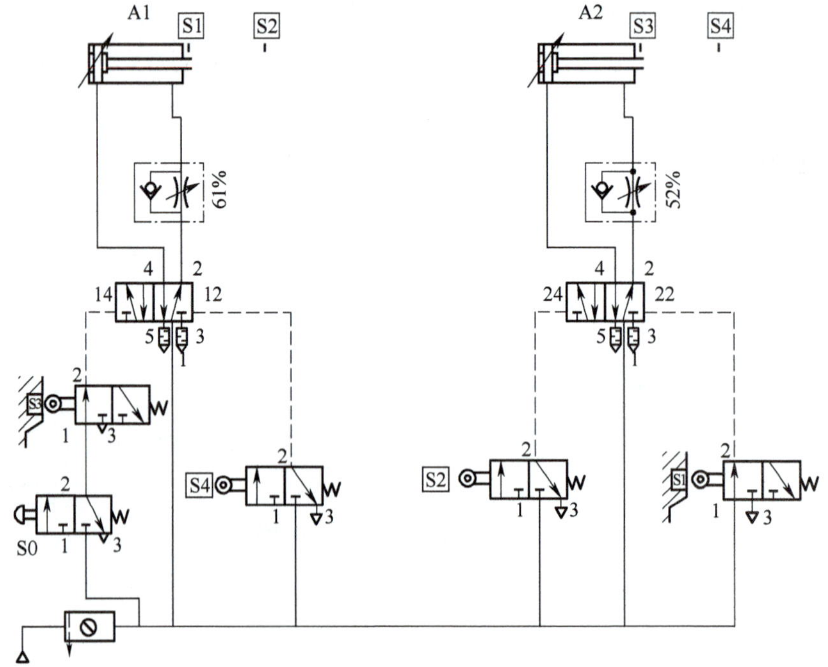

图 9-2 双气缸送料装置气动参考回路示意图

向阀）就能实现对双气缸的控制，在运动中依靠行程阀实现多步序自动控制运动。优点是回路的可靠性较高；缺点是控制中的行程阀是一种机械直接接触式的，行程阀经常和机械装置碰撞，使用一段时间后可能会产生机械冲击损坏。

所需器材

完成该项任务时，需要用到的器材如表 9-1 所示。

表 9-1 所需器材

件号	数量	名称	符号
1	2	双作用单出杆活塞缸	
2	2	单向调整节流阀	100%
3	2	双气控二位五通脉冲式换向阀	4 2 5 3
4	1	按钮式二位三通换向阀，初始位置为常断	2 1 3
5	3	滚轮式二位三通行程阀	2 1 3
6	1	气源分配器	
7	1	气动二联件	

必备知识

一、行程程序控制方案的设计

行程程序控制流程如图 9-3 所示。

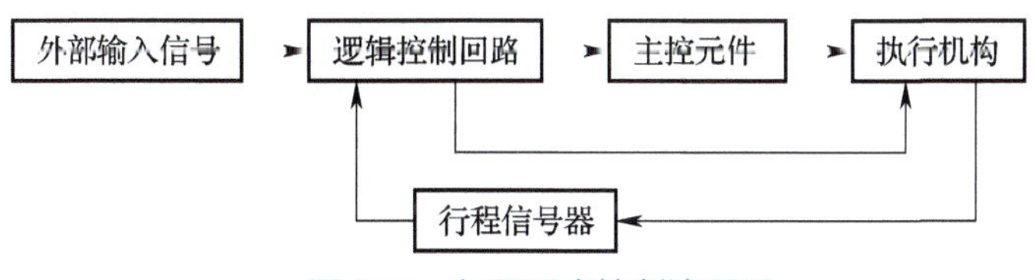

图 9-3 行程程序控制流程图

外部输入启动信号，经逻辑回路进行逻辑运算后，通过主控元件发出一个执行信号，推动第一个执行元件动作。动作完成后，执行元件在其行程终端触发第一个行程信号器，发生新的信号，再经逻辑控制回路进行逻辑运算后发出第二个执行信号，指挥第二个执行元件动作。依次不断地循环运行，直至控制任务完成，切断启动指令为止，这是一个闭环控制系统。显然，只有当前一工步动作完成后，才能进行后一步的动作。这种控制方法具有连锁作用，它能使执行机构按照预定的程序进行动作，所以，极为安全可靠，是气动自动化设备上使用最多的一种方法。

1. 控制的方案设计

控制问题的方案设计，要利用系统的有关说明文件，而且，它对控制系统的最终实现也是非常重要的。在绘制控制回路图时应当采用标准符号和标准的字母标记符号。所需的综合说明文件应该包含以下内容：

（1）位移 - 步骤图或运动图。

（2）流程图。

（3）回路图。

（4）系统元件一览表。

（5）系统操作使用说明书。

（6）维修和故障检测指南。

（7）备件表。

（8）元件的有关技术数据。

2. 回路图的设计

应当根据控制流程图来画回路图，也就是回路图中的信号流向也是从下向上，一个控制系统中，能量供给是重要的，应当包括在回路图中。供气系统所需的元件应当画在回路图的下面，可以采用简化符号或都画出全部元件的符号。在大的回路图中，供气系统部分（例如三联件、梭阀、各种供气管道连接等）可以单独画出。

也就是说回路图的布局意味着在画回路图时，不必考虑系统每个元件的实际位置，而是根据原理的需要进行布局。一般来说，在回路图中将所有的气缸和方向控制阀水平布置，且气缸运动的方向均为从左向右。这样回路图更容易为人理解，方便于我们进行分析研究。

二、行程程序回路的布局设计

1. 回路图布局的设计

例如设计要求为按下手动按钮或踏下脚踏板开关，双作用气缸的活塞杆伸出。当气缸完全伸出后，若此时手动按钮或踏下脚踏板开关也已经释放，则气缸自动返回它的初始位置。

设计的参考回路图如图 9-4 所示。图中 1.3 行程阀安装在气缸完全伸出时 PVC 活塞杆凸轮头所能碰到的位置。这个元件在回路图中画在信号输入处，不直接反映行程阀的真实安装位置。而在图中气缸伸出时所能碰到的位置处使用软件中的标尺，加上一个标签（此例中，标签为 1.3），同时在行程阀的滚轮处也加上相应的标签使其关联，这样就能在软件中进行模拟了。

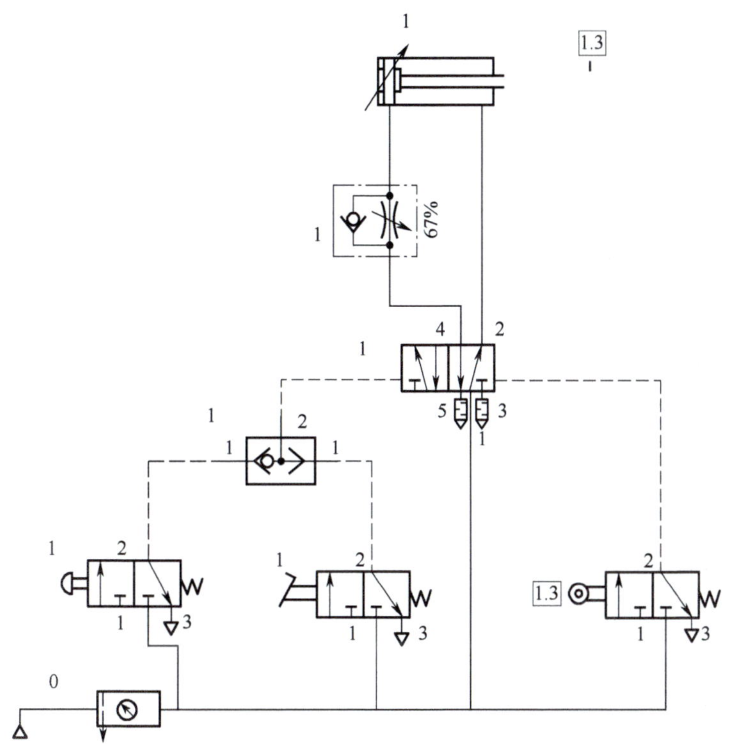

图 9-4 逻辑控制自动返回回路图

当控制回路很复杂，包含许多工作元件时，可将控制系统分成几个控制部分。每个部分可根据其功能划分。

各个部分应该尽可能地按照操作运行的顺序依次画出来，当然并不是每次都能做到的。这就需要设计者和操作者都用统一的标准来进行，这样就能将设计的回路进行正确的连接。在图中所画的每个元件应处于初始位置，如图 9-5 所示，行程阀的初始位置是处于被开通的状态。此时应当表示出来（该阀的静止位置是常开，此时由于凸轮头将其压下，所以初始位置处于被接通的状态）。

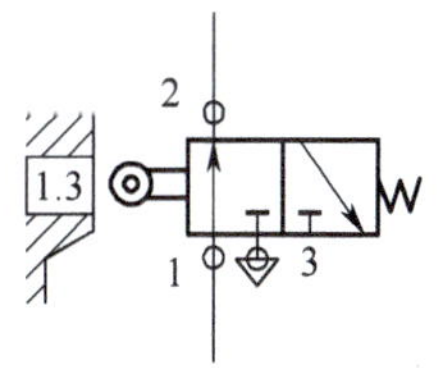

图 9-5 已被驱动的阀门初始位置

2. 回路图中元件编号的规定

根据 ISO 5599 标准，气口用数字表示。例如两位五通和三位五通方向阀，表示如下：

1——进气口；

2，4——工作口或输出口；

3，5——排气口；

12，14——控制口；

10——输出信号清零的控制口；

81，91——外控口；

82，84——控制气路排气口。

实际生产中，气口常用字母表示，具体如下：

A，B，C——工作口或输出口；

P——进气口；

R，S，T——排气口；

L——泄漏口；

X，Y，Z——控制口。

两种表示法的对比见表 9-2。

表 9-2 两种表示法的对比

气口	数字表示（符合 ISO 5599 标准）	字母表示
进气口	1	P
工作口	2	B
排气口	3	S
工作口	4	A
排气口	5	R
输出信号清零的控制口	（10）	（Z）
控制口	12	Y
控制口	14	Z

回路图中每个元件的编号与工作元件的对应关系和规定：

0	供气系统
1，2，3 等	各个工段或控制部分的编号
1.0，2.0 等	工作元件
.1	控制元件
.01，.02 等	介于控制元件和工作元件间的元件
.2，.4 等	对气缸前向冲程有作用的元件
.3，.5 等	对气缸回程有作用的元件

目前，在气动技术中对元件的命名或编号的方法很多，没有统一的标准。我们可选择其一进行标注。

具体编号示例如图 9-4 的标注。在标注时注意以下几点：

（1）信号流向是从回路图的下方向上。

（2）气源可以用简化形式画出。

（3）图中不考虑实际元件的排列。

（4）尽可能将气缸和方向控制阀门水平绘制，气缸运动方向是从左往右。

（5）安装时使用的所有元件要与回路图中的元件名称标记一致。

（6）用标记表示输入信号的位置（如行程阀）。若信号的产生是单方向的，就在标记上加上一个箭头。

（7）图中每个元件处于初始的控制位置。已经被启动而动作的元件需用带阴影填充的凸起部分或箭头加以区分。

（8）在画管线时尽可能用直线，并使其没有交叉。管线连接处用一个黑点表示。

三、气动系统的设计过程

气动控制系统议案的设计取决于有条理的规划，设计过程中的每一个阶段如图 9-6 所示。

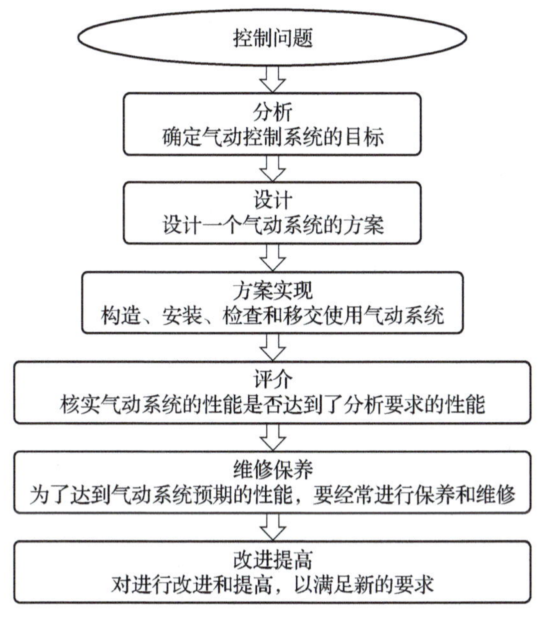

图 9-6 气动控制系统设计的阶段

可将其分为二个阶段：

第一阶段是部的系统设计，一般是确定系统的硬件和采用控制手段。在这一阶段需要考虑不同的方案进行对比判断，选择与确定出最优方案。

第二阶段主要根据第一阶段的方案，完成以下几个方面的工作：

（1）硬件系统的设计；

（2）说明文件的制定，初始资料的收集准备；

（3）确定进一步的要求；

（4）制定项目进度表；

（5）查阅产品目录及其说明；

（6）成本核算。

工程要按设计的技术要求来完成。首先要定购系统硬件，并准备好构造整个系统的其他部件。要根据工程进度要求估计必要的交货日期，同时制定好工程进度表。在系统进行安装前，必须先检测控制系统的性能，这对保证现场工作顺利进行是非常重要的。安装工作包括：控制部分、执行机构、传感器等的安装和调试，控制系统运行之前必须将所有的安装工作全部完成。安装一旦结束，就可进行移交工作。先对所有的元件进行性能测试，然后可对整个系统进行性能试验。最终要保证系统按条件顺序动作正确，机器遵照所要求的和规定的运行条件试运动（即包括元件发生故障、出现紧急情况、手动循环、自动循环、管道出现阻塞等等情况）。直至元件产品的质量能够保证机器正常工作，方可移交使用。

移交工作完成后，要对系统的使用效果进行评价，与原始技术规定相比较。如果能够很好地维护和使用机器和气动控制系统，显然将有助于提高生产效益和减少劳动成本。

而为了减少气动系统的故障率，设备的保养和维护是必不可少的。平时的有制度、有规律地对设备进行保养和维护控制系统，可以增加系统的可靠性、减少生产运行费用。

系统运行一阶段后，某些元件可能会出现磨损的现象，这可能是由于产品选择不当或运行条件发生了变化所引起的。按规定的时间间隔进行防护性的维护检查，有助于诊断这类故障，以免系统因故障而停止工作。

系统使用一段时间之后，可以换去旧的元件或对控制系统加以改进，以便提高系统的稳定性和可靠性。

任务实施

步骤一　气路控制原理分析

控制回路参考图如图 9–2 所示，两个双作用气缸活塞杆的初始状态为回缩，伸出或返回由双气控二位五通换向阀（双稳阀）控制，此阀为主控元件。气源通过气动二联件的过滤和减压送到运动系统和控制系统。

按动启动按钮 S0 后，控制信号通过被压下的限位开关 S3 到达控制气缸 A1 伸出的双稳阀的控制口 14。

气缸 A1 的活塞杆伸出，在其前端终点位置压下限位开关 S2。

限位开关 S2 将压力信号传送到控制气缸 A2 伸出的第二个双稳阀的控制口 24。

气缸 A2 的活塞杆伸出，在其前端终点位置压下限位开关 S4。

限位开关 S4 将压力信号传送到控制气缸 A1 返回的双稳阀的控制口 12。

气缸 A1 的活塞杆返回，在其后端终点位置压下限位开关 S1。

限位开关 S1 将压力信号传送到控制气缸 A2 返回的第二个双稳阀的控制口 22，然后，活塞杆返回到后端终点位置。

控制系统恢复到它的初始状态。

步骤二　回路搭建

按照图 9–2 所示双气缸送料装置气动回路图，选择元件和搭建回路。按图接好管线后，调试与检测气压，调试双作用气缸到位情况与步骤次序等，分析和解决在实训中出现不正常情况，根据要求记录下实训结果。

实训指导：

（1）元件在实训底板上安装的位置应与示意图所示的安装位置相一致。

（2）根据回路图，用塑料软管和地元件连接起来。

（3）单向节流阀调节到气缸的活塞杆大约以中速度伸出。

（4）接通压缩空气；按动按钮 S0，检查气缸的动作顺序是否正确。

温馨提示

请注意本回路中的主控元件（双气控三位五通换向阀）的初始位置。

如果控制系统没有立刻动作，为了系统地检查错误，最好将限位开关切断。

注意事项：

（1）熟悉实训设备（气源的开关、气压的调整、管线的插接等）的使用方法。

（2）接通气源前，请再次检查元件的安装与固定是否牢固。

（3）打开气源时，手握气源开关观察一段时间，防止因管路没接好被打出。

（4）打开气源观察、记录运行情况，对使用中出现的问题进行分析和解决。

（5）完成实训后，关闭气源，拆下管线和元件并放回原位，对破损、老化管线应及时处理。

步骤三　过程记录

根据现象，填写表 9-3 所列元器件和气缸活塞杆的动作情况。

表 9-3　动作情况记录表

	主控元件 1 能换向的先决条件	主控元件 1 所处的位置	气缸 A1 的运动运动方向	气缸 A1 的速度是否可调	所用的行程阀是属于那种结构
按下按钮 S0					

随堂小练习

1. 手动送料的执行元件是________，它有________个气口，分别有____________作用；控制元件是________，它实现控制功能的原理是________。
2. 快换接头在使用时要注意哪些事项？
3. 观察压缩空气的压力与单作用气缸的动作有什么关系？

任务评价

根据表 9-4，对任务完成情况进行评价。

表 9-4　任务评价表

序号	评价项目	评价内容	参考分	评分标准	得分
1	分析回路	能正确分析整体回路由哪些基本回路组成	15	全面、准确讲解回路中的基本回路	
2	原理说明	准确识读回路，对回路陈述清晰，言简意赅	10	全面、准确讲解回路中各元器件名称及作用，正确解读回路的作用	
3	特点分析	正确分析此气动系统的特点	10	全面、准确地分析此气动系统的特点	

续表

序号	评价项目	评价内容	参考分	评分标准	得分
4	回路搭建	能将设计的回路进行正确搭建	20	回路搭建正确，无泄漏现象，各阀初始位置调整正确，气缸速度合理	
5	故障排除	故障分析、排除或与改进	10	能进行常见故障的排除	
6	系统调试过程	能解决系统调试中出现的问题	15	能采用正确的方法解决系统调试中出现的问题	
7	劳动保护及安全文明	爱护设备及工具；遵守安全文明生产规程；具有成本控制及环保意识	10	着装整洁；保持工作环境清洁；执行安全操作规程；具有节约意识	
8	团队合作	与他人的协作精神	10	能自我调控好学习情绪，善于与人沟通，积极参与小组活动，与教师、同学之间合作态度好	
9	时间	45 分钟		提前正确完成，每 5 分钟加 2 分；超过规定时间，每 5 分钟减 2 分	
总分					

知识拓展

本任务所搭建的气动回路是一个无障碍信号的两个双作用气缸的顺序动作控制回路。

所谓无障碍信号指的是：通过压下作为限位开关的滚轮（3/2）二位三通换向阀，如果在主控元件上的控制口 14 和 12 上没有同时地出现控制信号的话，就不会出现障碍信号，地就不需要附加其他的元件来实现顺序动作控制了。

思考与练习题

1. 试分析在所设计的气动回路中，采用的启动按钮和行程阀都是二位三通阀，若选择二位二通阀是否可行？为什么？

2. 主控阀的初始位置若将之改变，对整体回路有何影响？

3. 如图 9–7 所示，二位五通记忆阀（双稳阀）的二端设置手动杆的目的是什么？

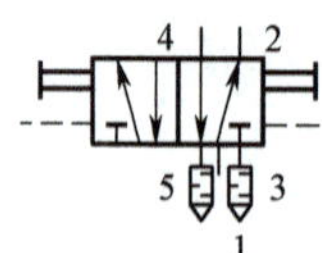

图 9–7 带手动杆的二位五通记忆阀

任务2 带障碍信号的控制回路设计

学习目标

一、基本目标

❶ 认识顺序控制回路常用组成元件，理解其工作原理。

❷ 能看懂顺序控制回路图，理解其工作原理与特点。

❸ 能够进行顺序控制回路的安装与调试，实现预定功能。

二、提高目标

❶ 能根据具体工作要求进行回路设计。

❷ 理解常见各种气动控制阀的工作原理及作用，能根据具体情况选择合适的元件。

❸ 能利用仿真软件进行回路的设计、分析与仿真调试。

任务描述

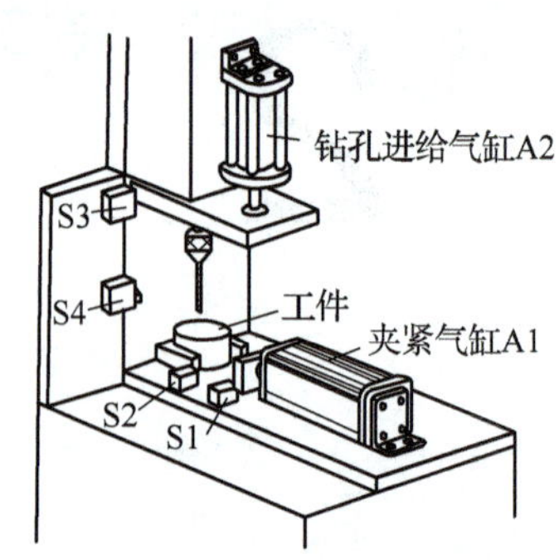

图 9-8 钻床夹紧与钻孔装置示意图

图 9-8 所示为钻床夹紧与钻孔装置示意图，设计一个按动一个启动按钮后，夹紧气缸 A2 将已在钻床上定好位的工件先行夹紧；当工件夹紧后，钻孔气缸 A2 的活塞杆伸出，在工件上作钻孔的进给运动，当孔钻到预定深度后气缸 A2 自动返回到后端终点位置，此时夹紧气缸 A1 的活塞杆松开工件，也返回到初始位置。并且，只有当夹紧气缸 A1 回到它的后端终点位置时，才能开始新的运动循环。本回路设计中要求两个气缸的活塞杆伸出时工作速度都可以进行无级调速。

任务分析

本回路设计要求中，选用两个双作用气缸作为执行元件，两个双作用气缸在运动过程中需要具有的逻辑关系是：

按下手动换向阀后，夹紧气缸 A1 伸出，将已定位的工件夹紧。只有当工件夹紧后，钻孔进给气缸 A2 才能向下运动；钻孔结束，钻孔进给气缸 A2 先行回缩到位后，夹紧气缸 A1 方可回退到初始位置。

为了工作的安全，在本回路设计中，必须是在夹紧气缸 A1 完全伸出后，进给气缸 A2 才能伸出（防止工件未夹紧时钻削力带动工件旋转）；而在两缸返回时，又必须是进给气缸 A2 返回后，夹紧气缸 A1 方可回缩（以防工件在钻头的带动下飞出，造成人身伤害）。并且在设计时需要使 A1 夹紧气缸确定到达后端位置时，才能进行下一步新的循环工件。

为了防止两缸的运动在生产实际中产生干涉，需要先在软件仿真中进行模拟运行，排除回路故障后方可进行回路的搭建。

考虑到控制回路的要求，采用间接控制方式启动气缸，对主回路的换向阀采用双稳阀，两个气缸活塞杆的伸出速度采用排气节流的形式，以实现无级调速的要求。

双气缸钻床夹紧与钻孔装置气动系统如图 9-9 所示。这种方式用一个控制元件（手控换向阀）实现对双气缸的启动控制，在运动中依靠行程阀实现步序自动控制运动。若直接全部采用滚轮杆式行程阀，由于在活塞杆的作用下，压下滚轮杆使换向阀产生信号，将使主控阀两端都有信号，形成带故障的信号，造成主控阀不能换向。所以在回路中需要选择用杠杆滚轮式机控换向阀来排除信号故障。

所需器材

完成该项任务时，需要用到的器材如表 9-5 所示。

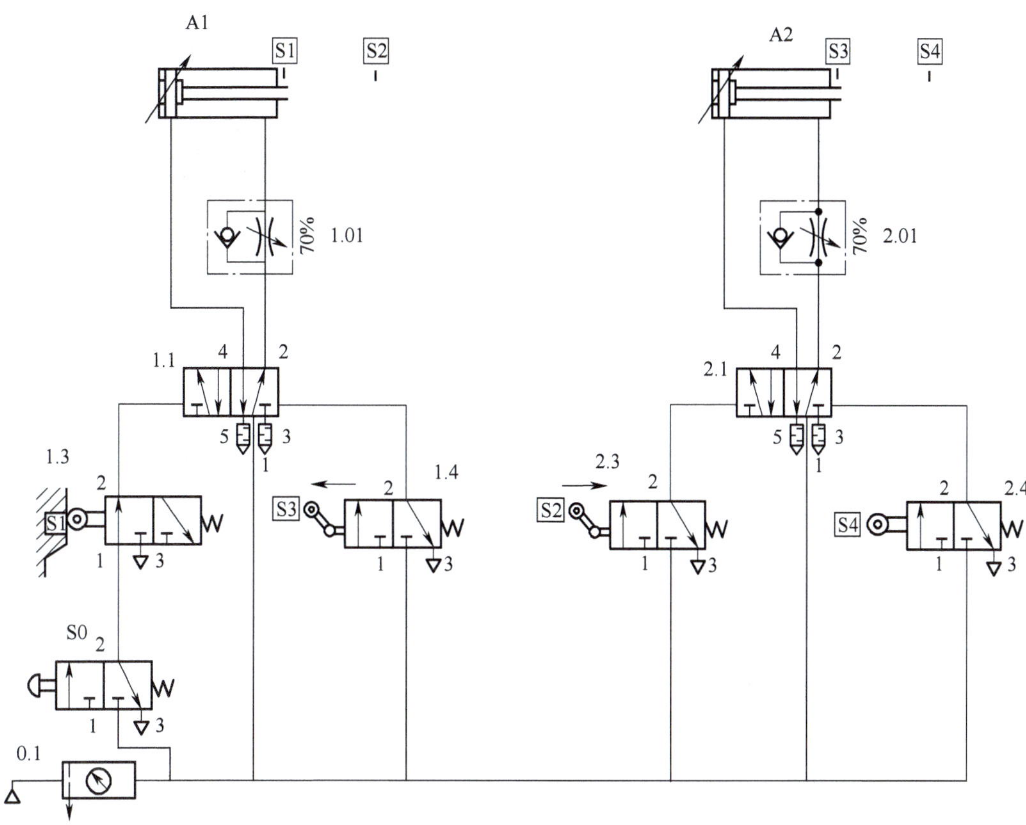

图 9-9 双气缸钻床夹紧与钻孔装置气动参考回路示意图

表 9-5 所需器材

件号	数量	名称	符号
1	2	双作用单出杆活塞缸	
2	2	单向调整节流阀	100%
3	2	双气控二位五通脉冲式换向阀	4 2 5 3
4	1	按钮式二位三通换向阀， 初始位置为常断	2 1 3
5	2	滚轮式二位三通行程阀	2 2.4 1 3

续表

件号	数量	名称	符号
6	2	杠杆滚轮式机控换向阀	S3 2 1 3
7	1	气源分配器	
8	1	气动二联件	

必备知识

一、工作顺序的表示方法

1. 按时间先后顺序写出动作

针对本次任务为：

（1）夹紧气缸 A1 伸出夹紧工件；

（2）钻孔进给气缸 A2 向下钻孔；

（3）钻孔进给气缸 A2 钻完孔后回缩；

（4）夹紧气缸 A1 回退到初始位置。

2. 表格表示方式

本次任务的工作步骤见表 9-6。

表 9-6 工作步骤

工作步骤	气缸 A1 运动	气缸 A2 运动
1	前进	
2		前进
3		回行
4	回行	

3. 向量图表示法

采用简化表示法：前进运动用 → 表示；回行运动用 ← 表示。

针对本次任务为： A1 → A2 → A2 ← A1 ←

4. 缩写记号表示法

前进运动的记号“+”。回行运动的记号“–”。

针对本次任务运动过程可表示为：A1+ → A2+ → A2– → A1–。

5. 系统运动图表示方法

在实际系统设计中，为了分析执行元件随着控制步骤或控制时间的变化规律，常做出系统的运动图来加以分析，以便清楚、直观地了解执行元件和控制元件之间的关系，有利于回路的设计。

运动图包括：位移 – 步骤图、位移 – 时间图，至于具体采用哪种形式，一般由控制系统本身所定。

一般以位移 – 步骤图应用为多。此图表示工作元件的操作顺序。位移须以其与各步骤（步骤：某一部件状况中的变化）的关系加以记录。在一项控制有数个工作元件时，各元件须以相同方式表示，并使一个元件位置在另一元件的下面。其相互关系由步骤来提供。

图 9–10（a）所示为气缸 A 的位移 – 步骤图。其中包括：从步骤 1 至步骤 2，气缸行程自后向前端点位置外移，止于步骤 2。从步骤 4，气缸开始回行到达在步骤 5 的后端点位置。接着又开始向前端点位置外移……

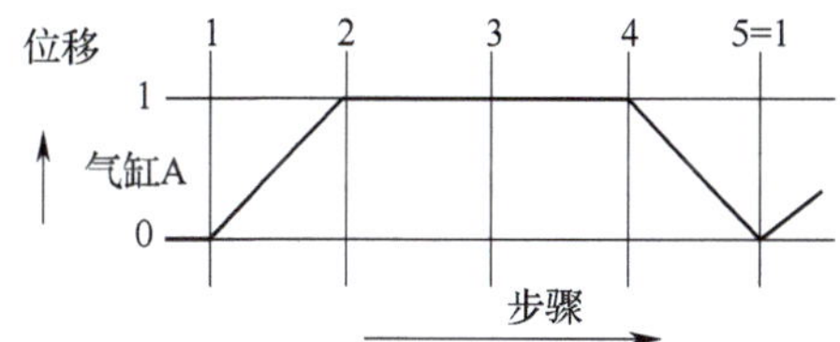

表示执行元件的动作顺序：位移 – 步骤图

（a）

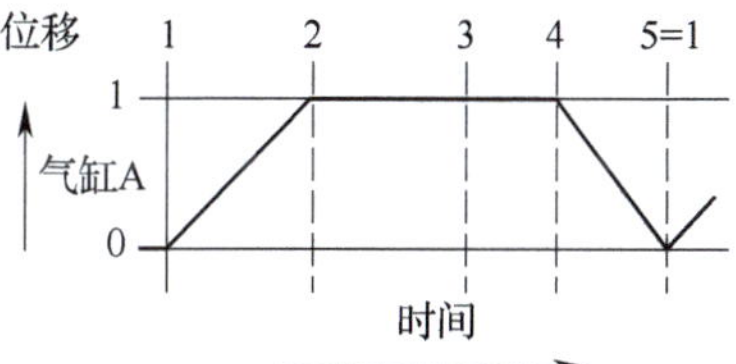

表示执行元件动作的快慢：位移 – 时间图

（b）

图 9–10 两种系统运动图

6. 本任务的系统运动图

本任务的运动过程为：A1+ → A2+ → A2– → A1–

根据这个运动过程，画出位移 – 步骤图如图 9–11 所示。

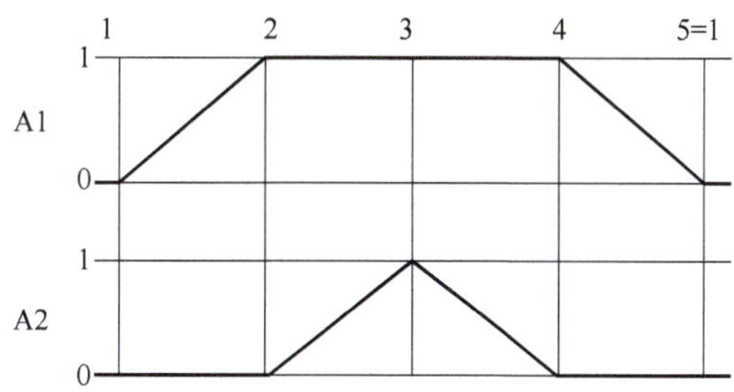

图 9–11 双气缸钻床夹紧与钻孔装置位移 – 步骤图

二、本次任务中所用到的新元件介绍

二位三通杠杆滚轮式机控换向阀又称为惰轮杆行程阀，其图形符号如图 9–12 所示。

二位三通杠杆滚轮式机控换向阀具有一个可通过式滚轮杆进行机械操纵，带弹簧复位，3 个阀口，2 个阀芯位置，初始状态常断。它只能被单向驱动。当滚轮被气缸凸轮沿指定方向驱动时，压下滚轮，单向滚轮杠杆阀才能够切换（实现换向动作）。

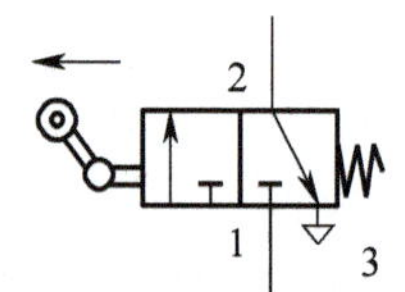

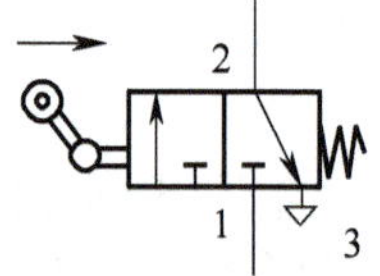

图 9-12 二位三通杠杆滚轮式机控换向阀

释放滚轮后，单向滚轮杠杆阀在复位弹簧作用下复位。撞块回程时（沿相反方向驱动滚轮时），由于滚轮的头部可弯折，阀芯不换向。单向滚轮杠杆阀并不动作。此阀由 2 口输出脉冲信号，常被用来排除回路中的障碍信号，简化设计回路。

这种杆滚轮式机控换向阀在软件模拟中一定要注意选择时具有方向性如图 9-12 所示。而在回路的搭建中更要注意安装时的安装位置，否则将会造成安装时的故障干涉。

三、信号的重叠（障碍信号）的分析与解决

在设计多缸控制回路时，对问题要有一个明确的定义，这是十分重要的，所有气缸的运动都用位移 - 步骤图来表示。有关启动顺序的条件也应加以规定。

如果系统运动图及附加的条件均已确定，就可以开始画回路图了。即现在可以根据要求及标准的绘图方法和已有的草图设计控制回路。

1. 去除障碍信号的方法

回路图设计取决于所选择的信号加工方式，如果采用简单的控制方式，可通过惰轮式滚轮杆切除返回信号，但这是一种不常用的方法。在绝大多数情况下，是利用换向阀切除信号。

另一种系统设计方法是使用“串联方法”组成其回路图。这种构造回路图的方法是最容易掌握的，它用于控制回路图中要用换向阀来切除信号的地方。这一基本的想法也被用于后面步进回路的设计之中。

值得注意的是，控制回路中包括一系列附加条件。在回路的基本功能已经完成的情况下，再考虑这些附加条件是有利的。这些条件在回路中应当逐一地加以考虑。即回路图应当逐步地完善扩充。用这个办法可以使回路图从总体来说十分清楚，即便某些地方设计很精细的控制。

2. 此次任务中第一次障碍信号的分析与解决

初始回路的设计如图 9-13 所示。在运动控制系统中的主控阀 1.1，只有一端出现气控信号时，才能正确换向改变位置。如果左右两个气控信号同时出现，即两个气控信号同时作用在主控阀 1.1 上，就会出现信号重叠问题。

我们只要看一下图 9-13 就可发现，第一个主控阀 1.1 在第一步上就有信号重叠的问题，因为这时行程阀 1.3 和 1.4 可能同时导通。所以，这些信号一开始应当切断，使其第 4 步以后不再起作用。所以阀门 1.3 应当采用一个杠杆滚轮式机控换向阀，使它仅在气缸回缩时动作。当重新开始循环启动时，由于杠杆滚轮式机控换向阀不起作用，阀门 1.3 不导通。

3. 此次任务中第二个障碍信号的分析与解决

经过上面的回路更改后，已能使气缸 A1 正常伸出，如图 9-14 所示。

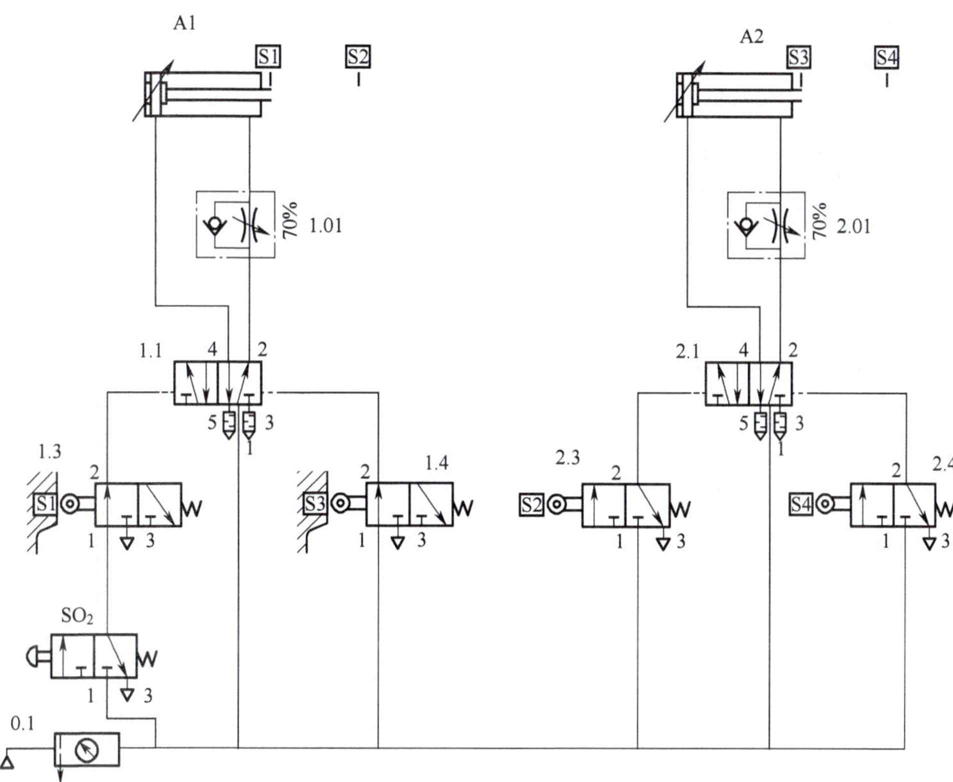

图 9-13 气控回路的第一次设计方案

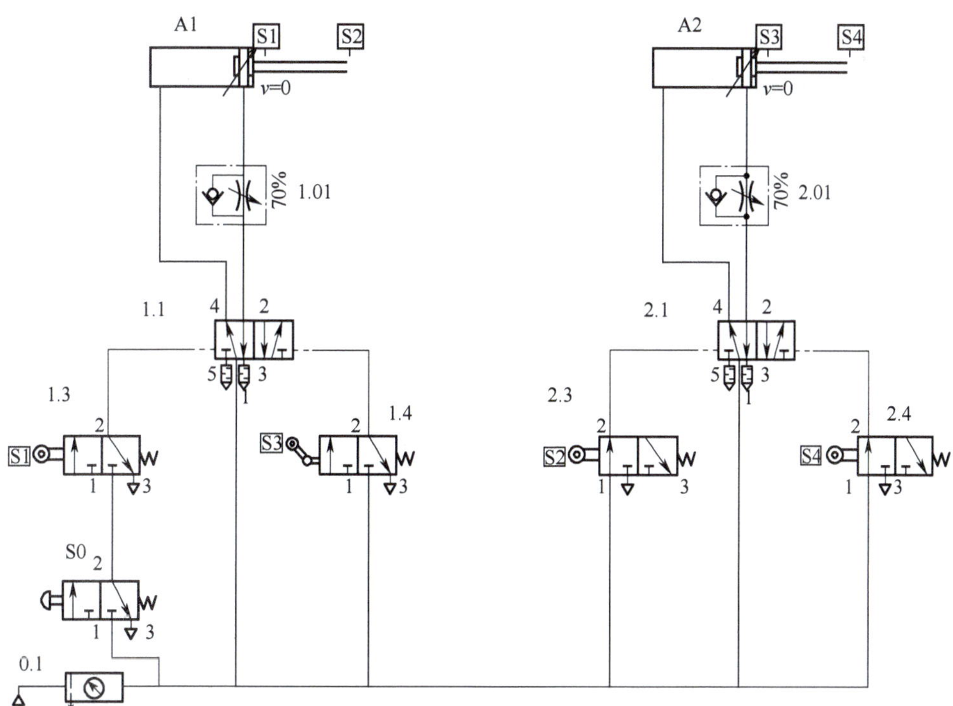

图 9-14 气控回路的第二次设计方案

此时发现回路中还存在着第二个信号重叠的问题。因为信号 2.3 和 2.4 发生重叠。这两个信号在第 3 步时同时存在，这时气缸 A2 完全伸出。因此，这两个信号中的第一个，即 2.3 应当切断，以便第二个信号能单独起作用。阀门 2.3 也应当是一个杠杆滚轮式机控换向阀，它在气缸 A1 向前运动时，即第二步中导通很短的一段时间。所以，回路利用杠杆滚轮式机控换向阀 1.4 和 2.3 是必要的。最终的气动控制回路见图 9–9 双气缸钻床夹紧与钻孔装置气动参考回路示意图。

任务实施

步骤一　气路控制原理分析

控制回路参考图如图 9–9 所示，两个双作用气缸活塞杆的初始状态为回缩，伸出或返回由两个双气控二位五通换向阀（双稳阀）1.1 和 2.1 控制，此阀为主控元件。气源通过气动二联件 0.1 的过滤和减压送到运动系统和控制系统。

按动启动按钮 S0 后，控制信号通过被压下的限位开关 1.3 到达控制气缸 A1 伸出的主控制阀 1.1 的左控制口。

气缸 A1 的活塞杆伸出，在到达前端终点位置之前，短暂地压过阀 S2（带可通过式滚轮）并继续伸出到前端终点位置。（滚轮式机控换向阀的可通过式滚轮在气缸的终端没有被压下）

短暂的脉冲信号从 S2 被传到控制气缸 A2 伸出的脉冲式换向阀（主控阀）2.1 的左控制口。

气缸 A2 的活塞杆伸出到前端终占位置并压下限位开关 S4。

限位开关 S4 将压力信号传到控制气缸 A2 返回的脉冲式换向阀（主控阀）2.1 的右控制口。

气缸 A2 的活塞杆返回，在到达后端终点位置之前，短暂地压过带可通过式滚轮 S3 的限位开关，并继续返回到后端终点位置（滚轮式机控换向阀的可通过式滚轮 S3 在气缸的后端终点位置没有被压下）。

短暂的脉冲信号从 S3 被传送到控制气缸 A1 返回的脉冲式换向阀（主控阀）1.1 的右控制口上，活塞杆返回到后端终点位置。

控制系统恢复到初始状态。

步骤二　回路搭建

按照图 9–9 所示双气缸送料装置气动回路图，选择元件和搭建回路。按图接好管线后，调试与检测气压，调试双作用气缸到位情况与步骤次序等，特别注意二个滚轮式机控换向阀的可通过式滚轮与气缸活塞杆凸轮的接触位置（S3 的位置要在 0 以外处；S2 的位置要在 100% 不到处），如此方能实现短暂的信号要求！分析和解决在实训中出现不正常情况，根据要求记录下实训结果。

实训指导：

（1）元件在实训底板上安装的位置应与示意图所示的安装位置相一致。

（2）根据回路图，用塑料软管和地元件连接起来。

（3）带可通过式滚轮的二位三通换向阀（S2 和 S3）应该被安装在接近终点的位置，为的是让活塞杆的头部在到达终点位置时，刚好越过压过折滚轮；在安装这种滚轮阀时，应注意正确的作用方向。

（4）接通压缩空气；按动按钮 S0，检查气缸的动作顺序是否正确。

温馨提示

1. 请注意在气动回路图中可通过式滚轮的作用方向需用箭头标记出来。

2. 当气缸的速度很高时，作用在可通过式滋轮阀的时间就很短，如果信号管路较长的话，脉冲阀就不能换向。

3. 因为带可通过式滋轮阀没有安装在气缸的终点位置上，所以一个气缸还没有到达终点，另一个气缸就可能开始动作了。这对短行程气缸来讲尤其是一个需要注意的问题。

注意事项：

（1）熟悉实训设备（气源的开关、气压的调整、管线的插接等）的使用方法。

（2）接通气源前，请再次检查元件的安装与固定是否牢固。

（3）打开气源时，手握气源开关观察一段时间，防止因管路没接好被打出。

（4）打开气源观察、记录运行情况，检查气缸动作顺序的正确性。对使用中出现的问题进行分析和解决。

（5）用单向节流阀调整活塞杆的最大运动速度，并再次气缸的动作顺序。

（6）完成实训后，关闭气源，拆下管线和元件并放回原位，对破损、老化管线应及时处理。

步骤三　过程记录

根据现象，填写表 9-7 所示元器件和气缸活塞杆的动作情况。

表 9-7　动作情况记录表

	主控元件 1.1 能换向的先决条件	主控元件 1.1 所处的位置	气缸 A1 的可能运动方向	气缸 A1 的速度是否可调	所用的行程阀是属于那种结构
当按下按钮 S0 时					

随堂小练习

1. 安装杠杆滚轮式机控换向阀 S3 时，它位于气缸的何处?

2. 脉冲式换向阀（主控阀）当两边控制气口上都有信号时，此时阀芯处于什么位置?

3. 杠杆滚轮式机控换向阀 S2，位于气缸活塞杆伸出 100% 处，会发生什么情况?

任务评价

根据表 9-8，对任务完成情况进行评价。

表 9-8 任务评价表

序号	评价项目	评价内容	参考分	评分标准	得分
1	分析回路	能正确分析整体回路由哪些基本回路组成	15	全面、准确讲解回路中的基本回路	
2	原理说明	准确识读回路，对回路陈述清晰，言简意赅	10	全面、准确讲解回路中各元器件名称及作用，正确解读回路的作用	
3	特点分析	正确分析此气动系统的特点	10	全面、准确地分析此气动系统的特点	
4	回路搭建	能将设计的回路进行正确搭建	20	回路搭建正确，无泄漏现象，各阀初始位置调整正确，气缸速度合理	
5	故障排除	故障分析、排除或与改进	10	能进行常见故障的排除	
6	系统调试过程	能解决系统调试中出现的问题	15	能采用正确的方法解决系统调试中出现的问题	
7	劳动保护及安全文明	爱护设备及工具；遵守安全文明生产规程；具有成本控制及环保意识	10	着装整洁；保持工作环境清洁；执行安全操作规程；具有节约意识	
8	团队合作	与他人的协作精神	10	能自我调控好学习情绪，善于与人沟通，积极参与小组活动，与教师、同学之间合作态度好	
9	时间	45 分钟		提前正确完成，每 5 分钟加 2 分；超过规定时间，每 5 分钟减 2 分	
总分					

知识拓展

用换向阀解决信号重叠的问题

借助于换向阀消除信号是一种常用的方法。用这种方法，各个换向阀所消除的信号可以被保持下来，这种方法在运行中是相当可靠的。它的基本思想是，在需要使记忆阀动作时，才允许控制信号起作用。这可通过用换向阀切断信号元件的供气输入来达到目的，即仅仅在需要有信号时，才向信号元件供气。脉冲双稳阀被用于起换向作用。主要的难点是怎样选择换向阀的信号。

如果不利用杠杆滚轮式机控换向阀方式来切除信号，那么可以采用附加换向阀的方法来解决这一问题。在图 9–9 的回路图中，利用了杠杆滚轮式机控换向阀消除重叠信号的方法。但它还存在一点问题，回路中两个记忆阀 1.1 和 2.1 的动作信号是由阀门 1.4 和 2.3 发出的，在这个回路中已经消除了它们在气缸一个运动方向上发出的信号。即阀门 1.4 和 2.3 是用的杠杆滚轮式机控换向阀。同时还需缩短信号起作用的时间，即除非这一步骤上需要这个信号，否则就关闭这两个阀门的气源。阀门 1.4 产生的信号公在顺序开始时需要。阀门 2.3 产生的信号仅仅在第 2 步和第 3 步期间才有需要，或者在记忆阀 1.1 和 2.1 没有相反方向的控制信号时，它们可以短暂地出现。

如图 9–15 所示，新增加的换向阀 0.3 使相邻的管线 S1 和 S2 分别与气源导通。这样记忆阀 1.1 和 2.1 的信号就不会出现重叠的现象了。

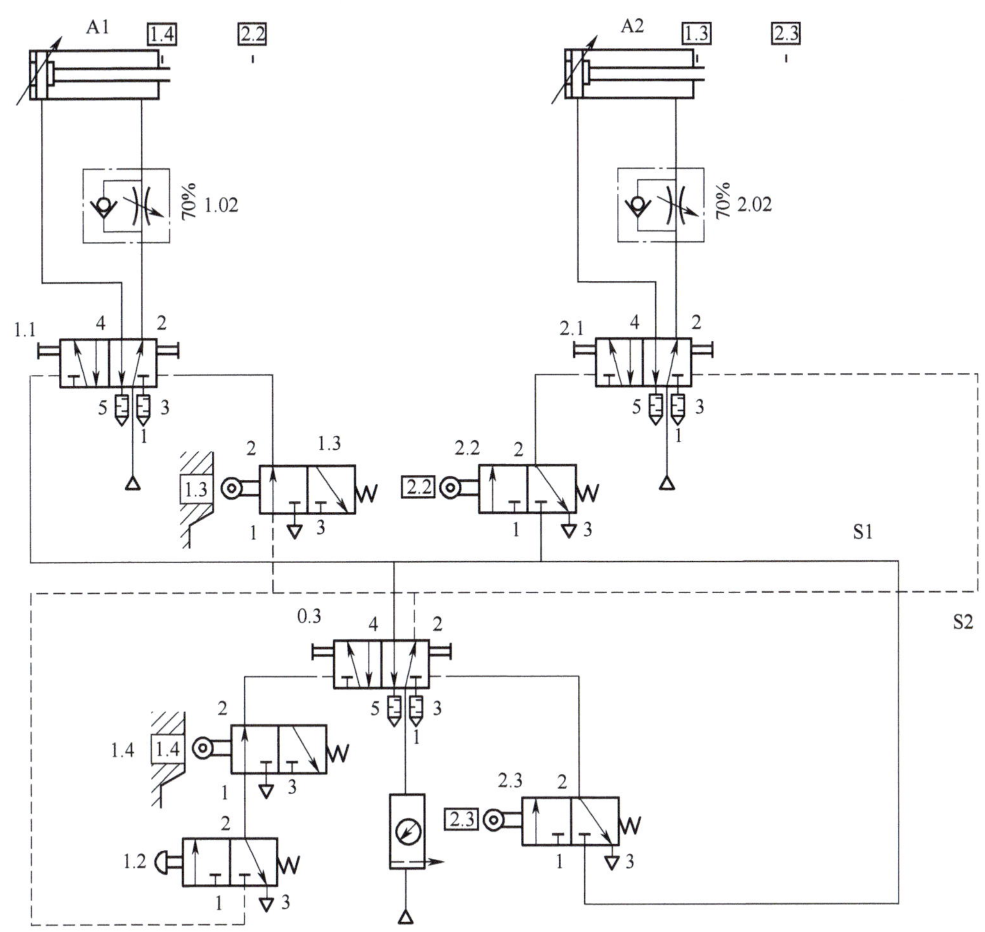

图 9–15　用换向阀解决信号重叠的气控回路

最初，因为气缸 A1 位于初始状态，阀门 1.4 导通。滚轮杆行程阀 1.3 被按下，这时它由管线 S2 供气。管线 S2 从循环结束开始一直与气源导通。所以，手控阀 1.2 的按钮被按下以前，气缸 A1 保持回缩状态，因为这时从管线 S2 发出的信号作用在阀门 2.1 的右边气控口上。

阀门 1.2 动作以后，换向阀 0.3 的左端就有了信号；管线 S2 通过排气口排空，而管线 S1 与气源导通。管线 S1 直接与阀门 1.1 的左端口导通。气缸 A1 向前运动压向限位开关 2.2。而阀门 2.2 是由管线 S1 供气，使阀门 2.1 的左气控端产生一个信号，于是，气缸 A2 伸出。

当气缸 A2 伸出碰到限位开关 2.3 时，换向阀 0.3 的右端产生一个信号，阀门 0.3 的输出信号使供气管道从管线 S1 转到管线 S2。因为管线 S1 不再供气，所以限位开关 2.2 和记忆阀门 1.1 和 2.1 使气缸向前的信号已经被消除。管线 S2 中的压缩空气立即使阀门 2.1 换向，气缸 A2 回缩到限位阀 1.3。这时限位阀 1.3 导勇，使阀门 1.1 换向，从而使气缸 A1 回到初始位置。这时限位开关 1.4 被气缸 A1 压下，但是阀门 1.4 尚不能起作用，因为在启动按钮 1.2 被按下以前，阀门 1.4 没有气源。最终，回路又处于管线 S2 与气源相通的初始状态，等待新的信号到来。

思考与练习题

1．试分析用带可通过式滚轮的（3/2）二位三通换向阀来消除障碍信号的缺点。

2．本次任务中，信号回路中换向阀用可通过式滚轮代替标准滚轮，目的是为了什么？

项目 10　电控气动回路设计

电气－气动控制系统主要是控制电磁阀的换向，其特点是响应快，动作准确，在气动自动化应用中相当广泛。

电气－气动控制回路图包括气动回路和电气回路两部分。气动回路一般指动力部分，电气回路则为控制部分。通常在设计电气回路之前，一定要先设计出气动回路，按照动力系统的要求，选择采用何种形式的电磁阀来控制气动执行件的运动，从而设计电气回路。在设计中气动回路图和电气回路图必须分开绘制。在整个系统设计中，气动回路图按照习惯放置于电气回路图的上方或左侧。

本项目主要是根据具体工作要求进行电控气动回路设计，包括 4 个工作任务，即认识电控气动回路、间接控制回路设计、压差控制回路设计、延时控制回路设计，使大家了解基本的电控气动回路的组成和应用以及常见电气逻辑控制回路的工作原理与作用。

任务1 认识电控气动回路

学习目标

一、基本目标

❶ 认识基本的电控气动回路的组成和应用。

❷ 能看懂电磁阀控制回路，熟悉电磁阀回路的设计要点。

❸ 能够进行基本的电控气动回路的安装与调试，实现预定功能。

二、提高目标

❶ 能根据具体工作要求进行回路设计。

❷ 理解常见各种气动控制阀、电磁阀控制阀的工作原理作用。

❸ 能利用仿真软件进行回路的设计、分析与仿真调试。

任务描述

图 10–1 为气动直径检测分类装置示意图。在分组装配中，工件要根据实际尺寸被选出来分组，然后进行装配。这就意味着装配的式件必须预先分成公差组，图中显示了圆形对称工件的直径检测装置，供料滑块把供料管中的工件送入检测装置（千分表）进行测量；测量后供料滑块回缩，工件根据测试结果分别进入各自的分类通道。使用中气缸不能产生旋转，需要有导向装置；与可采用六角杆不旋转气缸（多边形气缸）。

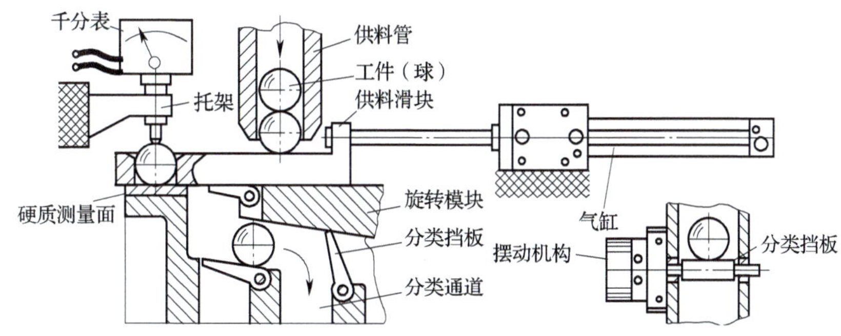

图 10–1 气动直径检测分类装置示意图

任务分析

根据气动直径检测与分类装置的回路设计要求，需选用一个双作用六角杆不旋转气缸作为执行元件，气缸在运动过程中需要具有的功能是：

在接通气动“接通”控制开关的情况下，当按下“前进”按钮时，双作用六角杆不旋转气缸 A1 的活塞杆伸出并且保持在伸出位置，一直到通过按下另一个“返回”按钮时（获得反向指令时），双作用六角杆不旋转气缸的活塞杆才返回。

气动回路与电路的设计参考图如图 10–2 所示。

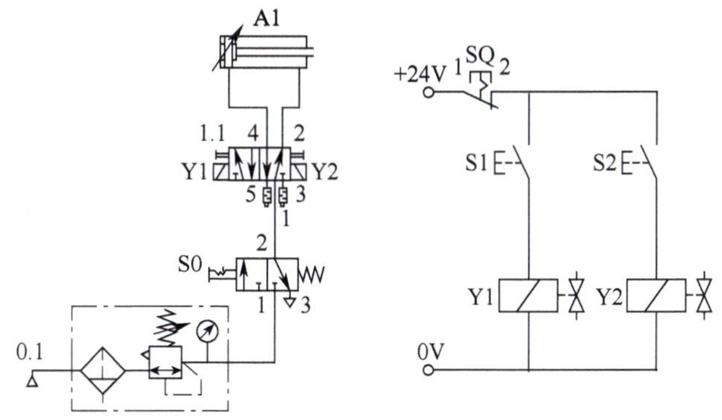

图 10–2 检测分类装置气动回路与电路参考示意图

所需器材

完成该项任务时，需要用到的器材见表 10–1。

表 10-1 所需器材

件号	数量	名称	符号
1	1	双作用六角杆不旋转气缸	
2	1	二位五通脉冲式电磁换向阀	4 2 Y1 Y2 5 3 1
3	1	旋钮式二位三通换向阀，初始位置为常断	2 1 3
4	1	气动二联件	
5	1	开关盒，1 个控制开关，2 个按钮	14 24 32 42 13 23 31 41 14 24 32 42 13 23 31 41
6	1	稳压电源	~ ~ + –
7	1	接线端子盒	+ –
8	若干	实训室用导线	
9	若干	气管	

必备知识

电气控制回路主要由按钮开关、行程开关、继电器及其触点、电磁铁线圈等组成。通过按钮或行程开关使电磁铁通电或断电，控制触点接通或断开被控制的主回路，这种回路也称为继电器控制回路。电路中的触点有常开触点和常闭触点。

一、主令电器

主令电器是控制系统中专用发布控制指令的电器。

常用主令电器有：控制按钮，行程开关和接近开关，万能转换开关，主令控制器和凸轮控制器等。

1. 控制按钮

控制按钮是一种简单的手动开关，通常用于发出操作信号，接通或断开电流较小的控制电路，以控制电流较大的电动机或其他电气设备的运行。按钮的结构及图形符号如图 10-3 所示。

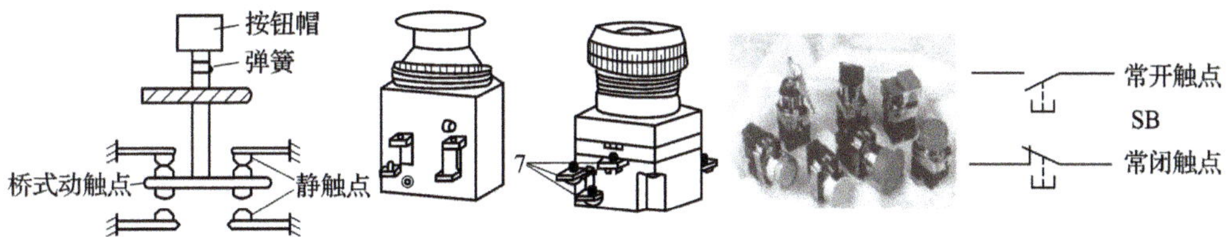

图 10-3　按钮的结构及图形符号

控制按钮常用的型号有紧急停止按钮、掀钮式、旋转式、钥匙式等。

2. 按钮式开关模块盒

图 10-4 所示为按钮式开关模块盒的实物图和图形符号。它有 2 组按钮，每组有 2 个常开触点和 2 个常闭触点，按钮带信号灯，通过 2 组实训室接线插孔进行单独控制。

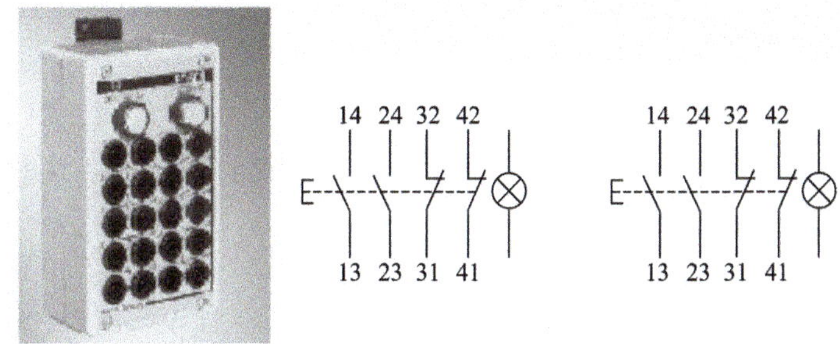

图 10-4　按钮式开关模块盒的实物图和图形符号

塑料模盒，带铝质面板，带 2 个按钮式开关，带 16 个用于开关触点的实训室接线插孔，4 个用于信号灯的实训室接线插孔，电路被设计成带印刷线路板的插件，带有固定在铝合金型材实训练习板或电器安装架上的快速安装卡。

工作电压（DC）24 V，额定电流 4 A，信号灯功率 20 mW，防护等级 IEC60529 IP50。

3. 电器模块盒（稳压电源＋接线模块盒，24 ~ 230 V，6.5 A）

稳压电源＋接线模块盒的实物图和图形符号如图 10-5 所示。

稳压电源，带电源开关和工作指示灯，带接触保护的 4 mm 实训室接线插孔，1 个红色用于 DC24 V，1 个蓝色用于 0 V。

接线模块盒带有接触保护的 4 mm 实训室接线插孔，10 个红色的用于 DC24 V 和 10 个蓝色的用于 0 V。塑料壳体，带铝质面板，带有固定在铝合金型材实训练习板或电器安装架上的快速安装卡。

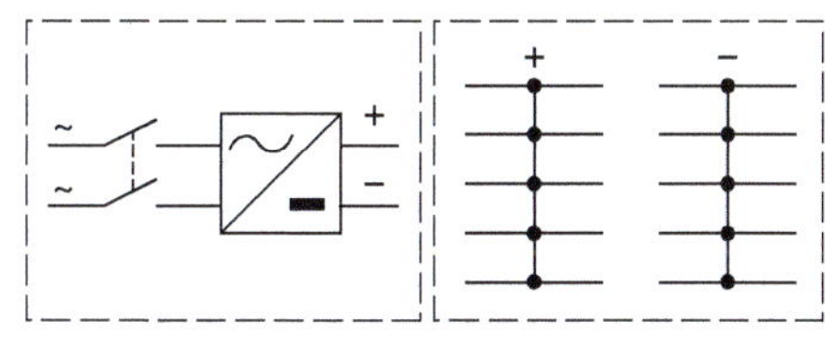

图 10-5　稳压电源＋接线模块盒的实物图和图形符号

输入电压（AC）230 V，频率 50 Hz，输出电压（DC）24 V，输出电流（DC）6.5 A 防护等级 IEC 60529 IP50。

4. 接线模块盒（24 V，2 A，10+/10- 插孔，TSI）

接线模块盒的实物图和图形符号如图 10-6 所示。

24 V 和 0 V 接线模块盒，10 个红色连在一起的 24 V 接线插孔，10 个蓝色连在一起的 0 V 接线插孔。

塑料模盒，带铝质面板，10 个红色和 10 个蓝色实训室接线插孔，电路被设计成带印刷线路板的插件，带有固定在铝合金型材实训练习板或电器安装架上的快速安装卡。

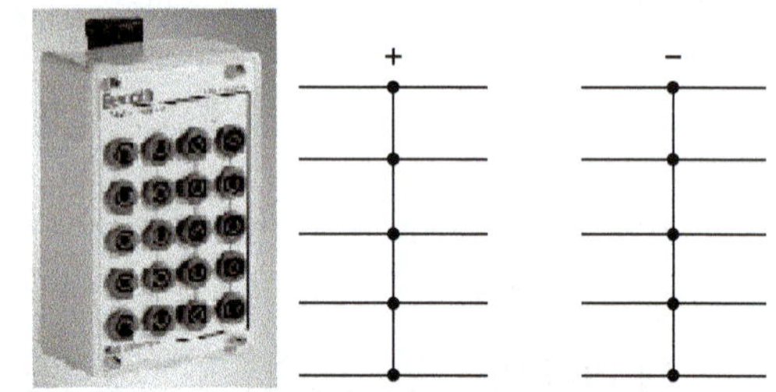

图 10-6 接线模块盒的实物图和图形符号

二、电气 - 气压传动中的阀

1. 电磁阀

电气技术与气压技术的结合点是电磁阀。电磁阀的核心部分是电磁铁。电气 - 气压回路及电磁阀的结构如图 10-7、图 10-8 所示。

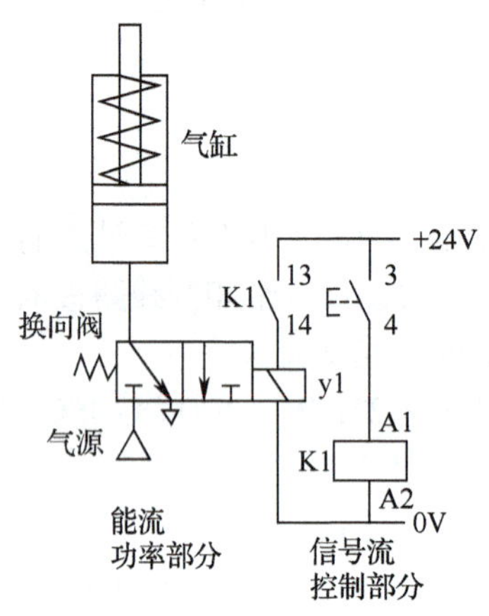

图 10-7 电气 - 气动回路

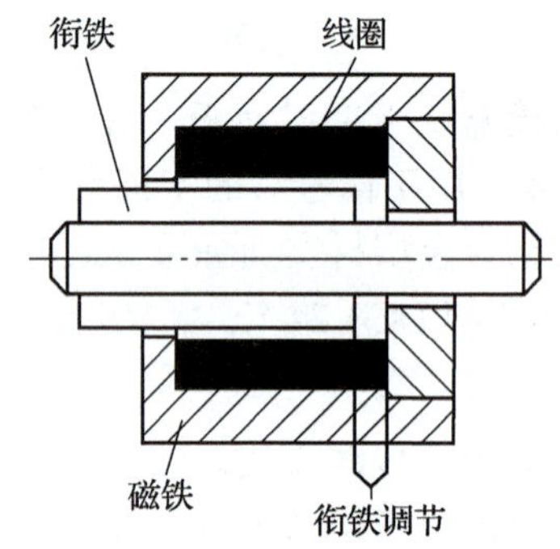

图 10-8 电磁阀的结构

电磁铁的工作原理是基于带电的线圈产生磁场的原理。该磁场会对在其中的铁芯（衔铁）产生一个作用力，通过线圈的结构措施可以将衔铁吸引过来或推斥过去。通过该运动可以实现控制过程，例如使换向阀换向。流过线圈的电流越大，电磁铁对衔铁的吸力就越强。

2. 电磁铁类型

视励磁电压的形式而定，电磁铁有两种形式可供选择：直流电磁铁和交流电磁铁。

直流电磁铁优点：不会被烧穿，开关频率高，开关过程柔和，对线路超载不敏感。

交流电磁铁优点：开关时间短，价格便宜。

直流电磁铁缺点：动作慢，价格较高，控制费用高。

交流电磁铁缺点：会被烧穿，开关频率低。

3. 换向阀上的电磁铁

为了在发生故障时维修和更换方便，将电磁铁拧在换向阀上。电磁铁上突出有三个插头销：两个电磁线圈接线销（相对的插头销）和一个接地销（它可以将整个阀体与大地的电势相连）。当使用 24 V 时，不需要连接。

任务实施

步骤一　气动回路控制分析

控制回路参考图如图 10–2 所示，一个双作用气缸活塞杆的初始状态为回缩，伸出或返回由一个电磁二位五通换向阀 1.1 控制，这两个阀是主控元件。气源 0.1 通过气动二联件的过滤和减压送到运动系统。

当旋钮阀 S0 接通后，给二位五通脉冲式电磁换向阀 1.1 的电磁铁 Y1 一个脉冲信号时，双作用气缸 A1 的活塞杆伸出并保持在伸出的状态。

当旋钮阀 S0 接通后，给二位五通脉冲式电磁换向阀 1.1 的电磁铁 Y2 一个脉冲信号时，双作用气缸 A1 的活塞杆返回。

步骤二　电气回路控制分析

用控制开关 SQ 可断开工作电源。

电磁铁 Y1 和 Y2 与下面的 0 V 接线端子相连通。

当点动按钮 S1 时，一个（+24 VDC）电脉冲加到电磁铁 Y1 的上端，回路接通，阀的电磁铁带电。

当点动按钮 S2 时，一个（+24 VDC）径向电脉冲加到电磁铁 Y2 的上端，回路接通，阀的电磁铁带电。

步骤三　回路搭建

按照图 10–2 所示检侧分类装置气动回路与电路参考图，选择元件和搭建回路，如图 10–9 所示。将元件安装在实训底板上或电器元件安装架上。

压缩空气经过压缩空气预处理单元（分水过滤器、调压阀、单向阀）和分配器向系统供气。

工作电压由 24 V（DC）稳压电源和一个接线端子盒来提供。用压缩空气预处理单元中的调压阀设置工作压力为 p_e=5 bar。

根据气动回路，用塑料软管和附件将气动元件连接起来。

使用实训室用导线将电器元件连接起来（断开电源接线）。

当调试和检查故障时，气动功能可以在带工作气压的情况下，通过手动强制操纵电磁换向阀的方法来进行测试，但是要断开电脉冲阀的功能检查。

点动按钮 S1，气缸的活塞杆伸出。

点动按钮 S2，气缸的活塞杆返回。

如果气缸的活塞杆位于它的后端终点位置的话，近下 S1 并一直按着。然后，与近下 S2 并也一直按着，注意观察其结果。重复同一个实验，只是这一次是气缸的活塞杆伸出时，首先按下 S2 并一直按着，然后再按下按钮 S1，注意观察其结果。

温馨提示

请讨论带弹簧复位的电磁换向阀与脉冲式电磁阀的区别以及它们的应用的场合。

在对气动系统进行维护和检查进，应注意：脉冲阀没有定义的初始位置。

分析和解决在实训中出现不正常情况，根据要求记录下实训结果。

实训指导：

（1）元件在实训底板上安装的位置应与示意图所示的安装位置相一致。

（2）根据回路图，用塑料软管将元件连接起来。

（3）接通压缩空气；按动按钮 S01，检查控制系统顺序的正确性。

（4）接电回路时注意电源的正负极性。

注意事项：

（1）熟悉实训设备（气源的开关、气压的调整、管线的插接等）的使用方法。

（2）接通气源前，请再次检查元件的安装与固定是否牢固。

（3）打开气源时，手握气源开关观察一段时间，防止因管路没接好被打出。

（4）在该项任务中涉及了没有确定初始位置的脉冲记忆阀，所以一定要注意阀 1.1 的初始位置，在生产实际中，这是个需要重点关注的问题。

（5）打开气源观察、记录运行情况，检查气缸动作顺序的正确性。对使用中出现的问题进行分析和解决。

（6）旋钮阀 SQ 实际上是个急停开关，压下后需旋转回来方能继续使用。

（7）完成实训后，关闭气源，拆下管线和元件并放回原位，对破损、老化管线应及时处理。

步骤四　过程记录

根据现象，填写表 10-2 所列元器件和气缸活塞杆的动作情况记录表。

表 10-2　动作情况记录表

阀 1.1 上的手动按钮起什么作用?	换向阀 S0 起什么作用? 是一种什么操作方式的阀?	本任务中气缸活塞杆行程对分类装置有什么影响?	采用普通圆柱形气缸是否也能完成任务?	电器连接中，对连接线是否有什么要求?	电器气控回路与纯气控回路有什么区别?

随堂小练习

1. 观察电磁换向阀的接线端子，了解如何正确进行电器回路的连接。
2. S1若接在0 V电位上，对电器回路的操作有何影响? 对电器元件的正常使用有何影响?
3. SQ开关在回路中起什么作用? 是否可不需安装?

任务评价

根据表 10–3，对任务完成情况进行评价。

表 10–3　任务评价表

序号	评价项目	评价内容	参考分	评分标准	得分
1	分析回路	能正确分析整体回路由哪些基本回路组成	10	全面、准确讲解回路中的基本回路	
2	原理说明	准确识读回路，对回路陈述清晰，言简意赅	10	全面、准确讲解回路中各元器件名称及作用，正确解读回路的作用	
3	特点分析	正确分析此气动系统的特点	10	全面、准确地分析此气动系统的特点	
4	回路搭建	能将设计的回路进行正确搭建	20	回路搭建正确，无泄漏现象，各阀初始位置调整正确，气缸速度合理	
5	故障排除	故障分析、排除或与改进	10	能进行常见故障的排除	
6	系统调试过程	能解决系统调试中出现的问题	15	能采用正确的方法解决系统调试中出现的问题	
7	通电前检查	自检电路；仪器仪表使用正确	5	能采用正确的方法自检电路	
8	劳动保护及安全文明	爱护设备及工具；遵守安全文明生产规程；具有成本控制及环保意识	10	着装整洁；保持工作环境清洁；执行安全操作规程；具有节约意识	
9	团队合作	与他人的协作精神	10	能自我调控好学习情绪，善于与人沟通，积极参与小组活动，与教师、同学之间合作态度好	
10	时间	45 分钟		提前正确完成，每 5 分钟加 2 分；超过规定时间，每 5 分钟减 2 分	
总分					

知识拓展

气缸使用的注意事项

工作介质：经除水过滤并含有油雾的干燥洁净空气。

介质和环境温度：5℃ ~ 60℃。低于 50℃压缩空气需经特殊除水处理。

相对湿度：≤ 85%。

常用工作压力范围：0.1 ~ 1.0 MPa。

参考速度：250 mm/s。

贮存：气缸应放在通风干燥的仓库内，防止受潮生锈。

安装前应先在空载条件下试行，正常后方可安装。

按使用条件选用安装形式，安装时应注意：

A：耳环安装、中间轴销安装，其作用力应处在同一平面内。

B：法兰安装，其作用力与支承中心处在同一轴线上，法兰与支承座的连接应使法兰面承受作用力，而不使其固定螺钉承受拉力。

C：气缸活塞杆不允许承受偏载或横向载荷。超长行程气缸，应加支承或导向装置。

气缸接入管道前要清楚管道内脏物。防止杂物灰尘进入气缸腔内。

必要时可以调节缓冲线芯，以调整缓冲效果避免活塞与缸盖碰撞，损坏机件。使用过程中应经常检查紧固件，防止松扣现象。

气缸进、排气管接头的通径一般与气缸的缸径相适应，用户根据使用情况，在进排气口管路中安装单向节流阀，以调节气缸活塞杆的运动速度。

思考与练习题

请设计一个使用带弹簧复位的电磁换向阀控制一个单作用气缸的控制回路，如图 10-9 所示。要求：按下按钮时，单作用气缸活塞杆伸出，并且只要按着按钮气缸活塞杆就保持伸出的状态。当松开按钮后，气缸活塞杆就实现自动回缩。

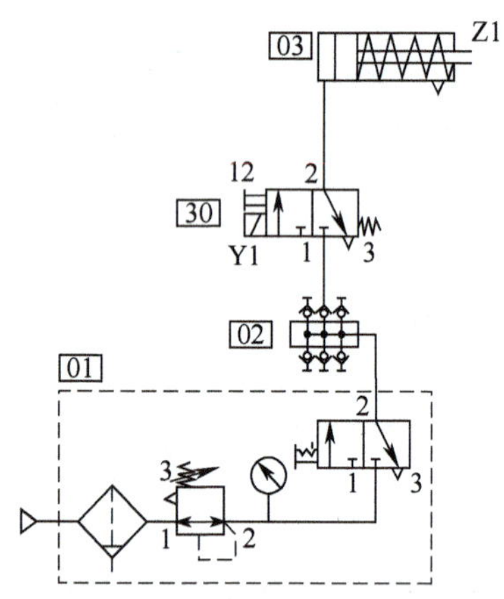

图 10-9 单作用气缸气动回路图

任务2 间接控制回路设计

学习目标

一、基本目标

❶ 认识基本的电控气动回路的组成和应用。

❷ 能掌握电控间接控制回路的组成和应用，熟悉电磁阀回路的设计要点。

❸ 能够进行基本的电控气动回路的安装与调试，实现预定功能。

二、提高目标

❶ 能根据具体工作要求进行回路设计。

❷ 理解常见各种气动控制阀、电磁控制阀的工作原理作用。

❸ 能利用仿真软件进行回路的设计、分析与仿真调试。

任务描述

图 10–10 为推送装置示意图。气缸将送料导轨中传送过来的工件推向下一个工位，当气缸的活塞杆到达前端终点后，活塞杆头部碰到一个电限位开关，使气缸能自动返回。要求气缸活塞杆的伸出速度可进行无级调速。

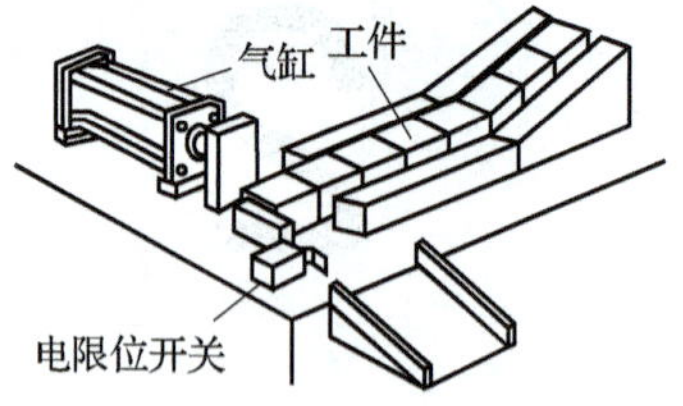

图 10–10　推送装置示意图

任务分析

根据本回路设计要求，选用一个双作用气缸作为执行元件来完成推送任务；采用一个电限位开关来完成气缸自动返回要求；再用一个带弹簧复位的（5/2）二位五通电磁换向阀做主控元件；选择一个软管型的单向节流阀来实现对气缸活塞杆伸出速度进行排气节流方式的无级调速。

根据以上分析画出推送装置的功能图如图 10–11。回路设计的气动回路与电气参考图如图 10–12 所示。

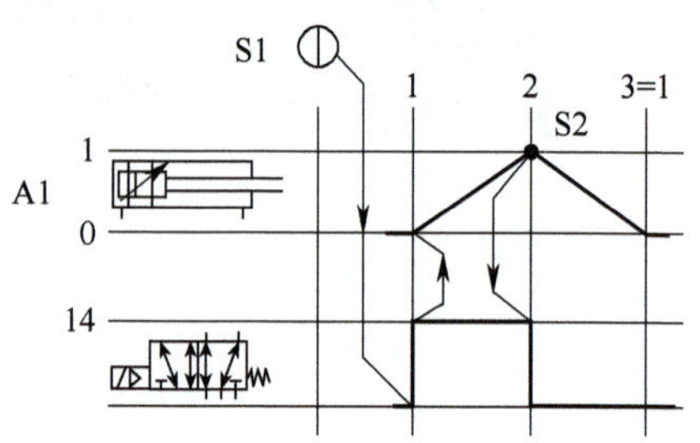

图 10–11　推送装置的功能图

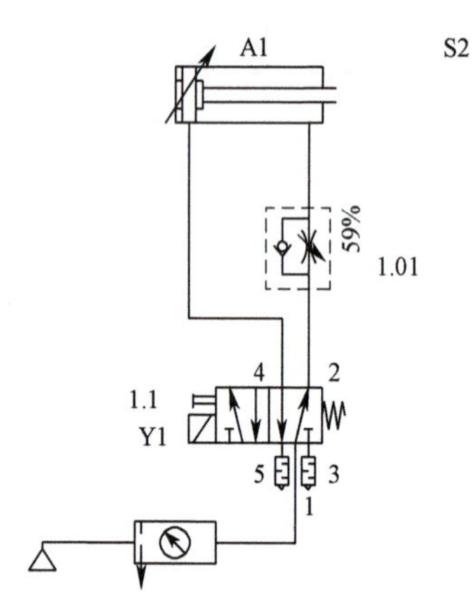

（a）气动回路

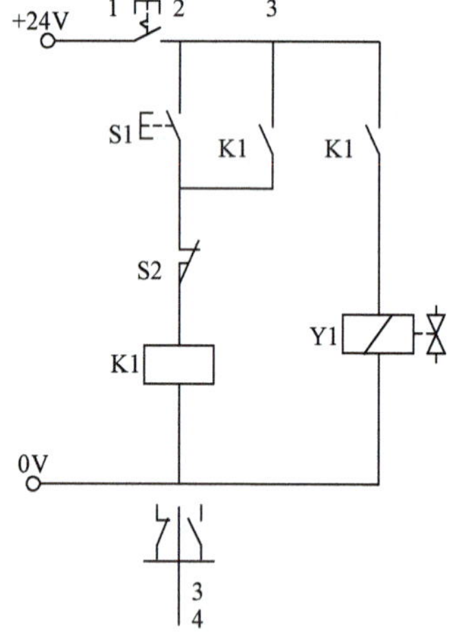

（b）电气回路

图 10–12　推送装置气动与电器回路参考示意图

所需器材

完成该项任务时，需要用到的器材如表 10–4 所示。

表 10-4 所需器材

件号	数量	名称	符号
1	1	双作用六角杆不旋转气缸	
2	1	带弹簧复位的（5/2）二位五通电磁换向阀	Y1 4 2 5 3 1
3	1	单向调整节流阀	100%
4	1	气动二联件	
5	1	气源	
6	1	开关盒，1 个控制开关，2 个按钮	14 24 32 42 E 13 23 31 41　14 24 32 42 E 13 23 31 41
7	1	带 4 个转换触点的继电器	
8	1	电限位开关	
9	1	稳压电源	~ ~ + −
10	1	接线端子盒	+ −
11	若干	实训室用导线	
12	若干	气管	

必备知识

一、任务中接触到的电气元件

电气控制回路主要由按钮开关、行程开关、继电器及其触点、电磁铁线圈等组成。通过按钮或行程开关使电磁铁通电或断电，控制触点接通或断开被控制的主回路，这种回路也称为继电器控制回路。电路中的触点有常开触点和常闭触点。

1. 控制继电器

控制继电器是一种当输入量变化到一定值时，电磁铁线圈通电励磁，吸合或断开触点，接通或断开交、直流小容量控制电路中的自动化电器。它被广泛应用于电力拖动、程序控制、自动调节与自动检测系统中。控制继电器种类繁多，常用的有电压继电器、电流继电器、中间继电器、时间继电器、热继电器、温度继电器等。在电气－气动控制系统中常用的是中间继电器和时间继电器。

2. 中间继电器

图 10–13 所示为中间继电器的外形图。图 10–14 为中间继电器原理图。

图 10–13　中间继电器外形图

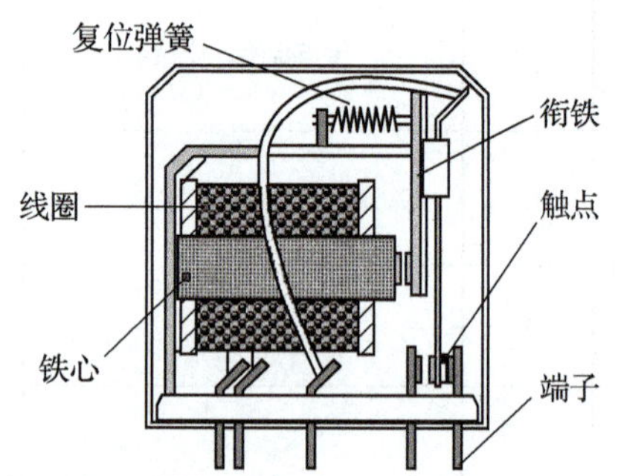

图 10–14　中间继电器原理图

中间继电器由一个线圈、一个铁心、衔铁、复位弹簧、一组触点及端子组成，如图 10–14 所示，由线圈产生的磁场来接通或断开触点。当继电器线圈流过电流时，衔铁就会在电磁吸力的作用下克服弹簧压力，使常闭触点断开，常开触点闭合；当继电器线圈无电流时，电磁力消失，衔铁在返回弹簧的作用下复位，使常闭触点闭合，常开触点打开，图 10–15 为其线圈及触点符号。

继电器线圈消耗电力很小，故用很小的电流通过线圈即可使电磁铁激磁，而其控制的触点，可通过相当大的电压电流，此就是所谓的继电器触点容量放大机能。

二、电气回路图绘图原则

电气回路图通常以一种层次分明的梯形法表示，也称梯形图。它是利用电气元件符号进行顺序控制系统设计的最常用的一种方法。梯形图表示法可分为水平梯形回路图及垂直梯形回路图两种。

图 10–16 所示为水平型电路图，图形上下两平行线代表控制回路图的电源线，称为母线。

图 10–15　继电器线圈及触点符号

图 10–16　水平型电路图

梯形图的绘图原则为：

（1）图形上端为火线，下端为接地线。

（2）电路图的构成是由左而右进行。为便于读图，接线上要加上线号。

（3）控制元件的连接线，接于电源母线之间，且应力求直线。

（4）连接线与实际的元件配置无关，其由上而下，依照动作的顺序来决定。

（5）连接线所连接的元件均以电气符号表示，且均为未操作时的状态。

（6）在连接线上，所有的开关、继电器等的触点位置由水平电路的上侧的电源母线开始连接。

（7）一个梯形图网络有多个梯级组成，每个输出元素（继电器线圈等）可构成一个梯级。

（8）在连接线上，各种负载、如继电器、电磁线圈、指示灯等的位置通常是输出元素，要放在在水平电路的下侧。

（9）在以上的各元件的电气符号旁注上文字符号。

三、基本电气回路

1. 是门电路（YES）

是门电路是一种简单的通断电路，能实现是门逻辑电路。图 10–17 为是门电路，按下按钮 A，电路 1 导通，继电器线圈 K 励磁，其常开触点闭合，电路 2 导通，指示灯亮。若放开按钮，则指示灯熄灭。是门电路的逻辑方程为 $S=A$。

2. 或门电路（OR）

图 10–18 所示的或门电路也称为并联电路。只要按下三个手动按钮中的任何一个开关，都能使电路 1 导通，继电器线圈 K 励磁，其常开触点闭合，电路 4 导通，指示灯亮。例如：要求在一条自动生产线上的多个操作点可以进行操作作业，就可采用这个电回路。或门电路的逻辑方程为 $S=A+B+C$。

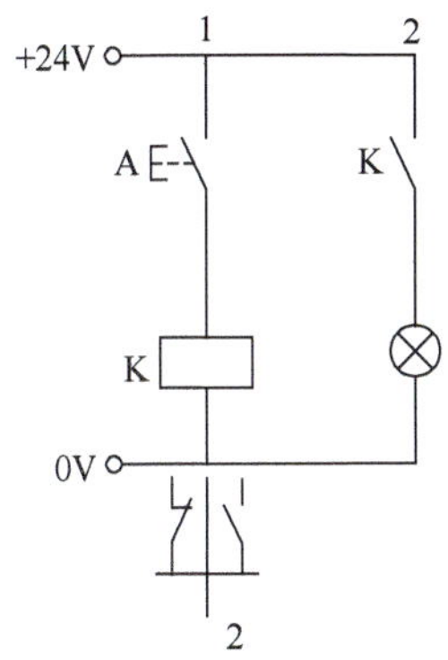

图 10–17 是门电路

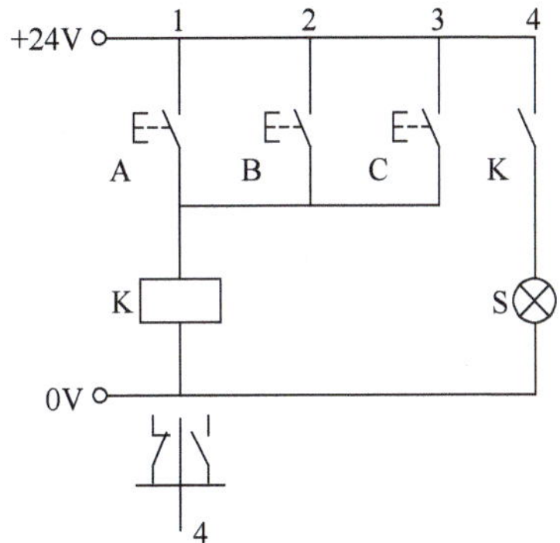

图 10–18 或门电路

3. 与门电路（AND）

图 10–19 所示的与门电路也称为串联电路。只有将按钮 A、B、C 同时按下，使电路 1 导通，继电器线圈 K 励磁，其常开触点闭合，电路 2 导通，指示灯亮。例如：一台设备为防止误操作，保证安全生产，安装了两个不同位置的启动按钮，只有操作者双手操作，将两个操作按钮同时按下时，设备才能开始运行。与门电路的

逻辑方程为 $S=A \cdot B \cdot C$。

4. 自保持电路

自保持电路（见图 10-20）又称为记忆电路，在各种液、气压装置的控制电路中很常用，尤其是使用单电控电磁换向阀控制液、气压缸的运动时，必须要采用自保持回路。但使用了这种回路就还需要具有使其断开的装置，方能使回路完整。

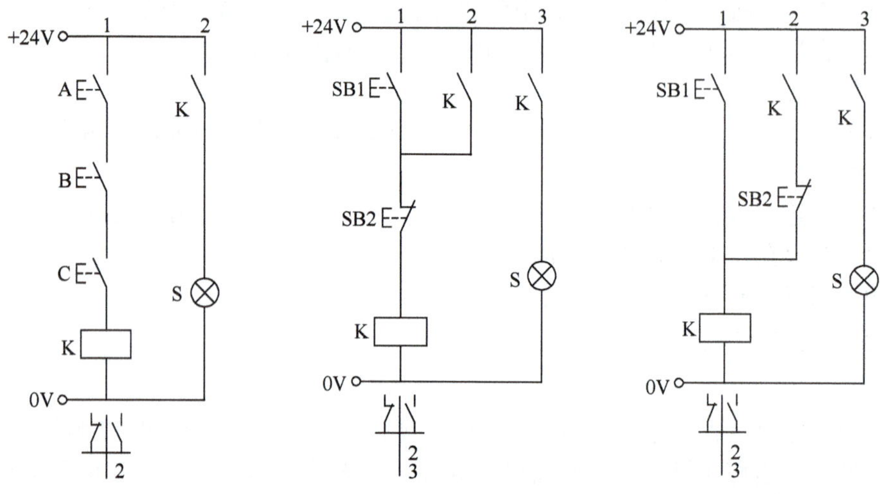

（a）停止优先自保持回路 （b）启动优先自保特回路

图 10-19 与门电路 图 10-20 自保持电路

从上图的回路图可看出，当按下按钮 SB1，电路 1 导通，继电器线圈 K 励磁，其常开触点闭合；电路 2 导通，放开 SB1 后，电路 1 继续导通（回路自动保持）；同时电路 3 也导通，指示灯亮。若按下按钮 SB2，继电器线圈 K 失电，则指示灯熄灭。

四、电气－气动程序回路设计

在设计电气－气动程序控制系统时，应将电气控制回路和气动动力回路分开画，两个图上的文字符号应一致，以便对照。

电气控制回路的设计方法有多种，本次任务采用直觉法。

1. 用直觉法（经验法）设计电气回路图

用直觉法设计电气回路图即是应用电气控制的基本控制方法和自身的经验来设计。用此方法设计控制电路的优点是：适用于较简单的回路设计，可根据设计者本身的经验积累，快速设计出控制回路。

但此方法的缺点是：设计方法较主观，对于较复杂的控制回路不宜设计。

在设计电气回路图之前，必须首先设计好气动动力回路，确定与电气回路图有关的主要技术参数。在气动自动化系统中常用的主控阀有单电控两位三通换向阀、单电控两位五通换向阀、双电控两位五通换向阀、双电控三位五通换向阀四种。

用直觉法设计控制电路，还必须考虑以下几个方面的问题：

（1）分清电磁换向阀的结构差异。

（2）注意动作模式。

（3）对行程开关（或按钮开关）是常开触点还是常闭触点的判别。

2. 分析动作，画出动作流程图

利用手动按钮控制单电控两位五通电磁阀来操纵单气缸实现单个循环。单气缸运动动作流程如图 10–21 所示。

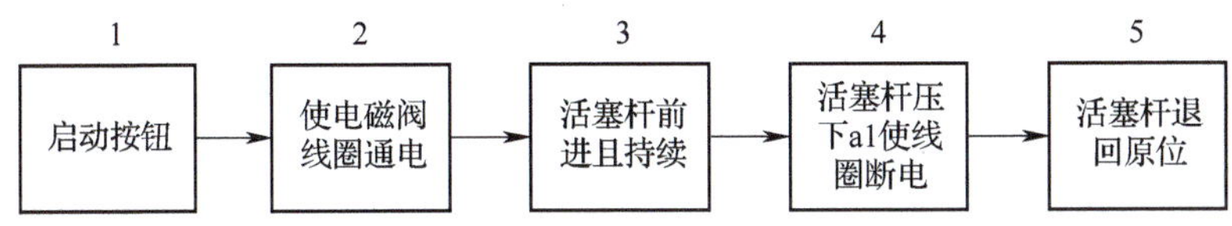

图 10–21　单气缸运动动作流程图

气动回路如图 10–12(a)，动作流程如方框图表示，依照设计步骤完成 10–12(b) 所示电气回路图。

3. 电气回路的设计步骤

（1）将启动按钮 SB1 及继电器 1 K 置于 2 号线上，继电器的常开触点 K1 及电磁阀线圈 Y1 置于 4 号线上。这样当 SB1 按下，电磁阀线圈 Y1 通电，电磁阀换向，活塞杆前进，完成方框 1、2 的要求，如图 10–12（b）所示的 2 和 4 号线。

（2）由于 SB1 为一点动按钮，手放开，电磁阀线圈 Y1 就会断电，将使活塞杆后退。为使活塞杆保持前进状态，必须将继电器 K1 所控制的常开触点接于 3 号线上，形成一个自保电路，完成方框 3 的要求，如图 10–12（b）的 3 号线。

（3）将行程开关 S2 的常闭触点接于 2 号线上，当活塞杆压下 S2，切断自保电路，电磁阀线圈 Y1 断电，电磁阀在弹簧作用下复位，活塞杆退回，完成方框 5 的要求，图 10–12（b）中的 SB2 为停止按钮。

（4）回路还设计了一个旋钮开关 S0 用以开、闭总的电回路。

任务实施

步骤一　气动回路控制分析

控制回路参考图如图 10–12 所示，双作用气缸活塞杆的初始状态为回缩，伸出或返回由一个带弹簧复位的（5/2）二位五通电磁换向阀 1.1 控制，这个阀是主控元件。气源通过气动二联件的过滤和减压传送到运动系统。

当给带弹簧复位的（5/2）二位五通电磁换向阀 1.1 的电磁铁 Y1 带电时，双作用气缸 A1 的活塞杆伸出并且伸出的时间与电磁铁的带电时间一样长。

双作用气缸 A1 活塞杆的伸出速度可以用单向节流阀进行无级地调节。

步骤二　电气回路控制分析

只需点动按钮 S1（常开触点）一下，+24 V 电压通过限位开关 S2 的常闭触点（该限位开关此时还未被压下）到达继电器 K1 的线圈上。

在位于第 3 条控制线路上 K1 的常开触点闭合，对继电器 K1 形成自锁回路。

与此同时，在第 4 条控制线路上的 K1 的常开触点也闭合，使电磁铁 Y1 带电。

只有当限位开关 S2 被压下时，原来的常闭触点被断开，自锁回路被切断，继电器 K1 断电。在第 4 条控制线路上的触点 K1 断开，电磁铁 Y1 断电。

步骤三　回路搭建

按照图 10-12 所示推送装置气动回路与电路参考图，选择元件和搭建回路。将元件安装在实训底板上或电器元件安装架上。

安装并调节限位开关 S2。

压缩空气经过压缩空气预处理单元（分水过滤器、调压阀、单向阀）和分配器向系统供气。

根据气动回路，用塑料软管和附件将气动元件连接起来。

使用实训室用导线将电器元件连接起来断开电源并按照下列步骤进行：

（1）所有阀的电磁铁、继电器线圈和所有指示灯（耗能单元）与下面的 0 V 接线端子相连。

（2）将线路上的所有触点与耗能单元相连，起始端与 +24 VDC 接线端子相连。

打开压缩空气，热能电源并按照功能图检查动作是否正确。

分析和解决在实训中出现不正常情况，根据要求记录下实训结果。

实训指导：

（1）元件在实训底板上安装的位置应与示意图所示的安装位置相一致；

（2）根据回路图，用塑料软管将元件连接起来；

（3）接通压缩空气；按动按钮 S01，检查控制系统顺序的正确性。

（4）接电回路时注意电源的正负极性。

注意事项：

（1）讨论断电时，系统如何动作。

（2）几乎所有的机械式电限位开关（也常被称作限位）都是触点转换式结构。

（3）当连接限位开关触点或继电器的触点时，要了解相关的标准符号及常用符号 NO、NC、COM（常开、常闭、公共接点）的知识。

（4）打开气源时，手握气源开关观察一段时间，防止因管路没接好被打出。

（5）打开气源观察、记录运行情况，检查气缸动作顺序的正确性。对使用中出现的问题进行分析和解决。

（6）旋钮阀 S0 实际上是个急停开关，压下后需旋转回来方能继续使用。

（7）完成实训后，关闭气源，拆下管线和元件并放回原位，对破损、老化管线应及时处理。

随堂小练习

1. 在继电器控制技术中，需要用__________来“置位”或“接通”自锁回路。需要用__________来“复位”或“断开”自锁回路。

2. 机械式电限位开关（也常被称作限位）通常是一种__________结构。

3. 触点转换实际上是从一个常闭带触点转换到一个带______的常开触点上。

任务评价

根据表 10–5，对任务完成情况进行评价。

表 10–5 任务评价表

序号	评价项目	评价内容	参考分	评分标准	得分
1	分析回路	能正确分析整体回路由哪些基本回路组成	10	全面、准确讲解回路中的基本回路	
2	原理说明	准确识读回路，对回路陈述清晰，言简意赅	10	全面、准确讲解回路中各元器件名称及作用，正确解读回路的作用	
3	特点分析	正确分析此气动系统的特点	10	全面、准确地分析此气动系统的特点	
4	回路搭建	能将设计的回路进行正确搭建	20	回路搭建正确，无泄漏现象，各阀初始位置调整正确，气缸速度合理	
5	故障排除	故障分析、排除或与改进	10	能进行常见故障的排除	
6	系统调试过程	能解决系统调试中出现的问题	15	能采用正确的方法解决系统调试中出现的问题	
7	通电前检查	自检电路；仪器仪表使用正确	5	能采用正确的方法自检电路	
8	劳动保护及安全文明	爱护设备及工具；遵守安全文明生产规程；具有成本控制及环保意识	10	着装整洁；保持工作环境清洁；执行安全操作规程；具有节约意识	
9	团队合作	与他人的协作精神	10	能自我调控好学习情绪，善于与人沟通，积极参与小组活动，与教师、同学之间合作态度好	
10	时间	45 分钟		提前正确完成，每 5 分钟加 2 分；超过规定时间，每 5 分钟减 2 分	
总分					

知识拓展

单气缸自动连续往复回路的设计

依照设计步骤完成动作流程如图 10-22 所示。

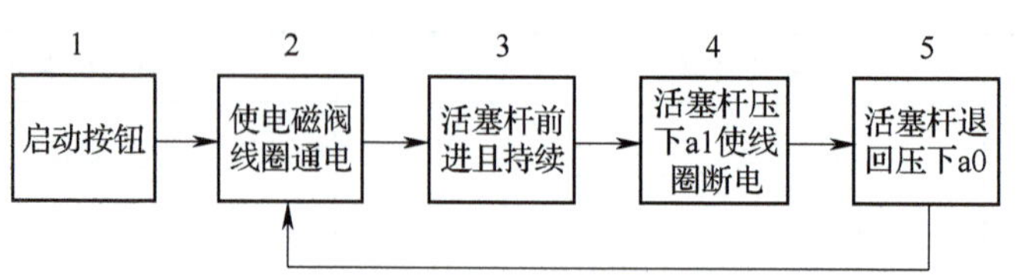

图 10-22 单气缸自动连续往复运动动作流程图

1. 设计步骤

（1）将启动按钮 PB1 及继电器 K1 置于 1 号线上，继电器的常开触点 K1 置于 2 号线上并与 PB1 并联和 1 号线形成一自保电路。在 24 V 线上加一继电器 K1 的常开触点。这样当 PB1 一被按下，继电器 K1 线圈所控制的常开触点 K1 就闭合，3、4 和 5 号线上才能接通电源。

（2）为得到下一次循环的开始，必须多加一个行程开关，使活塞杆退回压到 a0 再次使电磁阀通电。为完成这一功能，a0 以常开触点形式接于 3 号线上，系统在未启动之前活塞杆压在 a0 上，故 a0 的起始位置是接通的。

（3）由图 10-12（b）稍加修改，即可得到电气回路图 10-23（b）。

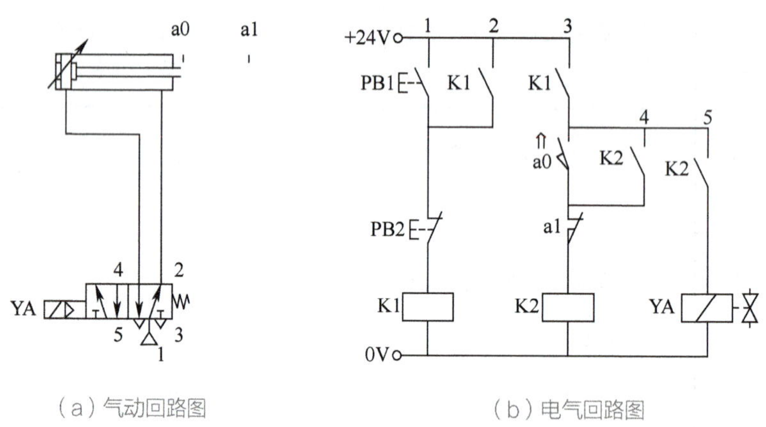

（a）气动回路图　（b）电气回路图

图 10-23 单气缸自动连续往复回路

2. 动作说明

（1）启动按钮 PB1 按下，继电器线圈 K1 通电，2 号线和火线上的 K1 所控制得常开触点闭合，继电器 K1 形成自保。

（2）3 号线接通，继电器 K2 通电，4 和 5 号线上的继电器 K2 的常开触点闭合，继电器 K2 形成自保。

（3）5 号线接通，电磁阀线圈 YA 通电，活塞前进。

（4）当活塞杆压下 a1 时，继电器线圈 K2 断电，K2 所控制的常开触点恢复原位，继电器 K2 的自保电路断开，4 和 5 号线断路，电磁阀线圈 YA 断电，活塞后退。

（5）活塞退回压下 a0 时，继电器线圈 K2 又通电，电路动作由 b 开始。

（6）如按下 PB2，则继电器线圈 K1 和 K2 断电，活塞后退。PB2 为急停或后退按钮。

思考与练习题

图 10–24 示为折弯机的工作原理图，其工作要求为：当工件到达规定的位置时，如果按下启动按钮，气缸伸出将工件按设计要求折弯，然后快速退回，完成一个工作循环；如果工件未到达指定位置时，即使按下按钮气缸也不会有动作。另外，为了适应加工不同材料或直径工件的要求，系统工作压力应该可以调节。试根据以上工作要求，设计出该系统的控制回路。

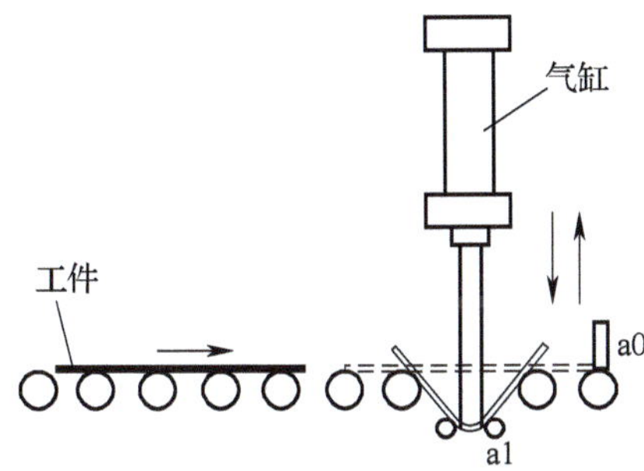

图 10–24 折弯机工作原理图

任务3 压差控制回路设计

学习目标

一、基本目标

❶ 认识基本的电控气动回路的组成和应用。

❷ 能掌握气电转换控制回路的组成和应用，熟悉压差回路的设计要点。

❸ 能够进行基本的电控气动回路的安装与调试，实现预定功能。

二、提高目标

❶ 能根据具体工作要求进行回路设计。

❷ 理解常见各种气动控制阀、电磁控制阀、真空发生器的工作原理作用。

❸ 能利用仿真软件进行回路的设计、分析与仿真调试。

任务描述

图 10–25 所示为大片金属的供料装置示意图。在深拉冲床的供料时需要大片金属一次一件地被带到加工模具处，对带有铁磁性能的工件可通过真空吸力和磁力两者组合来进行传送。

工件的边缘使用分离磁铁，而使其边缘微微打开，以防止两片工件被一起吸起。升降气缸伸出到金属件上方后，吸盘吸取工件（吸盘能在传送带之间的间隙中垂直运动）。气缸回缩到位工件被完全提起时，通过磁力将工件吸在传送带上；吸盘放气将工件释放，工件被悬挂在传送带上。传送带运行到位于装有脚轮的装载台的上方时，关闭电磁铁，工件就落到装载台上，被送往冲压床的加工区域。

设计并组建气动部分，达到以上工作要求。

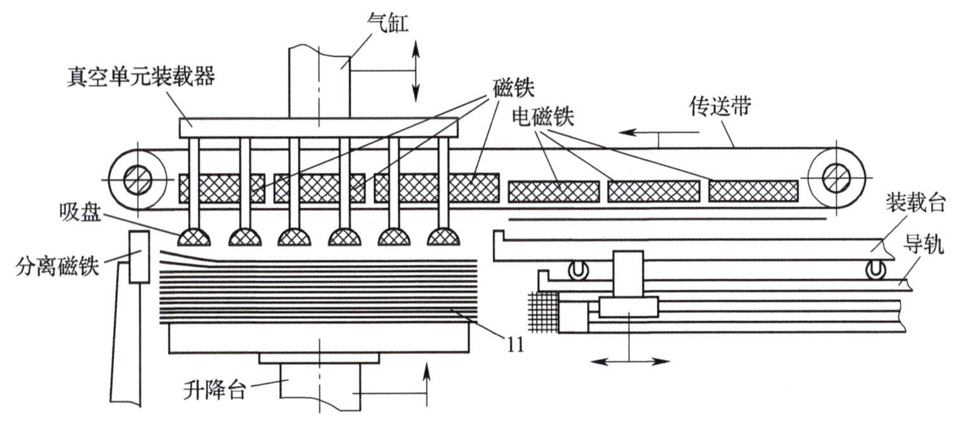

图 10–25 大片金属的供料装置示意图

任务分析

根据本回路设计要求，选用一个双作用气缸和一个吸盘作为执行元件来完成供料任务；采用二个电限位开关来完成气缸自动返回要求；再用一个带弹簧复位的（5/3）三位五通电磁换向阀做双作用气缸的主控元件；用一个（5/2）二位五通电磁脉冲换向阀做吸盘的主控元件；选择三个软管型的单向节流阀来实现对气缸活塞杆伸出速度及对吸盘进行压差调整。

吸盘吸取工件，必须要有真空，所以选择了一个真空发生器。并且要使气动信号能转换成电气信号，需要一个气 – 电转换器。

根据大片金属的供料装置的任务分析画出推送装置的功能图如图 10–26 所示。

设计的气动回路与电气参考图如图 10–27 所示。

元件描述	标识	0　2　4　6　8　10
双作用缸	A1	100 50 mm
n位五通换向阀	1.1	a 0 b
n位五通换向阀	2.1	a 0
吸盘	A2	1

图 10-26　大片金属供料装置功能示意图

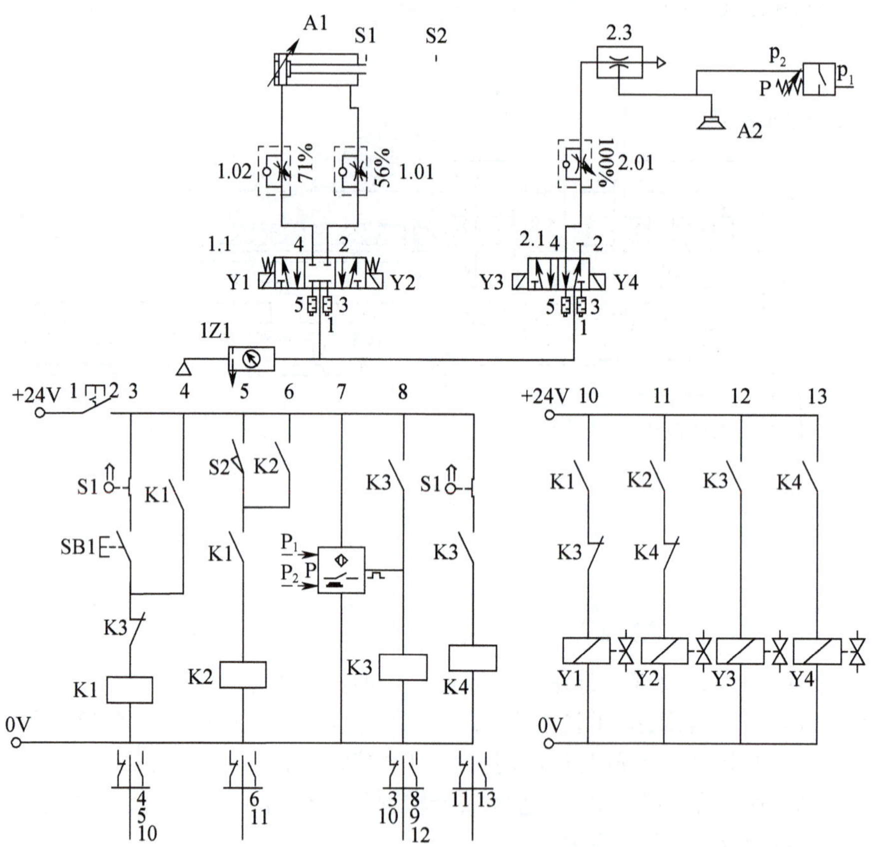

图 10-27　大片金属供料装置气动与电器回路参考示意图

所需器材

完成该项任务时，需要用到的器材如表 10-6 所示。

表 10-6　所需器材

件号	数量	名称	符号
1	1	双作用气缸	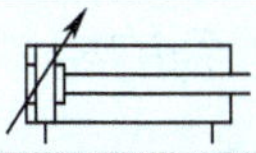
2	1	带弹簧复位的（5/3）三位五通电磁换向阀	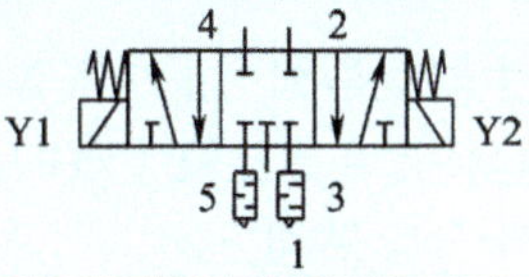 4 2 Y1 Y2 5 3 1
3	1	二位五通电磁脉冲换向阀	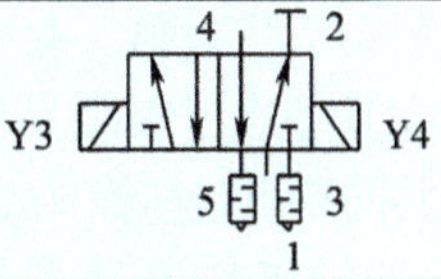 4 2 Y3 Y4 5 3 1
4	1	真空发生器	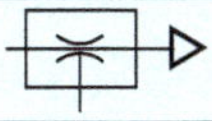
5	1	吸盘	
6	1	压差开关	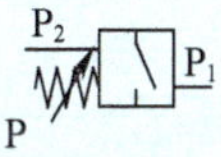 P_2 P_1 P
7	3	单向调整节流阀	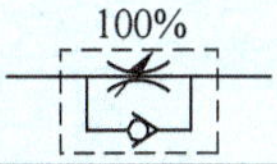 100%
8	1	气动二联件	
9	1	气源	
10	1	开关盒，1 个控制开关，2 个按钮	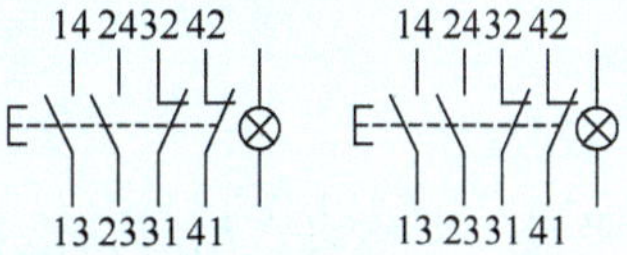 14 24 32 42 13 23 31 41 14 24 32 42 13 23 31 41
11	4	带 4 个转换触点的继电器	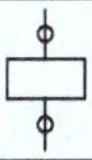
12	2	电限位开关	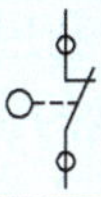
13	1	气－电转换器	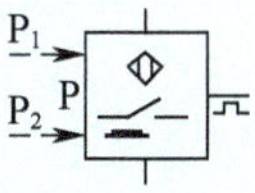 P_1 P P_2
14	1	稳压电源	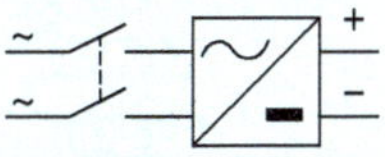 ~ ~ + −
15	1	接线端子盒	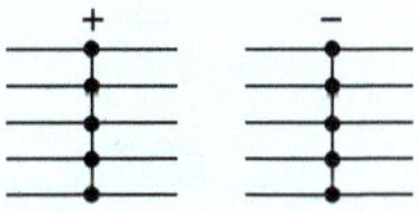 + −
16	若干	实训室用导线	
17	若干	气管	

必备知识

一、任务中接触到的相关元件

1. 真空发生器

真空发生器就是利用正压气源产生负压的一种新型、高效、清洁、经济、小型的真空元器件，这使得在有压缩空气的地方，或在一个气动系统中同时需要正负压的地方获得负压变得十分容易和方便。真空发生器广泛应用在工业自动化中机械、电子、包装、印刷、塑料及机器人等领域。真空发生器的传统用途是真空吸盘配合，进行各种物料的吸附、搬运，尤其适合于吸附易碎、柔软、薄的非铁及非金属材料或球形物体。在这类应用中，一个共同特点是所需的抽气量小，真空度要求不高且为间歇工作。

真空发生器的工作原理是利用喷管高速喷射压缩空气，在喷管出口形成射流，产生卷吸流动。在卷吸作用下，使得喷管出口周围的空气不断地被抽吸走，使吸附腔内的压力降至大气压以下，形成一定真空度，如图 10–28 所示。

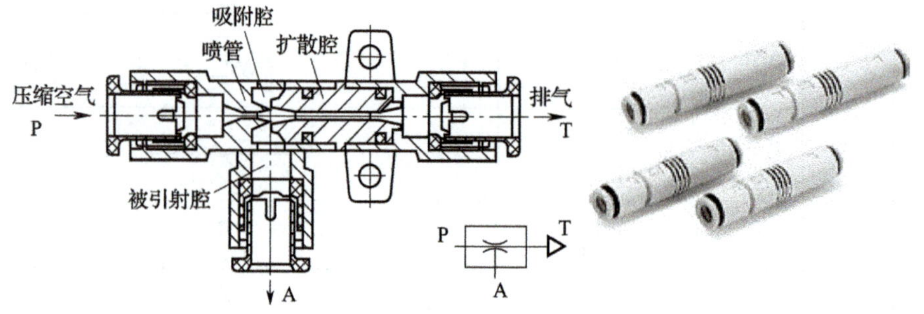

图 10–28 真空发生器结构、符号与实物图

2. 真空吸盘

真空吸盘，又称真空吊具，是直接吸吊物体的元件，通常是由橡胶材料与金属骨架压制成型的，具有较大的扯断力，因而广泛应用于各种真空吸持设备上，如在建筑、造纸工业及印刷、玻璃等行业，实现吸持与搬送玻璃、纸张等薄而轻的物品的任务。一般来说，利用真空吸盘抓取制品是最廉价的一种方法。

平直型真空吸盘的工作原理如图 10–29 所示。首先将真空吸盘通过接管与真空设备（如真空发生器等，图中未画出）接通，然后与待提升物如玻璃、纸张等接触，

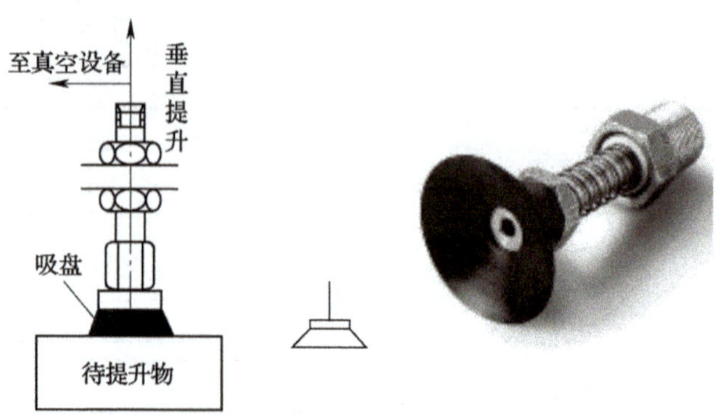

图 10–29 平直型真空吸盘结构、符号与实物图

启动真空设备抽吸，使吸盘内产生负气压，从而将待提升物吸牢，即可开始搬送待提升物。当待提升物搬送到目的地时，平稳地充气进真空吸盘内，使真空吸盘内由负气压变成零气压或稍为正的气压，真空吸盘就脱离待提升物，从而完成了提升搬送重物的任务。

3. 压差开关

压差开关是一种探测元件，它是利用气的压力推动微动开关来实现的，用于监测气体的过压、真空和压差状态。

压差开关有两个检测口，即正压检测口和负压的检测口，其腔体也由此分为正压腔和负压腔。两腔之间用皮膜隔离，当有压力源时皮膜移动触动微动开关从而达到开 / 关目的，空气压差开关上设有调节控制盘，在调节时改变弹簧的压力大小使 ON 点和 OFF 点发生变化。

4. 气 – 电转换器

气 – 电电转换器是一种传感器，输入为气压，输出端为电信号。

输入气压信号进入弹性元件（一般采用波纹管）后，转换成作用力 F_{sr}，加到杠杆的一端，使杠杆发生偏转。杠杆的偏转位移由位移检测放大器转换成 0 ~ 10 mA 或 4 ~ 20 mA 直流信号输出。输出电流 I_{sc} 流过反馈线圈在磁场中产生电磁力 F_d，F_d 与 F_{sr} 在杠杆上相平衡。位移检测放大器十分灵敏，因此杠杆的实际偏转位移即使极其微小，也可被测得。电磁力 F_d 与输出电流 I_{sc} 成正比，F_{sr} 与被转换压力 P 成正比，故输出电流 I_{sc} 正比于被转换压力 P，如图 10–30 所示。

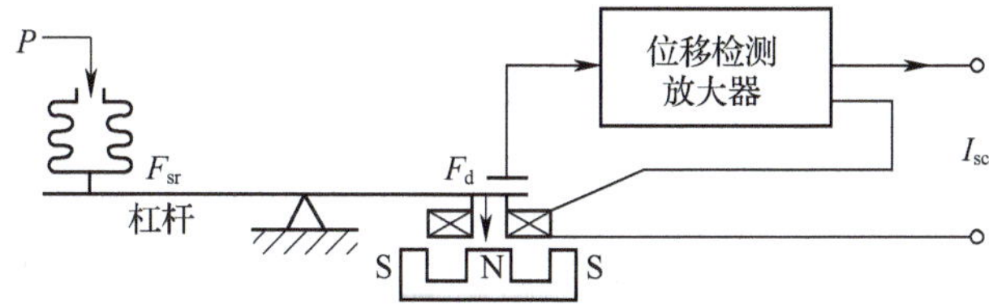

图 10–30 气 – 电转换器原理图

气电转换器常用于气动单元组合仪表与电动单元仪表连用的自动调节系统中。有些被测参数由于生产上的需要或出于安全上的考虑，需要采用气动变送器测量，而调节器等控制室仪表都采用电子型，这时就需要用气电转换器将气动变送器输出的气压信号转换成直流信号；再送到调节器、记录仪表等。在需要运算的气动调节系统中，由于电子仪表运算功能比气动仪表强得多，也常常采用气 – 电转换器转换信号。

二、任务中应用到的电气回路

1. 互锁电路

互锁电路用于防止错误动作的发生，以保护设备、人员安全。如电机的正转与反转，气缸的伸出与缩回，为防止同时输入相互矛盾的动作信号，使电路短路或线圈烧坏，控制电路应加互锁功能。如图 10–31 所示，按下按钮 PB1，继电器线圈 K1 得电，第 2 条线上的触点 K1 闭合，

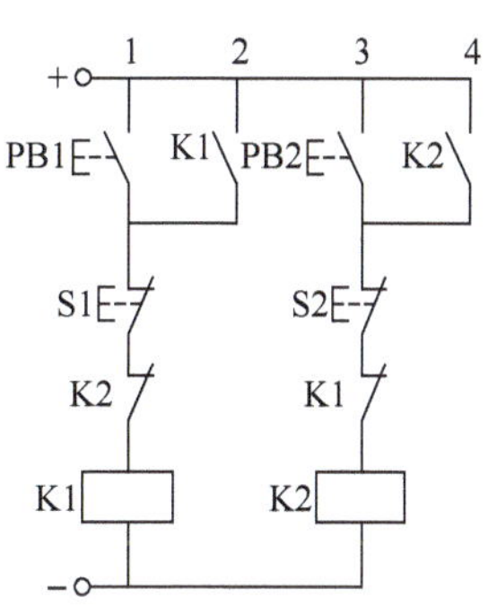

图 10–31 互锁电路

继电器 K1 形成自保持，第 3 条线上 K1 的常闭触点断开，此时若再按下按钮 PB2，继电器线圈 K2 一定不会得电。同理，若先按按钮 PB2，继电器线圈 K2 得电，继电器线圈 K1 也一定不会得电。

2. 互锁电路应用于双向控制回路

例：双作用气缸的双向控制回路。

此回路采用了一个二位五通电磁脉冲换向阀，只要线圈得到一个电脉冲信号，换向阀就能进行换向操作，使气缸改变运行方向。但在使用中一定要注意：不能同时让线圈 YA 和 YB 得电吸合！否则线圈将烧坏，造成直接经济损失。所以必须设计使用互锁电路，使 YA 和 YB 不能同时吸合。完成后的气动回路与电控回路如图 10–32 所示。

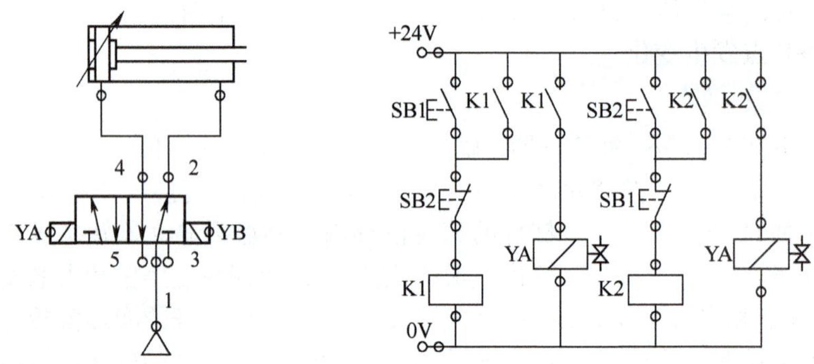

图 10–32　双作用气缸的双向控制互锁电路

运动过程为：按下按钮 SB1，YA 吸合，气缸伸出；按下按钮 SB2，气缸回缩。

3. 互锁电路应用于往复循环回路

例：双作用气缸的往复循环控制回路。

此回路也采用了一个二位五通电磁脉冲换向阀，只要线圈得到一个电脉冲信号，换向阀进行换向操作，使气缸改变运行方向。使用中也需注意：不能同时让线圈 YA 和 YB 得电吸合！否则线圈将烧坏，造成直接经济损失。所以必须设计使用互锁电路，使 YA 和 YB 不能同时吸合。由于需要往复自动循环，所以使用了二个电限位开关来完成这一任务。完成后的气动回路与电控回路如图 10–33 所示。

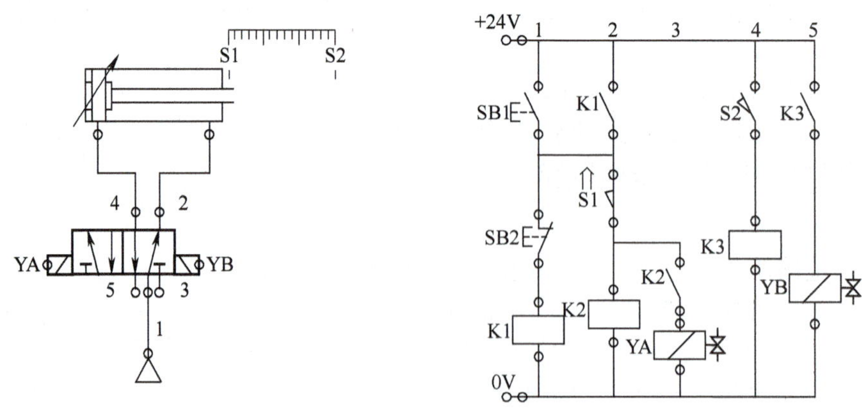

图 10–33　双作用气缸的往复循环控制回路

按下按钮 SB1，回路 1 闭合，继电器 K1 得电，使回路 2 上的 K1 的常开触点闭合，自锁回路 1；同时回路 2 上的继电器 K2 与得电（此时活塞杆在 S1 处，所以此处的 S1 是闭合的），使回路 3 上的 K2 的常开触点闭合，电磁线圈 YA 得电，双作用气缸伸出。气缸活塞杆一旦伸出，S1 就断开了 K2 的电流，YA 就将失电，所以采用了二位五通电磁脉冲换向阀，它具有记忆功能，只要线圈得到一个电脉冲信号即可。

当双作用气缸完全伸出后，活塞杆压下 S2，使回路 4 闭合，继电器 K3 得电，回路 5 上的 K3 的常开触点闭合，电磁线圈 YB，气缸回缩。

回缩到位后，继续往复循环，直到按下按钮 SB2，气缸停止在回缩到位的位置。

任务实施

步骤一　气动回路控制分析

控制回路参考图如图 10-27 所示，双作用气缸活塞杆的初始状态为回缩，伸出或返回由一个带弹簧复位的（5/3）三位五通电磁换向阀 1.1 控制，这个阀是气缸的主控元件。气源通过气动二联件的过滤和减压传送到运动系统。真空发生器和吸盘是由一个二位五通电磁脉冲换向阀来控制。压差开关用来检测吸盘是否吸住了工件，当吸盘吸住了工件后，压差开关给换向阀一个电信号弹。

带弹簧复位的（5/3）三位五通电磁换向阀 1.1 处于中位是使气缸能在任意位置自锁停留。当给三位五通电磁换向阀 1.1 的电磁铁 Y1 带电时，双作用气缸 A1 的活塞杆伸出并且伸出的时间与电磁铁的带电时间一样长。

气缸伸出到位后通过压下电限位开关 S2，使二位五通电磁换向阀 2.1 的电磁铁 Y3 带电时，真空发生器产生真空吸力，吸盘吸住工件。吸盘吸住工件后压差开关检测到信号，使三位五通电磁换向阀 1.1 的电磁铁 Y2 带电，气缸回缩。

气缸回缩至活塞杆压下电限位开关 S1，使二位五通电磁换向阀 2.1 的电磁铁 Y4 得电，真空发生器和吸盘回路失去真空压力，吸盘放松工件。

双作用气缸 A1 活塞杆的伸出和回缩速度用单向节流阀进行排气节流形式的无级调节。

步骤二　电气回路控制分析

只需点动按钮 SB1（常开触点）一下，+24 V 电压通过限位开关 S1 的常开触点（该限位开关此时被压下）到达继电器 K1 的线圈上。在位于第 4 条控制线路上 K1 的常开触点闭合，对继电器 K1 形成自锁回路。与此同时，在第 5 和第 10 条控制线路上的 K1 的常开触点也都闭合，使电磁铁 Y1 带电，三位五通电磁换向阀 1.1 换向（气缸伸出）。

当气缸到达最低位置，活塞杆压下电限位开关 S2 时，第 5 条控制线路上的 S2 的常开触点闭合，+24 V 电压到达继电器 K2 的线圈上。在位于第 6 条控制线路上 K2 的常开触点闭合，对继电器 K2 形成自锁回路。与此同时，在第 11 条控制线路上的 K2 的常开触点也都闭合，使电磁铁 Y3 带电，二位五通电磁换向阀 2.1 换向，真空发生器产生真空吸力，吸盘吸住工件。

吸盘吸住工件后，压差开关 P 得到信号，合位于第 8 条控制线路上的继电器 K3 线圈得电，第 8 条控制线路上的 K3 常开触点闭合，对继电器 K3 形成自锁回路。同时位于第 10 条控制线路上的 K3 的常闭触点断开，Y1 失电，并且位于第 112 条控制线路上的 K3 的常开触点闭合，Y2 得电，三位五通电磁换向阀 1.1 换向（气缸缩回）。

当气缸缩回，活塞杆压下电限位开关 S1，第 9 条控制线路上的 S1 的常开触点闭合（此时第 9 条控制线路上的 K3 也是闭合的），继电器 K4 得电，第 11 条控制线路断电，Y3 也失电；第 13 条控制线路得电，Y4 得电，二位五通电磁换向阀 2.1 换向，吸盘不再有真空力，改由磁力将工件吸在传送带上；吸盘放气将工件释放，工件被悬挂在传送带上。

步骤三　回路搭建

按照图 10–27 所示大片金属供料装置气动与电器回路参考示意图，选择元件和搭建回路。将元件安装在实训底板上或电器元件安装架上。

安装并调节限位开关 S1 和 S2。

压缩空气经过压缩空气预处理单元（分水过滤器、调压阀、单向阀）和分配器向系统供气。

根据气动回路，用塑料软管和附件将气动元件连接起来。

断开电源，使用实训室用导线将电器元件连接起来并按照下列步骤进行：

（1）所有阀的电磁铁、继电器线圈和所有指示灯（耗能单元）与下面的 0 V 接线端子相连。

（2）将线路上的所有触点与耗能单元相连，起始端与 +24 VDC 接线端子相连。

打开压缩空气，热能电源并按照功能图检查动作是否正确。

分析和解决在实训中出现不正常情况，根据要求记录下实训结果。

实训指导：

（1）元件在实训底板上安装的位置应与示意图所示的安装位置相一致；

（2）根据回路图，用塑料软管将元件连接起来；

（3）接通压缩空气；按动按钮 1 Z1，检查控制系统顺序的正确性。

（4）接电回路时注意电源的正负极性。

注意事项：

（1）讨论初始时，气缸可能处于什么位置。

（2）几乎所有的机械式电限位开关（也常被称作限位）位都是触点转换式结构。

（3）当连接限位开关触点或继电器的触点时，要了解相关的标准符号及常用符号 NO，NC，COM（常开、常闭、公共接点）的知识。

（4）打开气源时，手握气源开关观察一段时间，防止因管路没接好被打出。

（5）打开气源观察、记录运行情况，检查气缸动作顺序的正确性。对使用中出现的问题进行分析和解决。

（6）完成实训后，关闭气源，拆下管线和元件并放回原位，对破损、老化管线应及时处理。

任务评价

根据表 10–7，对任务完成情况进行评价。

表 10-7 任务评价表

序号	评价项目	评价内容	参考分	评分标准	得分
1	分析回路	能正确分析整体回路由哪些基本回路组成	10	全面、准确讲解回路中的基本回路	
2	原理说明	准确识读回路，对回路陈述清晰，言简意赅	10	全面、准确讲解回路中各元器件名称及作用，正确解读回路的作用	
3	特点分析	正确分析此气动系统的特点	10	全面、准确地分析此气动系统的特点	
4	回路搭建	能将设计的回路进行正确搭建	20	回路搭建正确，无泄漏现象，各阀初始位置调整正确，气缸速度合理	
5	故障排除	故障分析、排除或与改进	10	能进行常见故障的排除	
6	系统调试过程	能解决系统调试中出现的问题	15	能采用正确的方法解决系统调试中出现的问题	
7	通电前检查	自检电路；仪器仪表使用正确	5	能采用正确的方法自检电路	
8	劳动保护及安全文明	爱护设备及工具；遵守安全文明生产规程；具有成本控制及环保意识	10	着装整洁；保持工作环境清洁；执行安全操作规程；具有节约意识	
9	团队合作	与他人的协作精神	10	能自我调控好学习情绪，善于与人沟通，积极参与小组活动，与教师、同学之间合作态度好	
10	时间	45 分钟		提前正确完成，每 5 分钟加 2 分；超过规定时间，每 5 分钟减 2 分	
总分					

知识拓展

气动辅助元件

1. 软管

在气动系统中元件之间的连接主要用软管。软管的特点有可绕性、吸振性、消声性以及连接、调整方便等。用于气动的软管主要有橡胶管、尼龙管、聚胺酯管及聚乙烯管。

2. 软管接头

软管接头种类和规格很多，常用的结构有快插式、快换式、扩口式、快拧式和宝塔式等。

（1）快插式管接头（见图 10–34）。常用于气动回路中尼龙管和聚胺酯管的连接，使用时将管子插入后，由管接头中的弹性卡环将其自行咬合固定，并由密封圈密封。卸管时只需将弹性卡环压下，即可方便地拔出管子。

快插式管接头种类有直通终端、直角终端、三通、四通、Y 形、T 形终端、穿板接头、分气接头等各种形式，所有 R 锥螺纹上都有聚四氟乙烯涂层，该涂层可取代常规密封圈。

图 10–34 快插式管接头

（2）快换式管接头（见图 10–35）。这是一种既不需要使用工具又能实现快速装拆的管接头。内部带有单向元件，接头相互连接时靠钢球定位，两侧气路相通；接头卸下，气路即断开，不再需要装气源开关。

（3）快拧式管接头（见图 10–36）。其结构是在接头体的外锥面上有圆弧凸台，接管时将软管套在接头体的外锥面上拧紧螺母即可起到密封作用。它适用于尼龙管、塑料管连接。

（4）倒钩式管接头（见图 10–37）。用于连接软管，这种接头连接非常方便，特别是在装配气动控制柜或安装支架时。

图 10–35 快换式管接头

图 10–36 快拧式管接头

图 10–37 倒钩式管接头

思考与练习题

图 10-38 所示为一气动板材压弯机示意图，采用气缸伸出将放入模具中的金属板材压弯成型。

要求：只有当压弯时的压力超过一定的压力时，气缸才能自动返回；活塞杆的伸出和返回速度可进行调整。画出功能图和气动与电控的回路图。

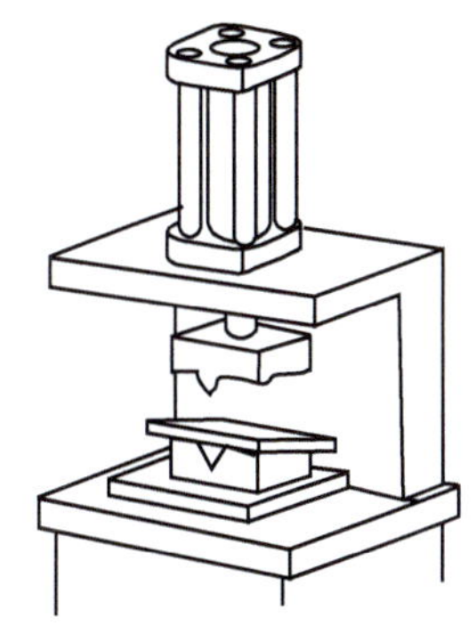

图 10-38 气动板材压弯机示意图

任务4 延时控制回路设计

学习目标

一、基本目标

1. 认识基本的电控气动回路的组成和应用。
2. 能掌握电控延时控制回路的组成和应用，熟悉电磁阀回路的设计要点。
3. 能够进行基本的电控气动回路的安装与调试，实现预定功能。

二、提高目标

1. 能根据具体工作要求进行回路设计。
2. 理解常见各种气动控制阀、电磁控制阀的工作原理作用。
3. 能利用仿真软件进行回路的设计、分析与仿真调试。

任务描述

图 10-39 所示为一防火门闭启机构。用一个双作用气缸来操纵两个商店之间的防火门。

要求：在每一个商店的大门处都有一个能开门的按钮，打开防火门后，防火门应该保持打开的时间大约为 18 秒，然后防火门自动关闭。

附加要求：只有在防火门完全关闭的情况下，才可能重新打开防火门。当防火门被打开时（哪怕仅仅只打开一条小缝），蜂鸣器会发出声响。当门被打开或者刚刚被打开时，安装在两个商店之间的显示灯会亮起来，进行提示。

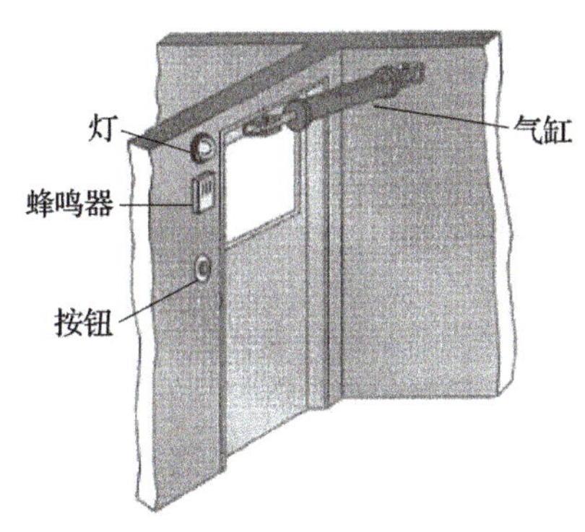

图 10-39　防火门闭启机构

任务分析

根据设计要求，选用一个活塞上带磁环的双作用气缸作为执行元件即可完成开启与关闭防火门的任务；采用一个磁感应式接近开关来完成门是否关闭的检测；再用一个带弹簧复位的（5/2）二位五通电磁换向阀做双作用气缸的主控元件；用一个延时断开继电器来实现防火门应该保持打开的时间。

根据防火门闭启机构的任务，分析画出防火门闭启机构的功能图如图 10-40 所示。

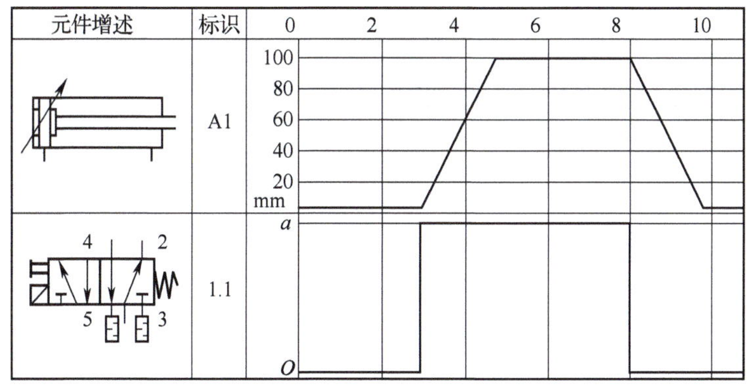

图 10-40　防火门闭启机构功能示意图

防火门闭启机构的气动回路与电气参考图如图 10-41 所示。

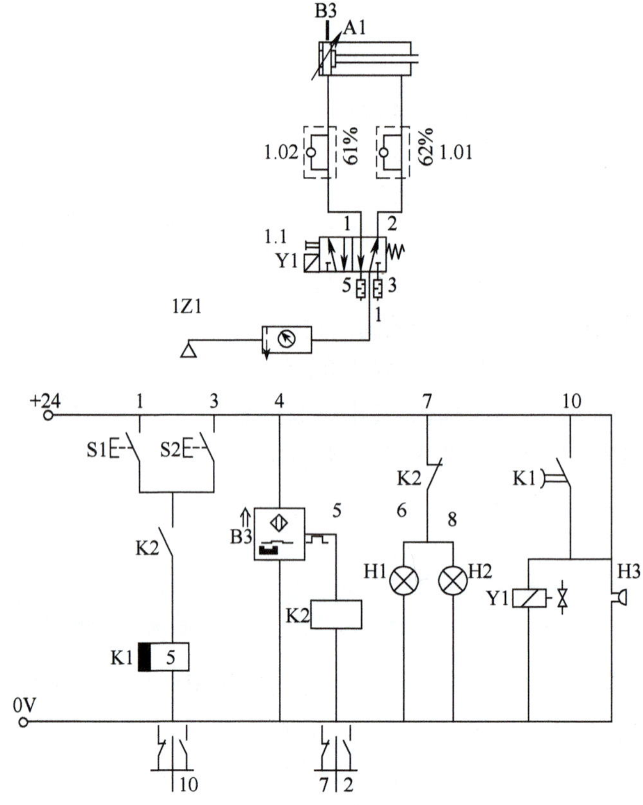

图 10-41 防火门闭启机构气动回路与电气参考图

所需器材

完成该项任务时，需要用到的器材如表 10-8 所示。

表 10-8 所需器材

件号	数量	名称	符号
1	1	带磁环的双作用气缸	
2	1	带弹簧复位的（5/2）二位五通电磁换向阀	4 2 Y1 Y2 5 3 1
3	21	单向调整节流阀	100%
4	1	气动二联件	

续表

件号	数量	名称	符号
5	1	气源	
6	1	开关盒，1 个控制开关，2 个按钮	14 24 32 42 13 23 31 41 14 24 32 42 13 23 31 41
7	1	带 4 个转换触点的继电器	
8	1	延时断开继电器	1 18
9	1	磁感应式接近开关	3 5
10	1	稳压电源	+ -
11	1	接线端子盒	+ -
12	1	蜂鸣器	
13	2	灯	
14	若干	实训室用导线	
15	若干	气管	

必备知识

一、任务中接触到的相关元件

1. 时间继电器

时间继电器目前在电气控制回路中应用非常广泛。它与中间继电器相同之处是由线圈与触点构成，而不同的是当输入信号时，电路中的触点经过一定时间后才闭合或断开。

按照其输出触点的动作形式分为以下两种：

（1）延时闭合继电器（见图 10–42）。当继电器线圈流过电流时，经过预置时间延时，继电器触点闭合；当继电器线圈无电流时，继电器触点断开。

（2）延时断开继电器（见图 10–43）。当继电器线圈流过电流时，继电器触点闭合；当继电器线圈无电流时，经过预置时间延时，继电器触点断开。

2. 时间继电器的工作原理

当线圈通电时，衔铁及托板被铁心吸引而瞬时下移，使瞬时动作触点接通或断开。但是活塞杆和杠杆不能同时跟着衔铁一起下落，因为活塞杆的上端连着气室中的橡皮膜，当活塞杆在释放弹簧的作用下开始向下运动时，橡皮膜随之向下凹，上面空气室的空气变得稀薄而使活塞杆受到阻尼作用而缓慢下降。经过一定时间，活塞杆下降到一定位置，便通过杠杆推动延时触点动作，使动断触点断开，动合触点闭合。从线圈通电到延时触点完成动作，这段时间就是继电器的延时时间。延时时间的长短可以用螺钉调节空气室进气孔的大小来改变。吸引线圈断电后，继电器依靠恢复弹簧的作用而复原。空气经出气孔被迅速排出，如图 10-44 所示。

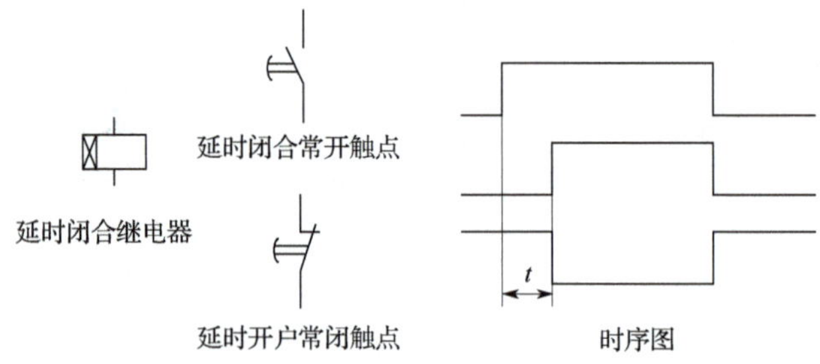

图 10-42 延时闭合继电器线圈及触点符号

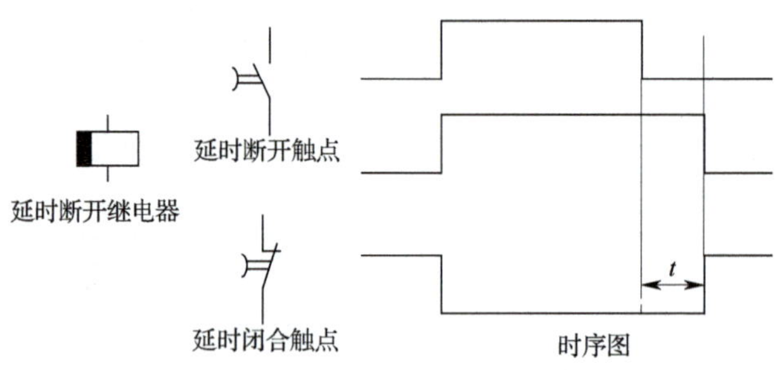

图 10-43 延时断开继电器线圈及触点符号

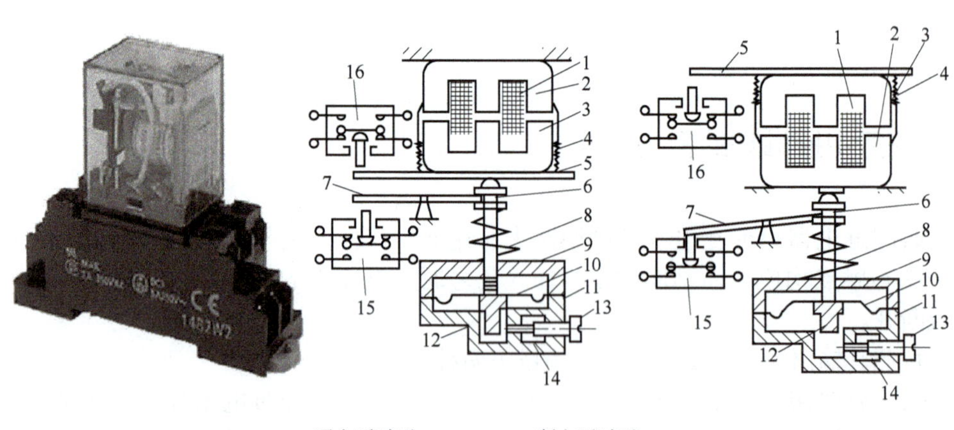

1- 线圈；2- 铁心；3- 衔铁；4- 反力弹簧；5- 推板；6- 活塞杆；7- 杠杆；8- 塔形弹簧；9- 弱弹簧 10- 橡皮膜；11- 空气室壁；12- 活塞；13- 调节螺钉；14- 进气孔；15、16- 微动开关

图 10-44 空气阻尼式时间继电器

3. 磁感应式接近开关

磁感应式接近开关对磁场起反应，特别适合于对气缸内活塞位置的检测。基于磁场能穿透无磁性金属，这类接近开关可穿透气缸的铝壁检测内部的固定在活塞上的永久磁铁，实现对活塞的位置检测。

这是一种电子式非接触检测（电磁感应接近开关），具体无磨损检测的优点。

开关型磁感应式接近开关安装在带磁环的气缸上（通过相应的夹头附在气缸上，带 LED 指示），当活塞上的永久磁铁产生的磁场彼其检测到，电路关闭发出电信号后来控制机器的位置。

二、延时电路

随着自动化设备的功能和工序越来越复杂，各工序之间需要按一定的时间紧密巧妙地配合，要求各工序时间可在一定时间内调节，这需要利用延时电路来加以实现。延时控制分为两种，即延时闭合和延时断开。

图 10-45（a）为延时闭合电路，当按下开关 SB1 后，延时继电器 T 开始计时，经过设定的时间后，时间继电器触点闭合，电灯点亮。放开后，继电器 T 立即断开，电灯熄灭。图 10-45（b）为延时断开电路，当按下开关 SB1 后，时间继电器 T 的触点也同时接通，电灯点亮，当放开 SB1 后，延时断开继电器开始计时，到规定时间后，时间继电器触点 T 才断开，电灯熄灭。

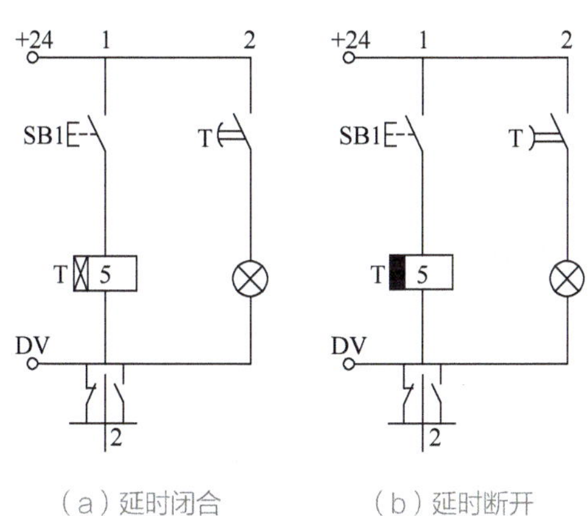

（a）延时闭合　　（b）延时断开

图 10-45　延时电路

任务实施

步骤一　气动回路控制分析

气动控制回路参考图如图 10-41 所示，双作用气缸活塞杆为回缩的初始状态，伸出或返回由一个带弹簧复位的（5/2）二位五通电磁换向阀 1.1 控制，这个阀是气缸的主控元件。气源通过气动二联件的过滤和减压传送到运动系统。

当带弹簧复位的（5/2）二位五通电磁换向阀 1.1 的电磁铁 Y1 带电时，双作用气缸 A1 的活塞杆伸出。

当电磁铁断电时，双作用气缸 A1 的活塞杆退回到它的后端终点位置上并且压气缸开关 B3。

双作用气缸 A1 活塞杆的伸出和回缩速度用单向节流阀进行排气节流形式的无级调节。

步骤二　电气回路控制分析

限位开关 B3（气缸开关，常开触点）被感应并使第 5 条控制线路上继电器 K2 带电。

显示灯 H1 和 H2 通过第 7 条控制线路上的常闭触点 KJ2 来接通。

当点动按钮 S1 或 S2 时（两个均为常开触点），电压通过闭合的触点 K2 加到时间继电器 K1 上。

电器 K1 带电并且接通第 10 条控制线路上带断电延时的触点 K1。换向阀的电磁铁 Y1 带电（气缸 A1 的活塞杆伸出），同时蜂鸣器 H3 发出声响。

延时时间到了以后，第 10 条控制线路上的触点 K1 断开，气缸的活塞杆退回并感应 B3，显示灯 H1 和 H2 熄灭。

步骤三　回路搭建

按照图 10-41 所示防火门闭启机构气动回路与电气参考图，选择元件和搭建回路。将元件安装在实训底板上或电器元件安装架上。

安装并调节限位开关 S1 和 S2。

压缩空气经过压缩空气预处理单元（分水过滤器、调压阀、单向阀）和分配器向系统供气。

根据气动回路，用塑料软管和附件将气动元件连接起来。

断开电源，使用实训室用导线将电器元件连接起来并按照下列步骤进行：

（1）所有阀的电磁铁、继电器线圈和所有指示灯（耗能单元）与下面的 0 V 接线端子相连。

（2）将线路上的所有触点与耗能单元相连，起始端与 +24 VDC 接线端子相连。

打开压缩空气，热能电源并按照功能图检查动作是否正确。

分析和解决在实训中出现不正常情况，根据要求记录下实训结果。

实训指导：

（1）元件在实训底板上安装的位置应与示意图所示的安装位置相一致。

（2）根据气动回路图，用塑料软管将元件连接起来。

（3）连接电气元件时，断开电源。

（4）安装气缸开关并调节精度。

（5）接通压缩空气；按动按钮 1Z1，检查控制系统顺序的正确性。

（6）设置断电延时的时间为 18 s。

（7）接电回路时注意电源的正负极性。

注意事项：

（1）断电延时继电器有 4 个端口；这种时间继电器通过 A1 和 A2 与工作电压相连。控制触点与另外的两个端口 B1 和 B2 相连。

（2）当连接限位开关触点或继电器的触点时，要了解相关的标准符号及常用符号 NO，NC，COM（常开、常闭、公共接点）的知识。

（3）打开气源时，手握气源开关观察一段时间，防止因管路没接好被打出。

（4）打开气源观察、记录运行情况，检查气缸动作顺序的正确性。对使用中出现的问题进行分析和解决。

（5）完成实训后，关闭气源，拆下管线和元件并放回原位，对破损、老化管线应及时处理。

步骤三 得出结论

断电延时继电器的“常开触点”在线圈带电后，“立即”闭合并“延时”打开；“常叛乱触点”在线圈带电后，“立即”打开并“延时”闭合。

随堂小练习

1. 为什么只有两个端口的时间继电器，当给一个短的脉冲信号时，就可以长时间地保持断电功能。

2. 非机械接触式的电限位开关还有那些是你知道的？

3. 通电延时和断电延时在符号上有什么区别？它们的触点符号是否也有区别？

任务评价

根据表 10-9，对任务完成情况进行评价。

表 10-9 任务评价表

序号	评价项目	评价内容	参考分	评分标准	得分
1	分析回路	能正确分析整体回路由哪些基本回路组成	10	全面、准确讲解回路中的基本回路	
2	原理说明	准确识读回路，对回路陈述清晰，言简意赅	10	全面、准确讲解回路中各元器件名称及作用，正确解读回路的作用	
3	特点分析	正确分析此气动系统的特点	10	全面、准确地分析此气动系统的特点	
4	回路搭建	能将设计的回路进行正确搭建	20	回路搭建正确，无泄漏现象，各阀初始位置调整正确，气缸速度合理	
5	故障排除	故障分析、排除或与改进	10	能进行常见故障的排除	
6	系统调试过程	能解决系统调试中出现的问题	15	能采用正确的方法解决系统调试中出现的问题	
7	通电前检查	自检电路；仪器仪表使用正确	5	能采用正确的方法自检电路	
8	劳动保护及安全文明	爱护设备及工具；遵守安全文明生产规程；具有成本控制及环保意识	10	着装整洁；保持工作环境清洁；执行安全操作规程；具有节约意识	
9	团队合作	与他人的协作精神	10	能自我调控好学习情绪，善于与人沟通，积极参与小组活动，与教师、同学之间合作态度好	

10	时间	45 分钟		提前正确完成，每 5 分钟加 2 分；超过规定时间，每 5 分钟减 2 分	
总分					

知识拓展

一、电气－气动程序回路设计中用串级法设计电气回路图

当我们用经验法设计电气回路图时，对于复杂的电路容易出错。此时可以采用串级法设计电气回路，其大原则与前述设计纯气动控制回路相类似。

用串级法设计电气回路并不能保证使用最少的继电器，但却能提供一种方便而有规则可依的方法。根据此法设计的回路易懂，可不必借助位移－步骤图来分析其动作，可减少对设计技巧和经验的依赖。

用串级法既适用于双电控电磁阀也适用于单电控电磁阀控制的电气回路。

1. 用串级法设计电气回路的基本步骤

（1）画出气动动力回路图，按照程序要求确定行程开关位置，并确定使用双电控电磁阀或单电控电磁阀。

（2）按照气缸动作的顺序分组。

（3）根据各气缸动作的位置，决定其行程开关。

（4）根据第 3 步骤画出电气回路图。

（5）加入各种控制继电器和开关等辅助元件。

2. 使用双电控电磁阀的电气回路图设计

气缸的动作顺序经分组后，在任意时间，只有其中某一组在动作状态中，如此可避免双电控电磁阀因误动作而导致通电，其详细设计步骤如下：

（1）写出气缸的动作顺序并分组，分组的原则使每个气缸的动作在每组中仅出现一次，即同一组中气缸的英文字母代号不得重复出现。

（2）每一组用一个继电器控制其动作，且在任意时间，仅其中一组继电器处于动作状态中。

（3）第一组继电器由启动开关串联最后一个动作所触动的行程开关的常开触点控制，并形成自保。

（4）各组的输出动作按照各气缸的运动位置及所触动的行程开关确定，并按顺序完成回路设计。

（5）第二组和后续各组继电器由前一组气缸最后触动的行程开关的常开触点串联前一组继电器的常开触点控制，并形成自保。由此可避免行程开关被触动一次以上而产生错误的顺序动作，或是不按正常顺序触动行程开关造成的影响。

（6）每一组继电器的自保回路由下一组继电器的常闭触点切断，但最后一组继电器除外。最后一组继电器的自保回路是由最后一个动作完成时所触动的形成开关的常闭触点切断。

（7）如有动作两次以上的电磁铁线圈，必须在其动作回路上串联该动作所属组别的继电器的常开触点，以避免逆向电流造成不正确的继电器或电磁线圈被激磁。

通常如将动作顺序分成两组，只需用一个继电器（一组用继电器常开触点，一组用继电器常闭触点）；如将动作顺序分成3组以上，则每一组用一个继电器控制，在任意时间，只有一个继电器通电。

二、双缸程序回路设计中用串级法设计电气回路图

A、B两缸的动作顺序为A+B+B–A–，两缸的位移–步骤图和其气动回路如图10–46所示，试设计其电气回路图。

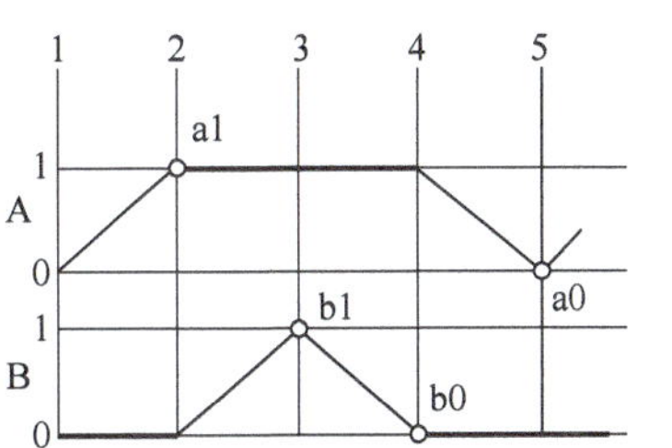

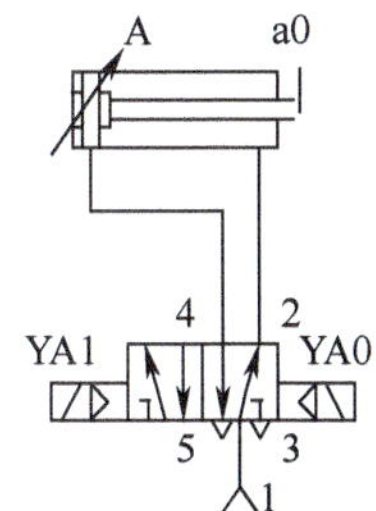

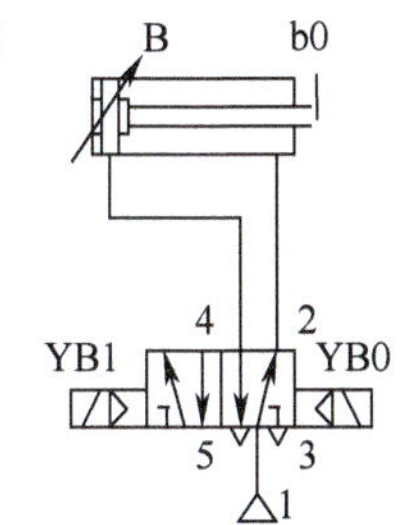

图10–46 双缸程序回路的位移–步骤图与气动回路图

1. 设计步骤

（1）将两缸的动作按顺序分组，如图10–47所示。

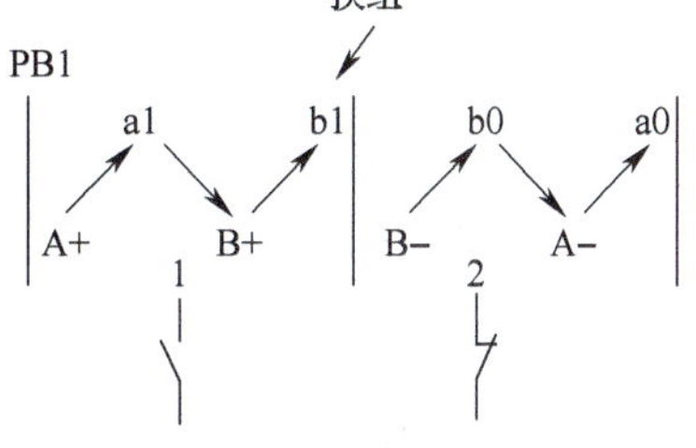

图10–47 气缸动作分组图

（2）由于动作顺序只分成两组，故只用1个继电器控制即可。第1组由继电器常开触点控制，第2组由继电器常闭触点控制。

（3）首先建立启动回路。将启动按钮PB1和继电器线圈K1置于1号线上，继电器K1的常开触点置于2号线上且和启动按钮并联。这样，当按下启动按钮PB1，继电器线圈K1通电并自保。

（4）第1组的第一个动作为A缸伸出，故将K1的常开触点和电磁线圈YA1串联于3号线上。这样，当K1通电，A缸即伸出。电路如图10–48（a）所示。

（5）当A缸前进压下行程开关a1时，发信号使B缸伸出，故将a1的常开触点和电磁线圈YB1串联于4号线上且和电磁线圈YA1并联，电路如图10–48（b）所示。

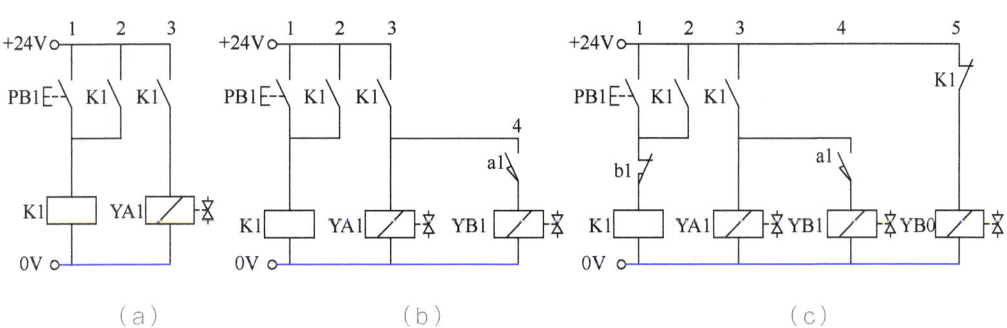

图10–48 电气回路设计步骤

（6）当 B 缸伸出压下行程开关 b1，产生换组动作（由 1 换到 2），即线圈 K1 断电，故必须将 b1 的常闭触点接于 1 号线上。

（7）第 2 组的第一个动作为 B-，故将 K1 的常闭触点和电磁线圈 YB0 串联于 5 号线上。电路如图 10-48（c）所示。

（8）当 B 缸缩回压下行程开关 b0 时，使 A 缸缩回，故将 b0 的常开触点和电磁线圈 YA0 串联且和电磁线圈 YB0 并联。

（9）将行程开关 a0 的常开触点接于 5 号线上，目的是防止在未按下启动按钮 PB1 前，电磁线圈 YA0 和 YB0 通电。

完成后的电路如图 10-49 所示。

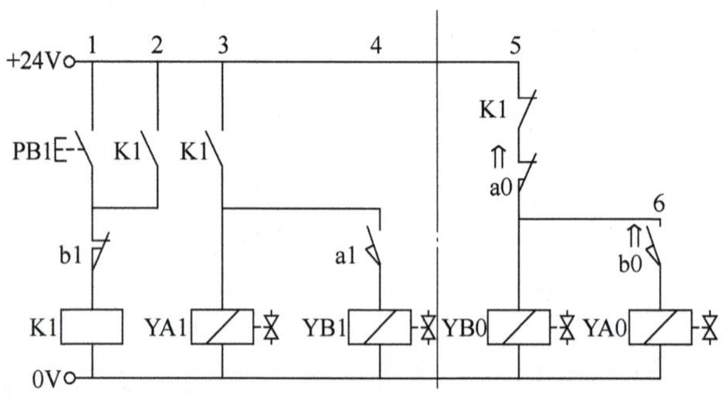

图 10-49 完成后的电气回路设计稿

2. 动作说明

按下启动按钮，继电器 K1 通电，2 和 3 号线上 K1 所控制的常开触点闭合，5 号线上的常闭触点断开，继电器 K1 形成自保。

此时，3 号线通路，5 号线断路。电磁线圈 YA1 通电，A 缸前进。A 缸伸出压下行程开关 a1，a1 闭合，4 号线通路，电磁线圈 YB1 通电，B 缸前进。

B 缸前进压下行程开关 b1，b1 断开，电磁线圈 K1 断电，K1 控制的触点复位，继电器 K1 的自保消失，3 号线断路，5 号线通路。此时电磁线圈 YB0 通电，B 缸缩回。

B 缸缩回压下行程开关 b0，b0 点闭合，6 号线通路，电磁线圈 YA0 通电，A 缸缩回。

A 缸后退压下 a0，a0 断开。

由以上动作可知，采用串级法设计控制电路可防止电磁线圈 YA1 和 YA0 及 YB1 和 YB0 同时通电的事故发生。

思考与练习题

图 10-51 所示为平板压力机示意图，当气缸下压时，将两个平板压合在一起。

要求：为保护操作者的安全，必须操作者同时使用双手来操作控制按钮，如果双手中的一个松开按钮的话，那么，气缸会尽快地返回。

A1

图 10-50 平板压力机示意图

项目 11　气动系统分析与维护

气压传动具有防火、防爆、安全性好、无污染等优越性，因此在工业领域中的应用正日益拓宽。

在生产装置中，气动回路被长时间使用。为了保证气动回路能够长时间安全、可靠地工作，日常的检修就显得非常重要。另外，若生产线上的气动元件和回路发生故障，即时进行维修及排除也是相当重要的。否则，将影响整个生产装置或生产线的正常工作，有可能导致严重的经济损失。

本项目主要介绍气动元件及系统的日常检修和故障分析，以及一些常见故障的排除方法，包括 1 个工作任务，即振动料桶气动系统分析与改进。通过学习，大家能掌握气动系统的分析及日常检修与常见故障的排除方法。

振动料桶气动系统分析与改进

学习目标

一、基本目标

1. 了解气动系统分析的基本要求及方法。
2. 熟悉气动系统各组成部分的工作特点。
3. 能对气动系统进行优化和合理化的改进。

二、提高目标

1. 能进行基本的气动系统工作循环的分析。
2. 能对常用元件进行日常维护检修。
3. 能对常见回路进行检修和排除故障。

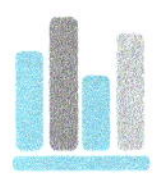

任务描述

全自动振动料桶装置气动回路的设计如图 11–1 所示。当把各种颜料倒入颜料捅内后，调节好延时阀 1.4 的定时时间，按下启动按钮 1.3，颜料捅在气缸的作用下，在行程阀 1.2 与 1.7 之间运动，把桶内的各种颜料调匀，当到达规定的时间后，气缸伸出到最外端，停止运动。请根据回路图，对该系统进行分析，对不合理之处进行改进。

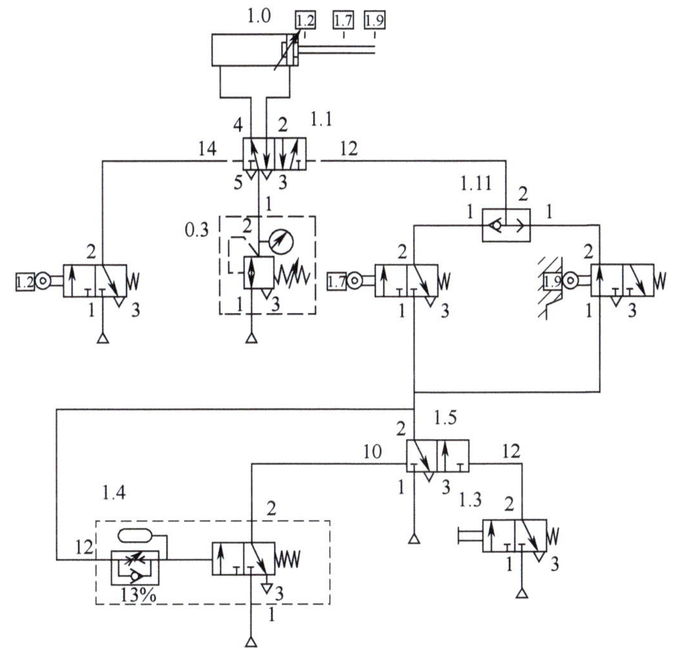

图 11–1　全自动振动料桶装置气动回路

任务分析

在对全自动振动料桶装置系统进行分析时，要完成以下四项：

（1）仔细研究各元器件之间的联系，掌握它们各自在系统中的作用。

（2）弄清楚各元器件的初始状态和工作状态，以及压缩空气的控制路线。

（3）对系统控制要求的合理性提出自己的见解，并能对一些元器件进行代用和替换。

（4）可以提出对系统进行完善、改进的一些合理的建议和方案。

任务实施

步骤一　全自动振动料桶装置气动控制回路分析

1. 控制回路的运动分析

（1）初始状态：（5/2）二位五通气控脉冲换向阀（主控阀）1.1 的左位接通，气缸 1.0 处于外伸的状态，活塞杆压下行程阀 1.9，（3/2）二位三通气控脉冲换向阀 1.5 处于左位接通。

（2）工作状态：按下启动按钮 1.3，二位三通气控脉冲换向阀 1.5 右位接入系统，压缩空气经行程阀 1.9 和梭阀（或阀）1.11 使主控阀 1.1 右位接通系统，气缸的活塞杆回缩，经过行程阀 1.7 时运动状态不变（虽然梭阀有信号过去，但主控阀本来就在右端位置）。在按下启动按钮 1.3 的同时压缩空气也进入延时阀 1.4，而行程阀 1.9 和行程 1.7 在弹簧力的作用下恢复到右端位置接入系统。当活塞杆压下行程阀 1.2 时，使主控阀 1.1 左位接入系统，压缩空气进入气缸的左腔，活塞杆伸出，同时在弹簧力的作用下，行程阀 1.2 复位。当活塞杆压下行程阀 1.7，主控阀 1.1 右位接入系统，压缩空气进入气缸的右腔（有杆腔），活塞杆回缩，同时在弹簧力的作用下，行程阀 1.7 复位。

这样活塞杆就一直在行程阀 1.2 和 1.7 之间往复运动，直到达到调定的时间后，延时阀 1.4 输出压缩空气，使（3/2）二位三通气控脉冲换向阀 1.5 右位接入系统，切断了行程阀 1.7 和 1.9 的气源，使主控阀的右边位置没有控制信号，而保持左位接入系统，活塞杆一直伸出到如图所示的初始位置。

2. 画气缸的时间－位移－步骤图进行分析

从图 11-2 中可以看出，活塞杆回缩后一直在行程阀 1.2 和 1.7 之间往复运动，大约在 18 s 后，回到初始伸出状态。

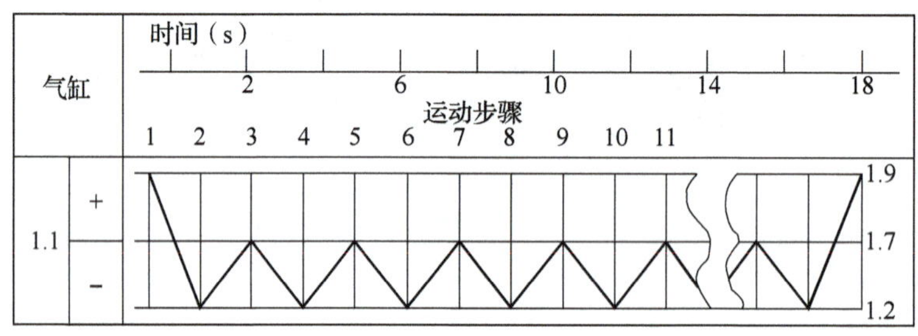

图 11-2 气缸 时间－位移－步骤图

步骤二 分析装置中主要气动元器件的作用

回路中的主要气动元器件见表 11-1。

表 11-1 回路中主要的元件

元器件	图形符号	实物图
常开式延时阀 1.4	2 12 74% 3 1	

续表

元器件	图形符号	实物图
二位五通气控脉冲换向阀 1.1	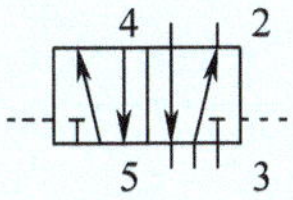 4 2 5 3	
二位三通气控脉冲换向阀 1.4	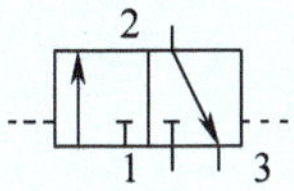 2 1 3	
梭阀（或阀）1.11	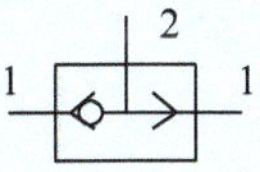 2 1 1	
行程阀 1.2 与 1.7 及 1.9	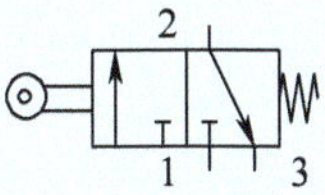 2 1 3	

延时阀 1.4 与（3/2）二位三通气控脉冲换向阀 1.4 组合，用于控制振动料桶装置的振动时间。

调节延时阀 1.4 的节流口大小，可以控制延时阀延时输出信号的时间，从面控制振动料桶装置振动的时间长短。

梭阀（或阀）1.11 把行程阀 1.7 和 1.9 组合成一个控制信号，以控制气缸的回缩。只要行程阀 1.7 和 1.9 中任何一个阀有信号输出，就会使气缸回缩。

行程阀 1.2 和 1.7 与二位五通气控脉冲换向阀 1.1 组成自动往复循环回路，只要行程阀 1.7 有气源供给的压缩空气，循环将一直进行下去。

步骤三　系统回路的改进

1. 对全自动振动料桶装置振动频率的改进

（1）采用压力调节阀调节振动频率。通过调节压力改变气缸的运行速度，从而改变了振动频率。回路如图 11–3 所示。

（2）采用节流阀调节振动频率。通过调节单向调速节流阀，调节气体的流速来改变运动频率，如图 11–4 所示。

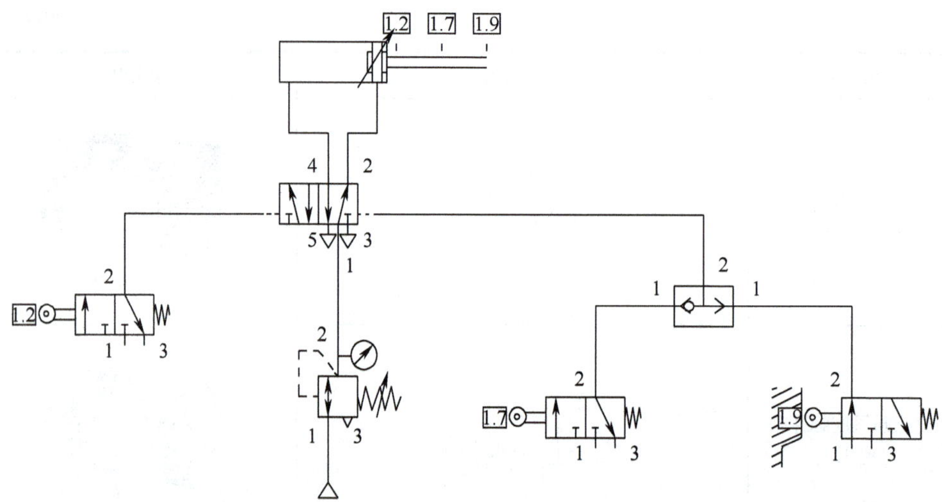

图 11–3 采用压力调节阀调节振动频率

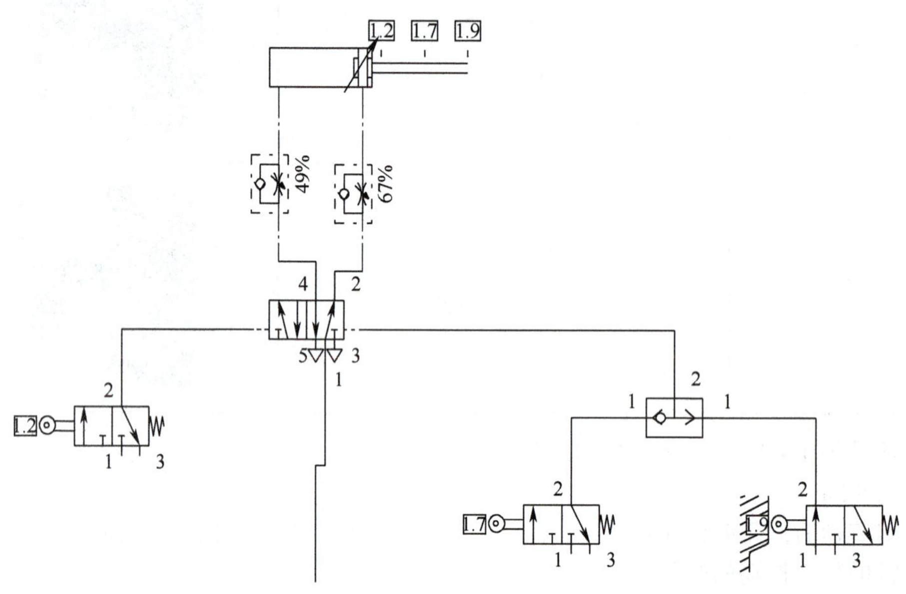

图 11–4 采用节流阀调节振动频率

2. 执行气缸的改进

采用双向可调式缓冲气缸来代替普通气缸，减小活塞对气缸两端产生的冲击力。

为避免活塞杆在推拉大型重物或活塞的速度太快而产生剧烈的碰撞而损坏机件，必须在活塞行程的终端位置前进行妥善处理。缓冲气缸如图 11–5 所示，在气压缸前后端盖板上具有缓冲机构，这种缓冲机构包含一个止回阀和一个节流阀。它的缓冲原理是在活塞到达終点前，正常排气被安装于活塞杆上的“缓冲活塞”所切断，对在气压缸内尚未排出的剩余气体形成一道气障而將动能转变成压力（压力能），在这个阶段缓冲气压缸依设计的不同有单侧缓冲、双侧缓冲。

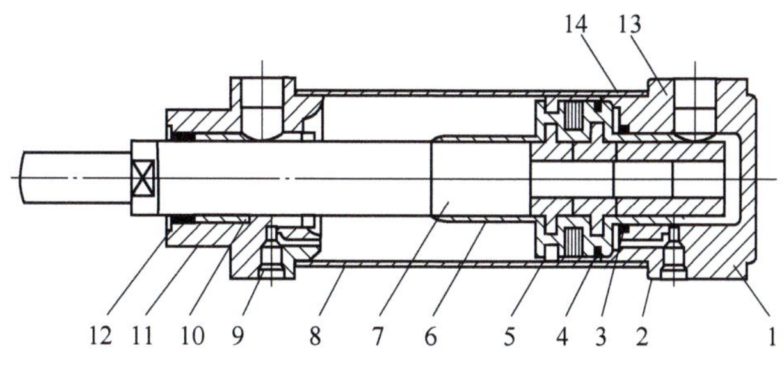

图 11-5 缓冲气缸结构图

1- 后缸盖；2- 密封圈；3- 缓冲密封圈；4- 活塞密封圈；5- 活塞；6- 缓冲柱塞；7- 活塞杆；8- 缸筒；9- 缓冲节流阀；10- 导向套；11- 前缸盖；12- 防尘密封圈；13- 磁铁；14- 导向环

任务评价

根据表 11-2，对任务完成情况进行评价。

表 11-2 任务评价表

序号	评价项目	评价内容	参考分	评分标准	得分
1	分析回路	能正确分析整体回路由哪些基本回路组成	15	全面、准确讲解回路中的基本回路	
2	原理说明	准确识读回路，对回路陈述清晰，言简意赅	10	全面、准确讲解回路中各元器件名称及作用，正确解读回路的作用	
3	特点分析	正确分析此气动系统的特点	10	全面、准确地分析此气动系统的特点	
4	系统回路的改进	能将设计的回路进行改进搭建	20	回路搭建正确，无泄漏现象，各阀初始位置调整正确，气缸速度合理	
5	故障排除	故障分析、排除或与改进	10	能进行常见故障的排除	
6	系统调试过程	能解决系统调试中出现的问题	15	能采用正确的方法解决系统调试中出现的问题	
7	劳动保护及安全文明	爱护设备及工具；遵守安全文明生产规程；具有成本控制及环保意识	10	着装整洁；保持工作环境清洁；执行安全操作规程；具有节约意识	
8	团队合作	与他人的协作精神	10	能自我调控好学习情绪，善于与人沟通，积极参与小组活动，与教师、同学之间合作态度好	
9	时间	45 分钟		提前正确完成，每 5 分钟加 2 分；超过规定时间，每 5 分钟减 2 分	
总分					

知识拓展

一、压力阀的故障及排除

1. 减压阀常见故障及排除方法

减压阀本身的故障包括混入异物，元件内部的故障，性能上的问题等。外部原因产生的故障绝大多数是由气源处理得好坏（即压缩空气质量）所决定。性能上、功能上的故障主要是元件选择不当，元件质量差所致。一般减压阀常见故障及排除方法见表 11-3。

表 11-3 减压阀常见故障及排除方法

常见故障	原因及排除方法
平衡状态下，空气从溢流口溢出	1. 进气阀座和溢流阀座有尘埃，取下清洗 2. 阀杆顶端和溢流阀座之间密封漏气。更换密封圈 3. 阀杆顶端和溢流阀之间研配质量不好重新研配或更换 4. 膜片破裂。更换
压力调不高	1. 调压弹簧断裂，更换 2. 膜片破裂，更换 3. 膜片有效受压面积与调压弹簧设计不合理
调压时压力爬行，升高缓慢	1. 过滤网堵塞。应拆下清洗 2. 下部密封圈阻力大。更换密封圈或检查有关部分
出口压力发生激烈波动或不匀变化	1. 阀杆或进气阀芯上的 O 形圈表面损伤，更换 2. 进气阀芯与阀底座之间导向接触不好，整修或换阀芯

2. 安全阀（溢流阀）故障及排除方法

安全阀的故障一般是阀内进入异物或密封件损伤，严重的故障主要是因回路和溢流阀不匹配以及元件本身的故障引起的。一般安全阀（溢流阀）的常见故障及排除方法见表 11-4。

表 11-4 安全阀常见故障及排除方法

故障	原因	排除方法
压力虽超过调定溢流压力但不溢流	1. 阀内部的孔堵塞 2. 阀导向部分进入异物	清洗
虽压力没有超过调定值，但在出口却溢流空气	1. 阀内进入异物 2. 阀座损伤 3. 调压弹簧失灵	1. 清洗 2. 更换阀座 3. 更换调压弹簧
溢流时发生振动（主要发生在膜片式阀，其启闭压力差（P 开～P 闭）较小	1. 压力上升速度慢，溢流阀放出流量多，引起阀振动 2. 从气源到溢流阀之间被节流，溢流阀进口压力上升慢引起振动	1. 出口侧安装针阀微调溢流量，使其与压力上升量匹配 2. 增大气源到溢流阀管径，以消除节流
从阀体或阀盖向外漏气	1. 膜片破裂（膜片式） 2. 密封件损伤	1. 更换膜片 2. 更换密封件

3. 流量控制阀维护

用流量控制阀控制气缸的速度比较平稳，但气压控制比液压控制困难，这是由于空气具有可压缩性，一般气缸的运动速度不得低于 30 mm/s。在气缸的速度控制中，若能充分注意以下各点，则在多数场合可以达到比较满意的效果。

（1）彻底防止管路中的气体泄漏，包括各元件接管处的泄漏。

（2）要注意减小气缸运动的摩擦阻力，以保持气缸运动的平衡。为此需注意气缸缸筒的加工质量，使用中要保持良好的润滑状态。要注意正确、合理地安装气缸。超长行程的气缸应安装导向支架。

（3）流量控制阀应尽量靠近气缸安装。

（4）加在气缸活塞杆上的载荷必须稳定。若这种载荷在行程中途有变化，则速度调节相当困难，甚至成为不可能。在不能消除载荷变化的情况下，必须借助于液压力，有时也使用平衡锤或连杆等，这样能得到某种程度上的补偿。

（5）必须注意调速阀的位置，原则上调速阀应设在气缸管接口附近。

4. 换向阀故障分析与排除

气动换向阀是气压传动系统中的重要元件，其质量的好坏关系到整个系统能否正常工作。下面就气动换向阀失效的原因进行分析。

1）换向不灵活

（1）装配上有偏心。因为气动换向阀结合面的平面度误差，造成装配人员在安装紧固螺钉时用力过大，使阀体变形，从而引起阀芯偏心。

（2）加工精度不够。气动换向阀阀芯、阀孔的制造精度较高，若加工精度不够，造成摩擦力增大，使阀芯运动不灵活，甚至卡死阀芯。

（3）污染物楔入或黏合在阀芯和阀孔之间的间隙中。污染物主要有固体颗粒、胶状油泥、锈迹等，这些污染物加剧了阀芯和阀孔间的磨损，同时也使阀芯运动的阻力增大，轻则使换向不灵活，重则使阀芯卡死。

2）泄漏

（1）内泄漏大。因为气动换向阀换向频繁，阀芯和阀孔之间的磨损使两者的配合间隙增大，引起内泄漏加大，这样使系统的能量损耗增大。若密封圈受到“油泥”腐蚀而损坏，也会引起内泄漏加大。

（2）外泄漏严重。主要是由组合密封圈老化或密封圈受力变形而引起的。

3）操纵力不足

若换向阀两端的控制小孔堵塞，一方面使得控制气压不足，造成换向乏力，甚至不能换向；另一方面复位弹簧在长期频繁使用下，会出现疲劳变形，引起阀芯复位滞后，甚至不能复位；对于行程阀来说，要防止因挡铁和行程阀芯接触不良而引起的行程阀不能换向；对于先导式电磁换向阀来说，要防止因隔磁管与静铁芯焊口断裂而引起的先导阀阀芯拒动。

4）电磁线圈烧坏

这种现象的出现是因为线圈的励磁电流过大引起温度增高所致。电磁线圈受潮、阀芯运动阻力过大，有灰尘等污染物进入线圈中，都能引起电磁线圈烧坏。

尤其是先导阀线圈烧坏的可能性更大。

总之，应提高换向阀的制造和装配精度，通过合理选用元件，加强气源的净化和换向阀的润滑来延长换向阀的使用寿命，进而保证系统正常工作。

5）电磁阀振动的诊断与处理

产生此故障可能是由于电压过低、电磁铁的吸合面有异物、短路环线圈或整流子不良等。可以通过恢复至正常电压、清除异物、刮平吸合面的凹凸、分解修理或更换零件等措施纠正。

二、气缸故障分析与排除

气缸是气压传动系统的主要元件，它把压缩空气的压力能转化为机械能。气缸工作的平稳性直接影响到驱动机构能否正常工作。气缸的爬行现象对驱动机构工作的平稳性影响较大，下面对气缸产生爬行的原因进行分析。

1. 气源处理不符合要求

由于气源干燥得不够或气缸在高温潮湿的条件下工作，气源内的水分集积于气缸工作腔内，导致活塞或活塞杆工作表面锈蚀，加大了缸筒和活塞密封圈、活塞杆和组合密封困之间的摩擦力。由这种原因引起的爬行现象，在维修中会发现工作腔内有锈水。

另外气源中的杂质也会引起气缸出现爬行现象。防范的办法是加强气源的过滤和干燥，定期排放分水滤气器和油水分离器的污水。定期检查分水滤气器是否正常工作。

2. 装配不符合要求

气缸的装配若不符合要求，也会引起气缸出现爬行现象。主要原因有：一是气缸端盖密封圈压得太死或活塞密封圈的预紧力过大；二是活塞或活塞杆在装配中出现偏心。防范的办法是适当地减小密封圈的预紧力或重新安装活塞和活塞杆，使活塞或活塞杆不受偏心载荷。

3. 关键的工作表面加工精度不符合要求

对气缸来说，缸筒内径的加工精度要求是比较高的，表面粗糙度根据活塞所使用的密封圈的形式而异。

用 O 形橡胶密封圈时为 3 级精度，粗糙度及 a 为 0.4；用 Y 形橡胶密封圈时为 4 ~ 5 级精度，粗糙度及 a 为 0.4。圆柱度、圆度误差不能超过尺寸公差的一半，端面与内径的垂直度误差不大于尺寸公差的 2/3。有些气缸，缸筒内壁的粗糙度远远不能满足要求，从而使活塞上的孔用密封圈与缸筒之间的摩擦系数加大，导致气缸启动压力升高，出现爬行现象。活塞上的密封圈损加剧，从而导致气缸内泄现象，不能满足工作要求。防范的办法是提高缸筒和活塞杆工作表面的加工精度。

4. 润滑不良和设计未充分考虑相应使用条件

气缸的相对滑动面润滑的好坏，直接影响气缸的正常工作。在装配时，所有气动元件的相对运动工作表面都应涂以润滑脂。在气动系统运行过程中，油雾器应保持正常工作状态。若油雾器出现故障，会使相对运动工作表面之间的摩擦加剧，引起气缸的输出力不足，动作不平稳并出现爬行现象。同时在设计时也应充分考虑气缸的工作环境，防止冷却水喷射到气缸上引起锈蚀。

5. 气缸不动作的诊断

有时气缸安装不同轴或加了横向负载，都会发现气缸不动作。另外没有气压或气压不足、阀不起作用、润滑不足、负载过大等，气缸也会不动作。气缸活塞杆采用导轨比较理想。如果橡皮管、钢管、铜管等被扭曲、压扁，则气压会降低甚至切断。

6. 气缸活塞不能平滑运动的处理

润滑油不足、气压不足、混入灰尘、气管不合适等都会产生此故障。当速度低于 30 mm/s 时，气缸往往出现爬行现象，这时应在气缸上使用气液变换器。

三、气马达维修方法

1. 叶片式气马达故障及排除方法

叶片式气马达转速高，但工作比较稳定，维修要求比活塞式气马达为高。叶片式气马达故障及排除方法见表 11-5。

表 11-5 叶片式气马达故障及排除方法

故障	原因分析	排除方法
叶片严重磨损	1. 断油或供油不足 2. 空气不净 3. 长期使用	检查供油器润滑 净化空气 更换叶片
前后气盖磨损严重	1. 轴承磨损，转子轴向窜动 2. 衬套选择不当	更换轴承 调整衬套
定子内孔纵向波浪槽	1. 泥沙进入定子 2. 长期使用	更换修复定子
叶片折断	转子叶片槽喇叭口太大	更换转子
叶片卡死	叶片槽间隙不当或变形	更换叶片

2. 叶片式气马达维护保养

日常维护润滑是气马达正常工作不可缺少的一环。

（1）润滑油必须随压缩空气进入气马达，流量为 80 ~ 100 滴 /min，润滑油为 N32。

（2）气马达长期存放后，不应带负荷启动，应在有润滑条件下进行 0.5 ~ 1 min 空转。

（3）压缩空气必须经过过滤、保证清洁和干燥。

（4）气马达正常使用 3 ~ 6 个月后，应拆开检查，清洗一次。在清洗过程中，如发现有零件磨损需及时更换。

3. 活塞式气马达故障及排除方法

活塞式气马达一般转速在 250 ~ 1500 r/min，功率在 0.1 ~ 50 kW。常见的故障及排除方法见表 11-6。

表 11-6 活塞式气马达故障及排除方法

故障	原因分析	排除方法
功率转速显著下降	配气阀装反 缸活塞环磨损 气压低	重装 更换零件 调整压力
耗气量大	缸、活塞环、阀套磨损 管路系统漏气	更换零件 检修气路
运行中突然不转	润滑不良 气阀卡死、烧伤 曲轴连杆轴承磨损 气缸螺钉松 配气阀堵塞、脱焊	加油 更换零件 更换零件 拧紧 重焊

4. 活塞式气马达维护保养

气马达空载运转试验时，其空气压力和流量要适当控制，避免高速运转时润滑不良而损坏机件。

（1）管理系统应安装油雾器，雾状油随压缩空气送入气马达，润滑油选用 N32。

（2）气管与气马达联结时，应该用气体吹净气管内的水分和污物等。

（3）在使用中若出现故障，如声音异常等不正常现象，应立即停止使用进行检查。

（4）气马达按其使用情况，定期维修，以延长某些机件的使用寿命。

（5）在拆卸和装配时，切勿用铁锤敲打零件的表面。装配时，零件应清洗干净，装配完毕，曲柄应转动灵活，不得有卡死、单边等现象。

四、气动辅助元件的维护

1. 过滤器的维护

维护过滤器，应注意如下问题：

（1）实际使用时空气的压力、流量、温度等参数是否在过滤器的允许范围之内，上述参数在使用过程中是否有较大的变化。

（2）过滤器底部排污器工作情况是否正常，特别是在低温的冬季，由于污水中含有一定量的油分，黏度很大，容易黏附在排污器的运动部件上，造成动作失灵，影响其正常工作。如发生上述情况，可将排污器拆下放人中性的洗涤剂中，经清洗后再装上使用。

（3）随时注意滤芯的工作情况（如有无破损、泄漏、滤材粉末或纤维丝混入空气造成二次污染等）。如有意外情况应立即更换滤芯。

（4）支管道用普通型过滤器的下壳体一般采用透明的有机玻璃（聚碳酸酯）制成，有足够的耐压强度。但遇酸、碱等腐蚀性气体，则易受损害。因此，应注意周围环境有无腐蚀性气体对其造成损害。必要时，可采用金属壳体替代之。

（5）过滤器在使用中必须经常放水、存水杯中的积水不得超过挡水板，否则水分仍被气流带出，失去了过滤的作用。

2. 自动排污器的维护

如果污水中含有大量的油污，就可能造成浮子或其他活动部件工作不正常。这种现象在寒冷的冬季尤为突出。一旦发生这种情况，应拆卸检查并清洗排污器。拆卸前先关闭进气阀门，并按产品使用说明书的要求排除其内部气压，然后再进行清洗工作。一般零件可在中性洗涤剂溶液中清洗。对微小气孔，如发现有堵塞，可用洁净的压缩空气吹通（反吹，气压比工作压力略高）。发现密封件损坏应及时更换，一般可采用两只相同的排污器交替使用。

存水杯是用聚碳酸酯注塑而成，应避免在含有诸如有机溶剂、四氯化碳、氯仿、酒精、醋酸乙酯、三氯化烯、碱、酸溶液等化学物质的气氛或场合中使用。否则，应改用金属存水杯。

3. 油雾器维护

在使用过程中注意以下要求：

（1）正常使用过程中如发生不滴油现象时，应检查进口空气流量是否低于起流量，是否漏气，油量调节针阀或油路是否堵塞。

（2）使用时应及时排除油杯底部沉积的水分，以保证润滑油的纯度。一般可过油雾器底部的排水旋钮排水，排水完毕后应迅速拧紧旋钮。

（3）油杯内油面低至油位下限位置时，应及时加油。油面不得超过油位上限位置。

（4）油杯一般是用聚碳酸酯制成的透明容器，应避免接触有机溶剂、合成油等，并避免在这些化学物质的气氛中使用。

（5）发现密封圈损坏时应及时更换。新的密封圈应涂上润滑脂再安装。

思考与练习题

1. 气缸安装时应该注意哪些问题？
2. 气缸常见故障有哪些？应该如何排除？

附　　录

附录 1　常用液压图形符号

（摘自 GB/T 786.1—2009）

1. 液压泵、液压马达和液压缸

名称		符号	说明	名称		符号	说明
液压泵	液压泵		一般符号	单作用缸	柱塞缸		
	单向定量液压泵		单向旋转、单向流动、定排量		伸缩缸		
	双向定量液压泵		双向旋转，双向流动，定排量	双作用缸	单活塞杆缸		简化符号
	单向变量液压泵		单向旋转，单向流动，变排量		双活塞杆缸		简化符号
	双向变量液压泵		双向旋转，双向流动，变排量	增压器			单程作用
液压马达	液压马达		一般符号	蓄能器			一般符号
	双向定量液压马达		双向流动，双向旋转，定排量	辅助气瓶			
	双向变量液压马达		双向流动，双向旋转，变排量	气罐			
	摆动马达		双向摆动，定角度	能量源	液压源		一般符号
单作用缸	单活塞杆缸		简化符号		气压源		一般符号
	单活塞杆缸（带弹簧复位）		简化符号		电动机	M	

2. 压力控制阀

名称		符号	说明	名称		符号	说明
溢流阀	溢流阀	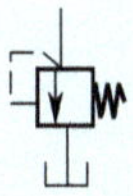	一般符号或直动型溢流阀	顺序阀	顺序阀	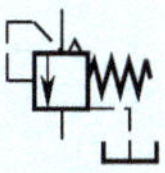	一般符号或睦动型顺序阀
溢流阀	先导型溢流阀	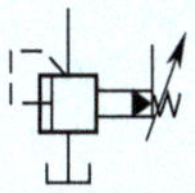		顺序阀	单向顺序阀（平衡阀）	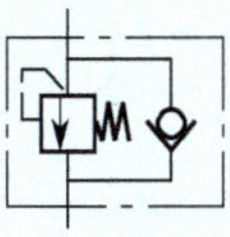	
减压阀	减压阀	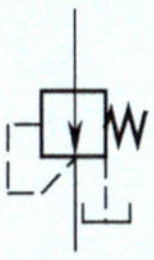	一般符号或直动型减压阀	卸荷阀		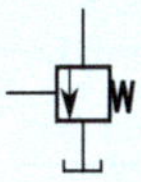	一般符号或直动型卸荷阀
减压阀	定差减压阀	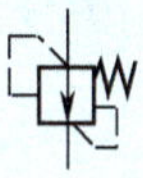					

3. 方向控制阀

名称		符号	说明	名称		符号	说明
单向阀		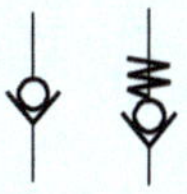	简化符号（弹簧可省略）	换向阀	二位三通电磁阀	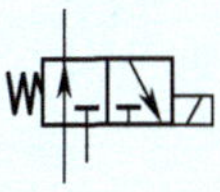	
液压单向阀	液控单向阀		简化符号	换向阀	二位四通电磁阀	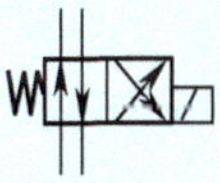	
液压单向阀	双液控单向阀	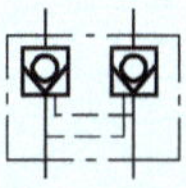		换向阀	二位五通液动阀	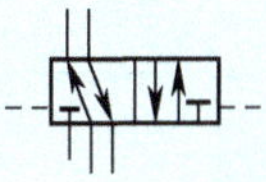	
梭阀		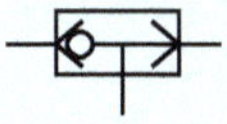	简化符号	换向阀	三位四通电磁阀	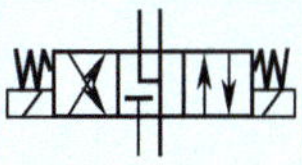	
换向阀	二位二通电磁阀	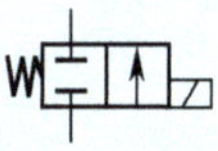	常断	换向阀	三位四通电液阀	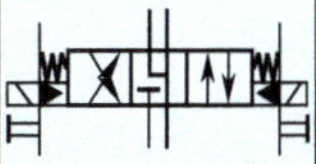	外控内泄（带手动应急控制装置）
换向阀	二位二通电磁阀	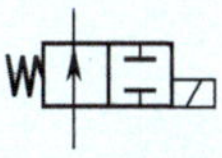	常通				

4. 流量控制阀

名称		符号	说明	名称		符号	说明
节流阀	可调节流阀	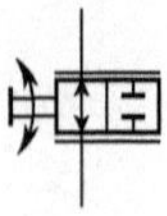	详细符号	调速阀	调速阀		简化符号
			简化符号		旁通型调速阀		简化符号
	不可调节流阀		一般符号		温度补偿型调速阀		简化符号
	单向节流阀				单向调速阀	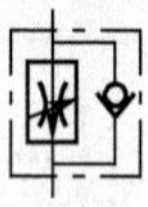	简化符号
	双单向节流阀	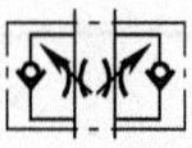		同步阀	分流阀	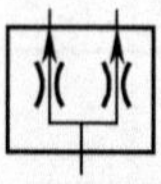	
	截止阀				单向分流阀	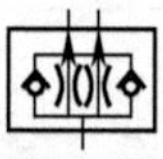	
	滚轮控制节流阀（减速阀）	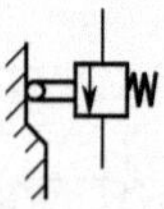			集流阀	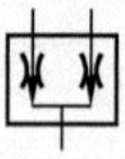	
调速阀	调速阀		详细符号		分流集流阀	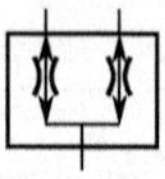	

5. 油箱

名称		符号	说明	名称		符号	说明
通大气式	管端在液面上	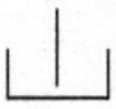		油箱	管端在油箱底部		
	管端在液面下	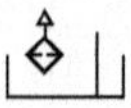	带空气过滤器		局部泄油或回油		
				加压油箱或密闭油箱			三条油路

6. 管路、管路接口和接头

名称		符号	说明	名称		符号	说明
管路	管路	——	压力管路回油管路	管路	交叉管路	┼	两管路交叉不连接
	连接管路	┼ ┬	两管路相交连接		柔性管路		
	控制管路	- - -	可表示泄油管路		单向放气装置（测压接头）		
快换接头	不带单向阀的快换接头			旋转接头	单通路旋转接头		
	带单向阀的快换接头				三通路旋转接头		

附录 2 教学评价与分析用表

1. 学习过程评价自评表

<table>
<tr><td>班级</td><td></td><td>姓名</td><td></td><td>学号</td><td></td><td>日期</td><td colspan="3"></td></tr>
<tr><td rowspan="2">评价指标</td><td colspan="4" rowspan="2">评价要素</td><td rowspan="2">权重</td><td colspan="4">等级评定</td></tr>
<tr><td>A</td><td>B</td><td>C</td><td>D</td></tr>
<tr><td rowspan="3">信息检索</td><td colspan="4">能有效利用网络资源，工作手册查找有效信息</td><td>5%</td><td></td><td></td><td></td><td></td></tr>
<tr><td colspan="4">能用自己的语言有条理地去解释，表述所学知识</td><td>5%</td><td></td><td></td><td></td><td></td></tr>
<tr><td colspan="4">能将查找到的信息有效转换到工作中</td><td>5%</td><td></td><td></td><td></td><td></td></tr>
<tr><td rowspan="2">感知工作</td><td colspan="4">是否熟悉工作岗位，认同工作价值</td><td>5%</td><td></td><td></td><td></td><td></td></tr>
<tr><td colspan="4">在工作中，是否获得满足感</td><td>5%</td><td></td><td></td><td></td><td></td></tr>
<tr><td rowspan="5">参与状态</td><td colspan="4">与教师、同学之间是否相互尊重、理解、平等</td><td>5%</td><td></td><td></td><td></td><td></td></tr>
<tr><td colspan="4">与教师、同学之间是否能够保持多向、丰富、适宜的信息交流</td><td>5%</td><td></td><td></td><td></td><td></td></tr>
<tr><td colspan="4">探究学习，自主学习不流于形式，处理好合作学习和独立思考的关系，做到有效学习</td><td>5%</td><td></td><td></td><td></td><td></td></tr>
<tr><td colspan="4">能提出有意义的问题或能发表个人见解；能按要求正确操作；能够倾听、协作和分享</td><td>5%</td><td></td><td></td><td></td><td></td></tr>
<tr><td colspan="4">积极参与，在产品加工过程中不断学习，提高综合运用信息技术的能力</td><td>5%</td><td></td><td></td><td></td><td></td></tr>
<tr><td rowspan="2">学习方法</td><td colspan="4">工作计划、操作技能是否符合规范要求</td><td>5%</td><td></td><td></td><td></td><td></td></tr>
<tr><td colspan="4">是否获得了进一步发展的能力</td><td>5%</td><td></td><td></td><td></td><td></td></tr>
<tr><td rowspan="3">工作过程</td><td colspan="4">遵守管理规程，操作过程符合现场管理要求</td><td>5%</td><td></td><td></td><td></td><td></td></tr>
<tr><td colspan="4">平时上课的出勤情况和每天完成工作任务情况</td><td>5%</td><td></td><td></td><td></td><td></td></tr>
<tr><td colspan="4">善于多角度思考问题，能主动发现、提出有价值的问题</td><td>5%</td><td></td><td></td><td></td><td></td></tr>
<tr><td>思维状态</td><td colspan="4">是否能发现问题、提出问题、分析问题、解决问题、创新问题</td><td>5%</td><td></td><td></td><td></td><td></td></tr>
<tr><td rowspan="4">自评反馈</td><td colspan="4">按时按质按量完成工作任务</td><td>5%</td><td></td><td></td><td></td><td></td></tr>
<tr><td colspan="4">较好地掌握了专业知识点</td><td>5%</td><td></td><td></td><td></td><td></td></tr>
<tr><td colspan="4">具有较强的信息分析能力和理解能力</td><td>5%</td><td></td><td></td><td></td><td></td></tr>
<tr><td colspan="4">具有较为全面严谨的思维能力并能调理明晰地表述成文</td><td>5%</td><td></td><td></td><td></td><td></td></tr>
<tr><td colspan="5">自评等级</td><td colspan="5"></td></tr>
<tr><td>有益的经验和做法</td><td colspan="9"></td></tr>
<tr><td>总结反思建议</td><td colspan="9"></td></tr>
</table>

等级评定：A：好 B：较好 C：一般 D：有待提高

2. 活动过程评价互评表

班级		姓名		学号		日期	

评价指标	评价要素	权重	等级评定			
			A	B	C	D
信息检索	能有效利用网络资源，工作手册查找有效信息	5%				
	能用自己的语言有条理地去解释，表述所学知识	5%				
	能将查找到的信息有效转换到工作中	5%				
感知工作	是否熟悉工作岗位，认同工作价值	5%				
	在工作中，是否获得满足感	5%				
参与状态	与教师、同学之间是否相互尊重、理解、平等	5%				
	与教师、同学之间是否能够保持多向、丰富、适宜的信息交流	5%				
	能处理好合作学习和独立思考的关系，做到有效学习	5%				
	能提出有意义的问题或能发表个人见解；能按要求正确操作；能够倾听、协作和分享	5%				
	积极参与，在产品加工过程中不断学习，综合运用信息技术的能力提高很大	5%				
学习方法	工作计划、操作技能是否符合规范要求	5%				
	是否获得了进一步发展的能力	5%				
工作过程	是否遵守管理规程，操作过程符合现场管理要求	5%				
	平时上课的出勤情况和每天完成工作任务情况	5%				
	是否善于多角度思考问题，能主动发现、提出有价值的问题	5%				
思维状态	是否能发现问题、提出问题、分析问题、解决问题、创新问题	15%				
互评反馈	能严肃认真地对待互评	10%				
互评等级						
简要评述						

等级评定：A：好 B：较好 C：一般 D：有待提高

3. 活动过程教师评价表

班级		姓名	学号	权重	评价
知识策略	知识吸收	能设法记住要学习的内容		3%	
		使用多样性手段，通过网络、技术手册等收集到较多有效信息		3%	
	知识构建	自觉寻求不同工作任务之间的联系		3%	
	知识应用	将学到的内容应用到解决实际问题中		3%	
工作策略	兴趣取向	对课程本身感兴趣，熟悉自己的工作岗位，认同工作价值		3%	
	成就取向	学习的目的是获得高水平的成绩		3%	
	批判性思考	谈到或听到一个推论或结论时，会考虑到其他可能的答案		3%	
管理策略	自我管理	若不能很好地理解学习的内容，会设法找到该任务相关的其他资讯		3%	
	过程管理	正确回答工作页中及教师提出的问题		3%	
		能根据提供的资料、工作页和教师指导进行有效学习		3%	
		针对工作任务，能反复查找资料、反复研讨，编制有效工作计划		3%	
		在工作过程中，留有研讨工作记录		3%	
		在实际操作中做到安全文明生产和做好 5S 管理		3%	
	时间管理	有效组织学习时间和按时按质完成工作任务		3%	
	结果管理	在学习过程中又满足、成功与喜悦等体验，对后续学习更有信心		3%	
		根据研讨内容，对讨论知识、步骤、方法进行合理的修改和应用		3%	
		课后能积极有效地进行学习的自我反思，总结学习的长短之处		3%	
		规范撰写工作小结，能进行经验交流与工作反馈		3%	
过程状态	交往状态	与教师、同学之间交流语言得体，彬彬有礼		3%	
		与教师、同学之间保持多向、丰富、事宜的信息交流和合作		3%	
	思维状态	能用自己的语言有条理地去解释、表述所学的知识		3%	
		善于多角度思考问题，能主动提出有价值的问题		3%	
	情绪状态	能自我调控好学习情绪，能随着教学进程或解决问题的全过程而产生不同的情绪变化		3%	
	生成状态	能总结当堂学习所得，或提出深层次的问题		3%	
	组内合作过程	分工及任务目标明确，并能积极组织或参与小组工作		3%	
		积极参与小组讨论并能充分地表达自己的思想或意见		3%	
		能采取多种形式，展示本小组的工作成果，并进行交流反馈		3%	
		对其他同学提出的疑问能做出积极有效的解释		3%	
		认真听取其他组的汇报发言，并能大胆质疑或提出不同意见或更深层次问题		3%	
	工作总结	规范撰写工作总结		3%	
自评	综合评价	按照《学习过程评价自评表》，严格认真地对待自评		5%	
互评	综合评价	按照《活动过程评价互评表》，严格认真地对待互评		5%	
总评等级					
建议	评定人:（签名） 年 月 日				

等级评定: A：好 B：较好 C：一般 D：有待提高

参考文献

[1] 宋军民. 液压传动与气动技术 [M]. 北京：中国劳动社会保障出版社，2012.

[2] 武开军. 液压与气动技术 [M]. 北京：中国劳动社会保障出版社，2009.

[3] 廖友军. 液压传动与气动技术 [M]. 北京：北京邮电大学出版社，2013.

[4] 张文峰. 液压与气动技术 [M]. 武汉：华中科技大学出版社，2012.

[5] 李新德. 液压系统故障诊断与维修技术手册 [M]. 北京：中国电力出版社，2009.

[6] 左建民. 液压与气压传动 [M]. 2 版. 北京：机械工业出版社，2009.

"十二五"职业教育国家规划教材（中职）
职业院校"双证书"课题实验教材

序号	书名	主编	书号（ISBN）	定价/元
1	机械制造技术	龚雯，戴文玉	978-7-5135-5809-9	35
2	车削加工技术与技能	田华	978-7-5135-5808-2	37
3	数控车削加工技术与技能	李东君，文娟萍	978-7-5135-5818-1	28
4	数控铣削加工技术与技能	李东君	978-7-5135-5817-4	31
5	汽车构造与拆装（上）	祁翠琴	978-7-5135-5813-6	32
6	汽车构造与拆装（下）	祁翠琴	978-7-5135-5807-5	29
7	汽车拆装实训	詹远武	978-7-5135-5810-5	33
8	汽车电控系统检修	闫炳强	978-7-5135-5815-0	32
9	汽车制造工艺	李东兵	978-7-5135-5812-9	29
10	典型机床电气故障诊断与维修	邱寿昆	978-7-5135-5800-6	28
11	电工技能实训	周皓，周军	978-7-5135-5801-3	24
12	机械拆装技能实训	韩树明，成建群	978-7-5135-5803-7	32
13	电器与 PLC 控制技术	周占怀	978-7-5135-5804-4	35
14	气动与液压传动	郑勇，王稳	978-7-5135-5764-1	35
15	钳工技能实训	郑爱权，倪红海	978-7-5135-5805-1	35
16	沟通技能训练	廉捷	978-7-5135-5784-9	29
17	办公设备使用与维护	姜绍辉	978-7-5135-5785-6	33
18	办公软件应用	李星华，孟德花	978-7-5135-5786-3	35
19	会议组织与管理	楼红霞	978-7-5135-5790-0	34
20	文书拟写与处理	张琼华	978-7-5135-5788-7	35
21	企业行政管理	林淑贞	978-7-5135-5789-4	28
22	PLC 与变频器应用技术	岳丽英	978-7-5135-5802-0	30
23	焊接结构生产	工冠雄	978-7-5135-5806-8	36

"十二五"职业教育国家规划教材（中职）

序号	书名	主编	书号	定价/元
1	电子商务物流	周云斌	978-7-5135-6052-8	25
2	电子商务基础	梁海波	978-7-5135-6053-5	34
3	网络营销实务	刘春青	978-7-5135-6054-2	35
4	商品拍摄与图片处理	丛日东	978-7-5135-6055-9	50
5	店铺运营	蓝魏，李平	978-7-5135-6056-6	35
6	网页设计	鱼东彪	978-7-5135-6057-3	26
7	电子商务客户服务	张元生	978-7-5135-6058-0	29
8	网站内容编辑	宋爱华	978-7-5135-6059-7	32
9	财务基础	李博	978-7-5135-6122-8	34